**Jean-Michel Vouillamoz**

**La caractérisation des aquifères par une méthode non invasive**

Jean-Michel Vouillamoz

# La caractérisation des aquifères par une méthode non invasive

## Les sondages de résonance magnétique protonique

Presses Académiques Francophones

**Impressum / Mentions légales**

Bibliografische Information der Deutschen Nationalbibliothek: Die Deutsche Nationalbibliothek verzeichnet diese Publikation in der Deutschen Nationalbibliografie; detaillierte bibliografische Daten sind im Internet über http://dnb.d-nb.de abrufbar.
Alle in diesem Buch genannten Marken und Produktnamen unterliegen warenzeichen-, marken- oder patentrechtlichem Schutz bzw. sind Warenzeichen oder eingetragene Warenzeichen der jeweiligen Inhaber. Die Wiedergabe von Marken, Produktnamen, Gebrauchsnamen, Handelsnamen, Warenbezeichnungen u.s.w. in diesem Werk berechtigt auch ohne besondere Kennzeichnung nicht zu der Annahme, dass solche Namen im Sinne der Warenzeichen- und Markenschutzgesetzgebung als frei zu betrachten wären und daher von jedermann benutzt werden dürften.

Information bibliographique publiée par la Deutsche Nationalbibliothek: La Deutsche Nationalbibliothek inscrit cette publication à la Deutsche Nationalbibliografie; des données bibliographiques détaillées sont disponibles sur internet à l'adresse http://dnb.d-nb.de.
Toutes marques et noms de produits mentionnés dans ce livre demeurent sous la protection des marques, des marques déposées et des brevets, et sont des marques ou des marques déposées de leurs détenteurs respectifs. L'utilisation des marques, noms de produits, noms communs, noms commerciaux, descriptions de produits, etc, même sans qu'ils soient mentionnés de façon particulière dans ce livre ne signifie en aucune façon que ces noms peuvent être utilisés sans restriction à l'égard de la législation pour la protection des marques et des marques déposées et pourraient donc être utilisés par quiconque.

Coverbild / Photo de couverture: www.ingimage.com

Verlag / Editeur:
Presses Académiques Francophones
ist ein Imprint der / est une marque déposée de
OmniScriptum GmbH & Co. KG
Heinrich-Böcking-Str. 6-8, 66121 Saarbrücken, Deutschland / Allemagne
Email: info@presses-academiques.com

Herstellung: siehe letzte Seite /
Impression: voir la dernière page
**ISBN: 978-3-8416-2717-9**

ACTION CONTRE LA FAIM

IRD
Institut de recherche
pour le développement

IRIS
instruments

Thèse de l'Université de Paris XI

Sciences de la terre - Hydro-géophysique

# LA CARACTERISATION DES AQUIFERES PAR UNE METHODE NON INVASIVE :

# LES SONDAGES PAR RESONANCE MAGNETIQUE PROTONIQUE

**Jean-Michel Vouillamoz**

Présentée le 27 juin 2003
devant la commission d'examen :

| | |
|---|---|
| Yves Albouy | Invité |
| Pierre Andrieux | Invité |
| Alain Beauce | Invité |
| Michel Diament | Examinateur |
| Anatoli Legchenko | Co-directeur de thèse |
| Jean-Luc Michelot | Examinateur |
| Jean Roy | Rapporteur |
| Jean-Christophe Rufin | Invité |
| Yves Travi | Rapporteur |
| Piotr Tucholka | Co-directeur de thèse |

# Remerciements

Ce travail fut une belle aventure.

Merci à ceux qui lui ont permis d'exister : Jean-Luc Bodin dont l'intuition et le soutien sont restés sans faille, et Yves Albouy pour la confiance accordée et la sérénité dans l'engagement. Merci pour l'amitié donnée, elle seule a permis à ce projet d'aboutir.

Merci aux équipes de terrains, personnel local et expatrié, pour le travail réalisé parfois dans des conditions difficiles mais toujours dans la bonne humeur et la volonté de faire au mieux. Ces rencontres ont nourri ce travail, elles ont permis de l'enrichir et de m'enrichir.

Et bien sûr merci à ceux qui ont su créer l'environnement favorable à la réalisation de cette thèse : Jean-Pierre Bedel dont le soutien discret a été fondamental, Anatoly Legchenko pour sa disponibilité et son aide dans la construction de ce travail, Jean Bernard dont la passion pour l'eau et les hommes a permis au monde de l'entreprise et à celui d'une organisation humanitaire de se rencontrer, Pierre Valla et Pierre Andrieux pour leur enthousiasme dès la première heure, Piotr Tucholka pour son soutien et Michel Bakalowicz pour m'avoir ouvert les portes du karst.

Jean-Michel Vouillamoz

# Sommaire

# Sommaire

# Notations

| Hydrogéologie | | Physique | |
|---|---|---|---|
| $\alpha$ | Coefficient de compressibilité du réservoir | $b_{1\perp}$ | Induction perpendiculaire au champ statique, normalisée pour un courant de 1 A |
| $\beta_s$ | Coefficient de compressibilité du solide | $b_{1\perp}^{Tx}$ | Induction primaire perpendiculaire au champ statique, normalisée pour 1 A |
| $\beta_l$ | Coefficient de compressibilité du liquide | $b_{1\perp}^{Rx}$ | Induction secondaire perpendiculaire au champ statique, normalisée pour 1 A |
| $\chi$ | Conductivité électrique de l'eau | $B$ | Champ d'induction statique |
| $d$ | Diamètre caractéristique des grains | $B_0$ | Champ terrestre d'induction statique |
| $e$ | Epaisseur de l'aquifère | $B_1$ | Champ d'induction oscillant |
| $k$ | Perméabilité intrinsèque | $B_{1\perp}$ | Composante de $B_1$ orthogonal à $B_0$ |
| $K$ | Coefficient de perméabilité | $C_1$ | Facteur d'emmagasinement RMP |
| $n$ | Porosité totale | $C_2$ | Facteur de porosité RMP |
| $n_e$ | Porosité de drainage | $C$ | Facteur de perméabilité intrinsèque RMP |
| $N$ | Facteur de forme des grains | $C'$ | Facteur du coefficient de perméabilité RMP |
| $Q$ | Débit de pompage | $\Delta z$ | Epaisseur de l'aquifère |
| $Q_{th}$ | Débit d'exploitation théorique | $E$ | Amplitude du signal RMP |
| $Q/s$ | Débit spécifique | $E_0$ | Amplitude initiale du signal RMP |
| $r_p$ | Rayon du puits de pompage | $E_1$ | Amplitude du signal après l'impulsion 1 |
| $R$ | Rayon du cône de rabattement | $E_2$ | Amplitude du signal après l'impulsion 2 |
| $s$ | Rabattement | $g$ | Accélération de la pesanteur |
| $S$ | Coefficient d'emmagasinement | $\gamma$ | Rapport gyromagnétique |
| $S_p$ | Surface spécifique | $h$ | Constante de Planck |
| $T$ | Transmissivité | $\hbar$ | $h/2\pi$ |

| Physique (suite) | | Physique (suite) | |
|---|---|---|---|
| $H$ | Champ magnétique statique | $S$ | Surface spécifique des pores |
| $H_0$ | Champ géomagnétique | $S_w$ | Indice de saturation d'Archie |
| $i$ | Intensité du courant | $t$ | Temps |
| $I$ | Inclinaison du champ géomagnétique | $T_1$ | Constante de temps de décroissance longitudinale |
| $I$ | Nombre quantique de spin | $T_2$ | Constante de temps de décroissance transversale |
| $I_0$ | Intensité initiale du courant | $T_2^*$ | Constante de temps de décroissance transversale en champ hétérogène |
| $\kappa$ | Perméabilité magnétique du vide | $T_{2\Delta H}$ | Constante de relaxation en champ statique hétérogène |
| $k$ | Constante de Boltzmann | $T_a$ | Constante de relaxation en milieu aquatique |
| $k_{RMP}$ | Perméabilité intrinsèque RMP | $T_k$ | Température absolue |
| $K_{RMP}$ | Coefficient de perméabilité RMP | $T_{RMP}$ | Transmissivité RMP |
| $L$ | Facteur géométrique de pore | $T_s$ | Constante de relaxation de surface |
| $\mu$ | Moment magnétique | $\upsilon$ | fréquence |
| $\mu_0$ | Perméabilité magnétique du vide | $V$ | Vitesse de propagation sismique |
| $m_i$ | Nombre quantique | $V_p$ | Volume spécifique des pores |
| $M$ | Moment magnétique résultant | $\omega_0$ | Vitesse angulaire de Larmor |
| $M_0$ | Moment magnétique résultant initial | $\omega_1$ | Vitesse angulaire induite |
| $n_a$ | Porosité communicante d'Archie | $w$ | Teneur en eau RMP |
| $n_{e\_RMP}$ | Porosité efficace RMP | $z$ | Profondeur |
| $\theta$ | Angle de nutation | | |
| $q$ | Moment d'induction électromagnétique | **Calcul d'erreur** | |
| $S$ | Moment cinétique (spin) | $\varepsilon$ | Erreur relative |
| $S_{RMP}$ | Coefficient d'emmagasinement RMP | $\iota$ | Incertitude relative |
| $\tau$ | Durée | $SCE$ | Somme des carrés des écarts |
| $\tau_d$ | Temps mort instrumental | $RMS$ | Moyenne de la somme des carrés des écarts |
| $\rho_v$ | Masse volumique | | |
| $\rho$ | Résistivité des terrains | | |
| $\rho_s$ | Indice de relaxation de surface | | |
| $R_f$ | Résistivité électrique de la roche | | |
| $R_w$ | Résistivité électrique de l'eau | | |

# Introduction

## Le contexte

Disposer d'eau de qualité en quantité suffisante est un besoin vital, facteur de bien-être et de développement. Nous ne sommes pas tous égaux devant les situations et les capacités qui peuvent être mobilisées pour répondre à ce besoin, et l'alimentation en eau des populations menacées est la problématique qui a donné naissance à ce travail.

Au fil des années, l'organisation *Action contre la faim* a développé des activités en lien avec les populations vulnérables d'Afrique, d'Asie, d'Amérique mais aussi d'Europe pour améliorer un accès toujours difficile à l'eau et à l'hygiène. Au-delà des contraintes de terrain, des imperfections humaines et des conceptions qui s'affrontent, il s'agit avant tout de réaliser du travail de qualité par respect pour les populations partenaires. Cette volonté prend des chemins et des formes variés, dont ceux de la recherche.

Parce que l'eau souterraine est une ressource de choix, elle est très souvent mobilisée pour répondre aux besoins des hommes. Parfois facile à exploiter, elle est ailleurs difficile à appréhender : des stratégies et des techniques spécifiques sont alors développées pour tenter de comprendre le fonctionnement de systèmes complexes. La géophysique appliquée à l'hydrogéologie est un des ces outils, et l'hydro-géophysique est cette discipline à la croisée des chemins de l'hydrogéologie et de la géophysique.

Face aux méthodes traditionnelles, le sondage par Résonance Magnétique Protonique (RMP) est l'outil qui symbolise le mieux l'hydro-géophysique car il mesure, dans les conditions normales, un signal issu directement de l'eau souterraine. Aussi, *Action contre la faim* décide d'engager en 1999 un projet de recherche et développement pour mesurer l'apport des sondages RMP dans l'implantation de forages d'eau, dans des contextes où les outils traditionnels n'ont pas permis d'atteindre des résultats satisfaisants.

Pour conduire ce travail, il s'agit de mobiliser des énergies et des compétences : l'*Institut de Recherche pour le développement* (IRD) et la société *Iris Instruments* sont les premiers à soutenir *Action contre la faim* dans sa démarche. C'est ainsi qu'une première mission voit le jour au Cambodge en décembre 1999; les résultats sont encourageants et permettent de comprendre que la volonté opérationnelle doit être accompagnée d'un projet de recherche. Son objectif est d'établir comment les aquifères peuvent être caractérisés par les sondages RMP.

Le sens du travail présenté dans ce mémoire est alors fixé : les compétences scientifiques des laboratoires de géophysique de l'*IRD* et de l'*Université d'Orsay* s'allient avec l'ingénierie de la société *Iris Instruments* dans un cadre proposé par *Action contre la Faim*. Une étroite collaboration s'instaure également avec l'unité Aménagement et Risques Naturels du *Bureau de Recherche Géologique et Minière* (*BRGM*) autour de l'intérêt commun pour la méthode des sondages RMP. Cette collaboration permet de préciser et de conduire le travail de recherche dans un environnement scientifique optimal, tout en favorisant l'échange d'information et la réalisation des mesures de terrain.

Des missions sont ainsi réalisées en Ouganda, puis au Honduras et au Mozambique dans le même esprit scientifique, comment la géophysique peut-elle caractériser les aquifères ? et toujours avec le même objectif humain, tenter d'améliorer l'alimentation en eau de populations vulnérables. En 2001, le dernier développement de la méthode laisse imaginer que la caractérisation des aquifères proposée par les sondages RMP peut être quantitative. Des mesures sont alors mises en œuvre en France, puis une dernière mission est réalisée au Burkina Faso fin 2002 pour tenter de couvrir la diversité des grands domaines géologiques.

## La problématique

Des travaux réalisés dans des contextes spécifiques par différents auteurs, aussi bien dans le domaine pétrolier (Kenyon 1992, Latorraca *et al.* 1993, Dunn *et al.* 2002) que dans celui de l'hydrogéologie (Schirov *et al.* 1991, Goldman *et al.* 1994, Beauce *et al.* 1996, Roy *et al.* 1998, Legchenko *et al.* 2003) montrent que la géométrie et les fonctions hydrauliques des aquifères peuvent être appréhendées par l'interprétation de sondages RMP.

L'objectif général de cette thèse est de préciser les informations hydrogéologiques que les sondages RMP permettent d'estimer.

Les objectifs spécifiques sont de rechercher si la caractérisation qualitative des aquifères proposée par certains auteurs à partir de sondages RMP mis en œuvre dans des contextes géologiques particuliers peut être validée pour l'ensemble des grands domaines hydrogéologiques, puis de chercher si une caractérisation quantitative de la capacité des réservoirs à contenir de l'eau et à conduire le flux peut être obtenue.

## La méthode

La méthode utilisée pour atteindre ces objectifs consiste dans un premier temps à comparer les résultas de sondages RMP réalisés autour de forages aux données issues des travaux de forages et des pompages d'essai. Cette comparaison est d'abord qualitative, puis des relations quantitatives sont recherchées.

Dans un second temps, l'apport des sondages RMP pour caractériser les aquifères est mesuré au travers de l'utilisation conjointe de la méthode RMP et de méthodes géophysiques traditionnelles mises en oeuvre dans le cadre de procédures hydro-géophysiques.

Cette approche est utilisée dans différents contextes géologiques sélectionnés dans la perspective de représenter au mieux la diversité des systèmes aquifères, mais également en fonction d'enjeux humains (l'accès à l'eau dans les régions proposées par *Action contre la Faim*) et de contraintes opérationnelles (faisabilité des missions d'études).

## L'organisation du document

Le Chapitre I rappelle les principales questions hydrogéologiques adressées aux géophysiciens, puis introduit les méthodes traditionnelles mises en oeuvre pour y répondre. Le principe des sondages RMP est ensuite détaillé.

Le Chapitre II présente le dernier développement de la méthode RMP qui permet de mesurer la constante de temps $T_1$ du signal de relaxation du noyau d'hydrogène. L'intérêt de ce nouveau paramètre pour l'hydrogéologie est présenté, et la capacité des sondages RMP à caractériser la géométrie et les fonctions hydrauliques des réservoirs est discutée, puis quantifiée à partir de données expérimentales.

Enfin, le Chapitre III mesure comment la caractérisation des aquifères peut être améliorée par l'utilisation conjointe des sondages RMP et des méthodes traditionnelles. L'élaboration d'études hydro-géophysiques est discutée puis illustrée au travers d'exemples d'application : la caractérisation des aquifères pour l'implantation de forage, la recherche d'eau souterraine dans un milieu karstique et la modélisation hydrodynamique d'une nappe à l'échelle d'un bassin versant. Une synthèse de la capacité des méthodes géophysiques utilisées conjointement pour déterminer la géométrie et les fonctions hydrauliques du réservoir, ainsi que la conductivité électrique de l'eau de la nappe, est ensuite présentée.

# Chapitre 1

# Les méthodes géophysiques traditionnelles appliquées à l'hydrogéologie

# Chapitre 1

# Les méthodes géophysiques traditionnelles appliquées à l'hydrogéologie

Pour l'hydrogéologue, les méthodes géophysiques sont des outils susceptibles de répondre à des questions relatives aux eaux souterraines. Le choix des méthodes et de leur mise en œuvre, ainsi que l'interprétation des données enregistrées sur le terrain, sont guidés par ces interrogations.

Ce chapitre synthétise les principales questions posées par l'hydrogéologue au géophysicien, puis introduit les méthodes géophysiques susceptibles d'y répondre. Le principe de la Résonance Magnétique Protonique est ensuite détaillé.

## 1.1. Les questions hydrogéologiques posées au géophysicien

L'objectif d'une étude hydrogéologique est de comprendre le fonctionnement d'un aquifère et d'en estimer les caractéristiques. Différents outils qui apportent chacun des informations complémentaires sont ainsi mis en oeuvre dans le cadre d'une procédure adaptée.

Les méthodes géophysiques appliquées à l'hydrogéologie s'inscrivent dans ce schéma : elles sont des outils utilisés dans une étape donnée de la procédure hydrogéologique pour tenter de répondre à des questions précises. Ces questions sont spécifiques au contexte d'étude, mais elles peuvent être regroupées en fonction de la typologie des aquifères et classées en deux catégories : la géométrie des réservoirs d'une part, et les paramètres descriptifs des fonctions de stockage et de flux d'autre part. Dans les contextes de salinité des eaux souterraines, le géophysicien peut également être amené à évaluer la conductivité électrique de l'eau de la nappe.

### 1.1.1. La typologie des aquifères

L'aquifère est un système dynamique de deux constituants en interaction, l'eau et le réservoir, décrit par un ensemble de paramètres (Castany 1982) :

- Le réservoir est caractérisé par sa nature, sa géométrie, sa structure et ses conditions aux limites. La géométrie permet de définir le réservoir comme un espace fini, limité à la base par le substratum et latéralement par les conditions aux limites géologiques (failles, passages latéraux de faciès…) et hydrodynamiques (flux et potentiels, Figure I-1). Sa structure est qualifiée de continue si les vides sont connectés entre eux dans le sens de l'écoulement, d'homogène si ses propriétés sont constantes dans le sens de l'écoulement et d'isotrope lorsque ses caractéristiques physiques sont constantes dans les 3 dimensions.
- La fraction mobile de l'eau souterraine constitue la nappe.
- Le comportement hydrodynamique de l'aquifère peut être du type libre, captif ou semi-captif (Figure I-1). Un aquifère à nappe libre comprend une zone non saturée (milieu tri-phasique solide/liquide/gaz) située au dessus d'une zone saturée (milieu bi-phasique solide/liquide).
- Ses fonctions hydrauliques sont le stockage de l'eau et la conduite du flux. Le stockage de l'eau est mesuré par les porosités et le coefficient d'emmagasinement, la conduite du flux par le coefficient de perméabilité, la transmissivité et les débits. Les porosités et perméabilités sont qualifiées de primaires (ou d'interstice) si elles sont intrinsèques à la roche, et de secondaires (ou "en grand") lorsqu'elles sont données par sa structure (fissures, fractures, dissolution).

En fonction de ses différents caractères, il est possible de définir 4 grands types de réservoirs. Les réservoirs non consolidés sont des milieux poreux et continus (un réservoir sableux par exemple), les réservoirs consolidés sont souvent fissurés/fracturés et discontinus (les roches cristallines par exemple), et les réservoirs complexes présentent une double porosité (primaire et secondaire, comme parfois la craie, Figure I-2). Enfin, les karsts sont des systèmes fortement anisotropes d'une grande diversité, qui doivent être considérés chacun comme un ensemble unique.

Cette typologie est bien entendu schématique car elle s'appuie sur des critères essentiellement structuraux; certains peuvent au contraire s'intéresser davantage à la zone non saturée ou considérer également les systèmes comme sièges d'échanges géochimiques et d'activités biologiques.

---

Les aquifères sont parfois constitués de plusieurs réservoirs qui possèdent des caractéristiques et des comportements différents, comme les systèmes multicouches par exemple. Enfin, les caractéristiques sont liées à l'échelle d'observation, et le volume représentatif est différent d'un milieu à l'autre : il est généralement de quelques $cm^3$ ou $dm^3$ pour les milieux continus, de quelques $m^3$ ou $km^3$ pour le milieu fissuré, et de la totalité du système pour les karsts.

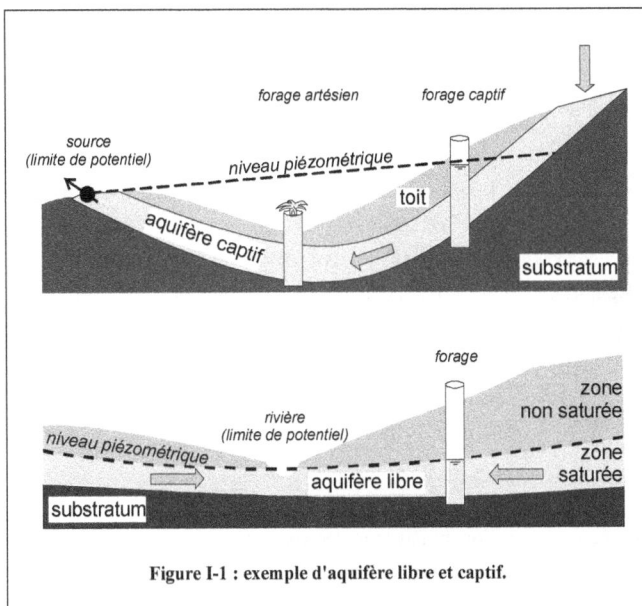

Figure I-1 : exemple d'aquifère libre et captif.

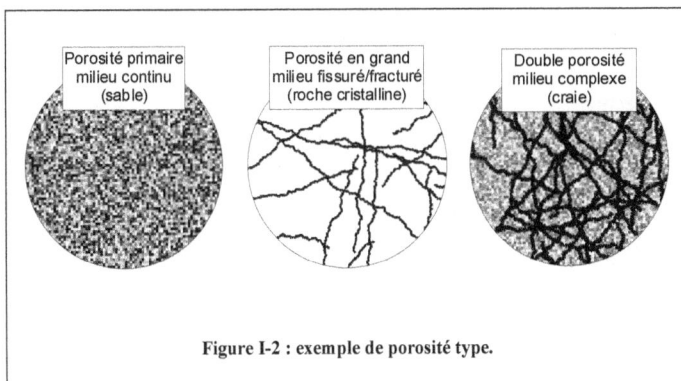

Figure I-2 : exemple de porosité type.

### 1.1.2. Les fonctions hydrauliques des aquifères

- **Le stockage de l'eau**

La quantité d'eau contenue dans un réservoir, à un instant donné, est fonction de sa géométrie et des caractéristiques des vides susceptibles de contenir de l'eau. Les porosités caractérisent le volume de ces vides, la surface spécifique conditionne pour partie les relations eau-roche, et le coefficient d'emmagasinement quantifie le volume d'eau exploitable qui est contenu dans le réservoir.

○ *La surface spécifique*

La surface spécifique $S_p = \dfrac{surface\ totale\ des\ grains}{volume\ de\ l'échantillon}$ est un facteur important des relations entre l'eau et l'encaissant. Les phénomènes de rétention d'eau à la surface du réservoir sont notamment fonction de la surface spécifique. En effet, les forces d'attraction moléculaire, entre les molécules d'eau elles mêmes et avec les parois du réservoir, sont à l'origine de l'eau dite liée qui se compose d'une pellicule d'eau adsorbée sur les parois du réservoir, et d'une zone de transition qui contient de l'eau encore soumise aux forces d'attraction mais qui peut se déplacer à la surface des grains (eau pelliculaire, Figure I-3).

○ *Les porosités*

La porosité totale $n = \dfrac{volume\ des\ vides}{volume\ total}$ quantifie le volume de tous les vides présents dans le réservoir, même s'ils ne jouent pas le même rôle hydrogéologique (Figure I-3). Lorsque les vides ne sont pas connectés entre eux la porosité est dite close, alors qu'elle est ouverte si les pores sont communicants. Seuls les pores communicants sont susceptibles de contenir une eau exploitable, mais une partie seulement de cette eau peut être drainée gravitairement : l'hydrogéologue distingue ainsi l'eau gravitaire de l'eau de rétention.

L'eau de rétention est définie dans la zone non saturée. Elle est formée par l'eau liée (attraction moléculaire à la surface du réservoir) et par l'eau capillaire (effet des forces capillaires). Le drainage complet de la zone non saturée conduit à un état d'équilibre, appelé équilibre de saturation (ou capacité de rétention capillaire), qui est rompu si de l'eau gravitaire s'infiltre (pluie) ou si l'eau capillaire est évapotranspirée (végétation).

La porosité de drainage (souvent appelée porosité efficace, specific yield des auteurs anglophones) $n_e = \dfrac{volume\ d'eau\ gravitaire}{volume\ total}$ représente ainsi le volume d'eau qui peut être drainée par l'action de la force gravitaire jusqu'à atteindre l'équilibre de saturation.

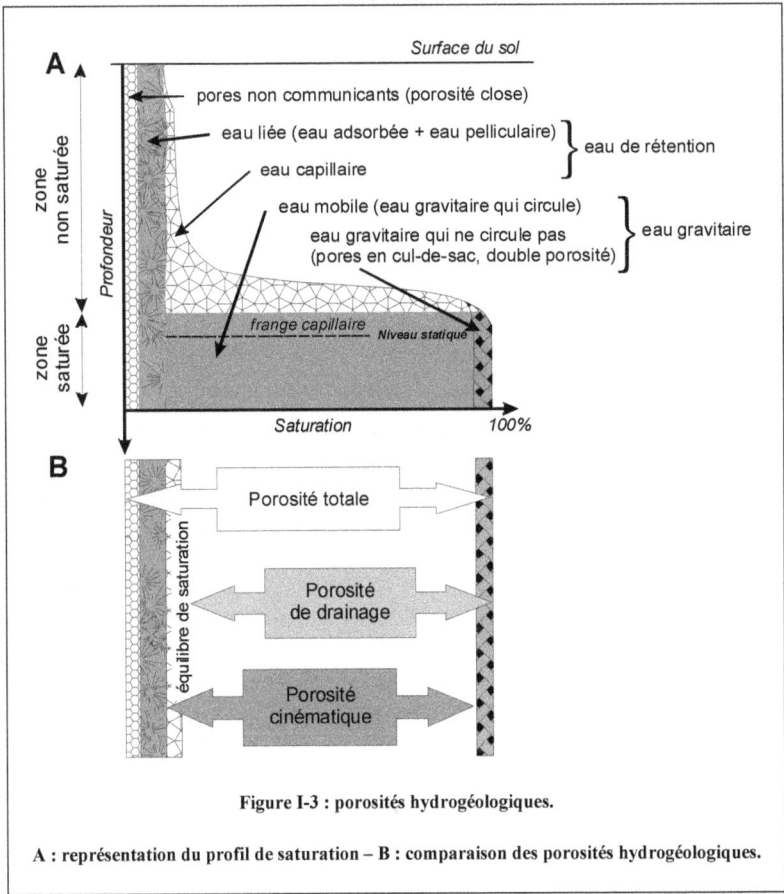

**Figure I-3 : porosités hydrogéologiques.**

**A : représentation du profil de saturation – B : comparaison des porosités hydrogéologiques.**

Le volume d'eau quantifié par la porosité de drainage est différent du volume d'eau qui participe réellement à l'écoulement en zone saturée. L'eau contenue dans les pores en "cul-de-sac" par exemple, peut être drainée gravitairement alors qu'elle n'est pas mise en mouvement lors de l'écoulement. De même, dans les réservoirs à double porosité l'eau circule essentiellement dans les zones les plus conductrices, comme les fractures, même si la matrice non fracturée est poreuse. A l'opposée, il n'y a pas d'eau capillaire en zone saturée (l'eau de rétention est uniquement de l'eau liée) et son volume équivalent est occupé par de l'eau mobile sous le toit de la nappe libre. Enfin, la porosité de drainage est fonction du temps pendant lequel le réservoir est drainé.

La porosité cinématique (effective porosity des auteurs anglophones) $\omega_c = \dfrac{volume\ d'eau\ mobile}{volume\ total}$ quantifie le volume d'eau mobile en zone saturée sous l'action d'un gradient de charge. Cette porosité est le rapport de la vitesse de déplacement du flux mesurée in situ (par traçage) et de la vitesse fictive déduite de la loi de Darcy qui considère la totalité de la section de l'aquifère comme disponible au flux, $\omega_c = \dfrac{vitesse\ de\ déplacement\ (traçage)}{vitesse\ de\ filtration\ (Darcy)}$.

○ *Le coefficient d'emmagasinement*

Dans les systèmes captifs, ce sont les phénomènes de décompression de l'eau (terme $n \cdot \beta_l$ de l'équation I.1) et de compaction de la matrice poreuse (terme $\alpha - n \cdot \beta_s$ de I.1) sous l'effet d'une variation de charge qui entraînent la libération de l'eau. Ces phénomènes sont mesurés par le coefficient d'emmagasinement, qui est défini comme le volume d'eau libéré (ou emmagasiné) par un prisme vertical du réservoir de section unitaire, à la suite d'une variation unitaire de charge. Noté $S$, il est quantifié par (De Marsily 1986) :

$$S = \left[ \rho \cdot g \cdot n \cdot \left( \beta_l - \beta_s + \frac{\alpha}{n} \right) \right] \cdot e \qquad (I.1)$$

avec $\beta_l, \beta_s$ et $\alpha$ les coefficients de compressibilité de l'eau ($\beta_l \approx 5 \cdot 10^{-10} Pa^{-1}$), de la roche solide ($\beta_s \approx 2 \cdot 10^{-11} Pa^{-1}$ pour le quartz) et du milieu poreux ($\alpha$, Tableau I-1), $g$ l'accélération de la pesanteur, $\rho$ la masse volumique du fluide, $e$ l'épaisseur de l'aquifère et $n$ sa porosité totale.

| Aquifère | $\alpha$ en Pa$^{-1}$ |
|---|---|
| argile | $10^{-8}$ à $10^{-6}$ |
| sable | $10^{-9}$ à $10^{-7}$ |
| gravier | $10^{-8}$ à $10^{-10}$ |

Tableau I-1 : valeurs usuelles du coefficient de compressibilité des réservoirs.

Le terme $\beta_s$ qui est petit devant $\beta_l$ est en pratique négligeable et l'équation (I.1) se simplifie sous la forme :

$$S = \left[ \rho \cdot g \cdot n \cdot \left( \beta_l + \frac{\alpha}{n} \right) \right] \cdot e \qquad (I.2)$$

En nappe libre, le volume d'eau libéré par une baisse de charge, provoquée par pompage par exemple, est fonction du volume d'eau gravitaire stocké dans le réservoir (quantifié par la porosité de drainage), mais également du même mécanisme que celui actif en nappe captive (décompression de l'eau et compaction de la matrice). Ainsi, le coefficient d'emmagasinement s'écrit (Fetter 1994) :

$$S = n_e + \left[ \rho \cdot g \cdot n \cdot e \cdot \left( \beta_l + \frac{\alpha}{n} \right) \right] \qquad (I.3)$$

Comme le volume d'eau expulsé par les phénomènes de décompression/compaction est négligeable devant celui drainé par gravité, le coefficient d'emmagasinement en nappe libre correspond en pratique à la porosité de drainage : $S \simeq n_e$.

- **Les paramètres de flux hydrogéologiques**

o *La perméabilité*

La perméabilité est l'aptitude d'un réservoir à se laisser traverser par l'eau. La perméabilité intrinsèque $k$ caractérise le réservoir, et le coefficient de perméabilité $K$ utilisé généralement par les hydrogéologues caractérise l'ensemble fluide-réservoir. Les deux grandeurs sont liées par l'équation :

$$K = \left( d^2 \cdot N \right) \cdot \frac{g \rho}{\eta} = k \cdot \frac{g}{v} \qquad (I.4)$$

avec $d^2$ le diamètre caractéristique des grains, $N$ un facteur de forme, $g$ l'accélération de la pesanteur, $\eta$ et $\rho$ la viscosité dynamique et la masse volumique du fluide, $v$ sa viscosité cinématique.

Dans un même réservoir, le paramètre qui influe sur le coefficient de perméabilité est, d'après l'équation (I.4), la viscosité cinématique du fluide et donc sa température et sa masse volumique. L'influence de la température est prépondérante car elle entraîne une variation de 30 à 45% du coefficient de perméabilité entre des eaux de climat tempéré (10 à 15°C) et des eaux de zones intertropicales (25 à 35°C, Figure I-4). Au contraire, la minéralisation de l'eau et sa masse volumique interviennent peu sur le coefficient de perméabilité : la viscosité cinématique d'une eau de mer (34 kg de NaCl par m$^3$) est d'environ 5% supérieure à celle d'une eau déminéralisée, quelle que soit la température du milieu.

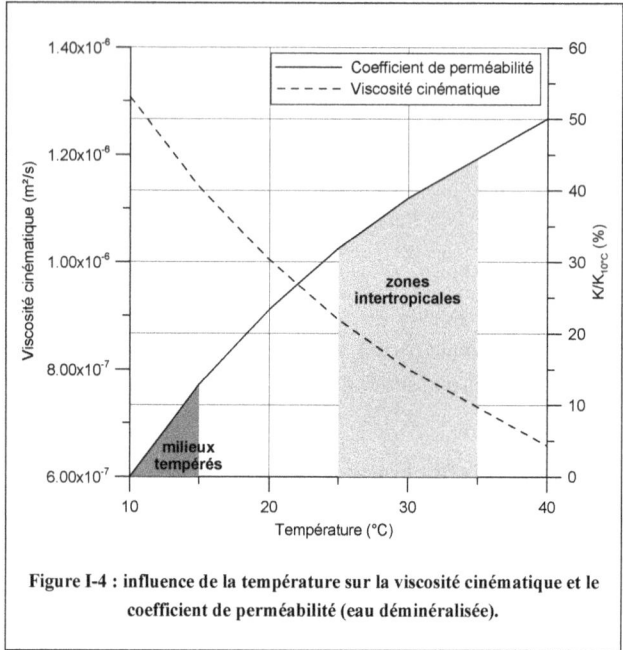

Figure I-4 : influence de la température sur la viscosité cinématique et le coefficient de perméabilité (eau déminéralisée).

La relation entre le coefficient de perméabilité $K$ et la perméabilité intrinsèque $k$ est donc essentiellement fonction de la température du milieu, et $K$ est en moyenne 40% supérieur en zones intertropicales par rapport aux milieux tempérés, toutes choses étant égales par ailleurs.

o *La transmissivité et le débit théorique*

Le coefficient de perméabilité n'est pas accessible directement sur le terrain, mais peut être estimé à partir de la transmissivité. La transmissivité exprime la productivité d'un aquifère telle que :

$$T = K \cdot e \qquad (I.5)$$

avec $T$ la transmissivité $(L^2 \cdot T^{-1})$, $K$ le coefficient de perméabilité $(L \cdot T^{-1})$ et $e$ la puissance du réservoir $(L)$. Estimée par des essais de pompage in situ, la transmissivité est largement utilisée par les hydrogéologues car :

- L'épaisseur des aquifères n'est pas toujours connue avec précision, notamment lorsque les transitions entre terrains perméables et imperméables sont graduelles.
- La transmissivité est un paramètre intégrateur qui permet de définir une valeur caractéristique du milieu.
- La transmissivité est une mesure de la productivité de l'aquifère et permet d'estimer un débit d'exploitation théorique $Q_{th}$.

Le débit d'exploitation théorique se définit comme le débit que peut fournir l'aquifère au travers d'un ouvrage parfait, sans perte de charge. Il représente donc un potentiel de production, mais peu s'éloigner sensiblement du débit d'exploitation réel fixé par l'interprétation d'essais de pompage spécifiques. En régime permanent (rabattement stabilisé en fonction du temps), l'équation (I.6) décrit la relation entre le débit $Q$, la transmissivité $T$ et la géométrie du cône de rabattement :

$$Q = \frac{2 \cdot \pi \cdot T \cdot s}{ln \, R/r_p} \qquad (I.6)$$

avec $s$ le rabattement, $R$ le rayon du cône d'action et $r_p$ le rayon du forage (formule de Dupuit, De Marsily 1986). Lorsque le rayon d'action R est tel que $R/r_p \approx 500$, l'équation (I.6) devient :

$$Q \approx T \cdot s \Leftrightarrow T \approx \frac{Q}{s} \qquad (I.7)$$

Le débit spécifique $Q/s$ est homogène à la transmissivité et en constitue une approximation acceptable dans le cadre des simplifications admises. En fonction des connaissances a priori du contexte géologique, il est donc possible d'estimer une valeur de rabattement théorique maximum et d'après (I.7) un débit théorique $Q_{th}$ (Figure I-5).

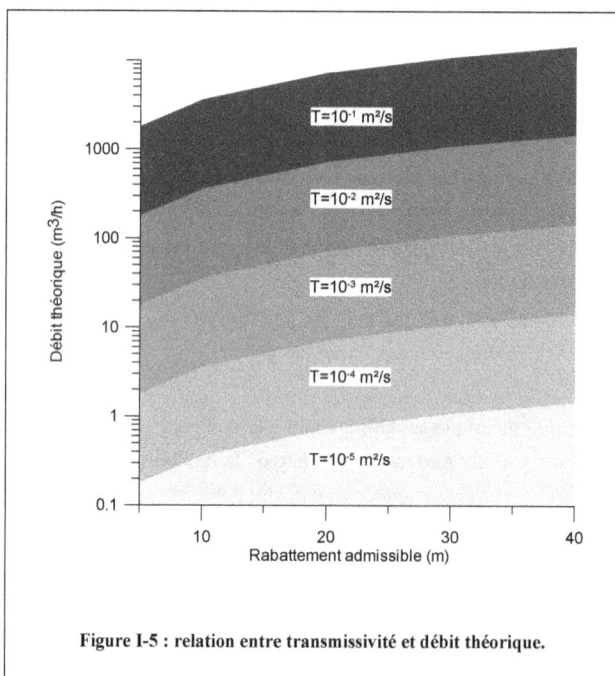

**Figure I-5 : relation entre transmissivité et débit théorique.**

### 1.1.3. Les grands systèmes aquifères

- **Un exemple de milieu hétérogène : les aquifères de socles**

Les formations dites "de socle" regroupent l'ensemble des roches cristallines et cristallophylliennes, ainsi que les roches sédimentaires anciennes dont le comportement hydrogéologique est comparable. Ces roches sont caractérisées par leur nature compacte et leur faible capacité à contenir de l'eau, et par la présence d'horizons perméables qui se développent parfois à la faveur de processus d'altération et de phénomènes tectoniques. Les ensembles géologiques généralement différenciés sont les granites gneiss et migmatites, les schistes, et les grès quartzites (Université d'Avignon et des pays de Vaucluse 1990).

Les aquifères de zones de socle sont représentés par trois types de réservoir : le réservoir d'altérites qui correspond aux arènes sablo-argileuses, le réservoir de fissures situé au dessus de la roche saine qui traduit une zone partiellement altérée comportant de nombreuses fissures et diaclases généralement remplies des produits d'altération, et le réseau de fractures majeures qui affectent la roche mère (Figure I-6 et Figure I-7).

De nombreuses études réalisées en Afrique montrent que ces réservoirs constituent souvent un aquifère unique dont la fonction de stockage est assurée par les altérites et la fonction conductrice par les zones fissurées et fracturées (Université d'Avignon et des pays de Vaucluse 1990, BRGM 1992, Wright and Burgess 1992, Lachassagne *et al.* 2001). Les aquifères les plus productifs correspondent ainsi généralement aux ensembles dans lesquels un horizon d'altération suffisamment épais formé de matériaux grossiers est drainé par une zone de fissuration et/ou de fracturation.

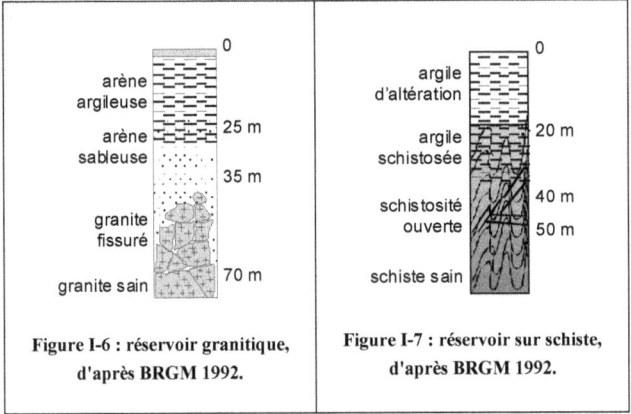

Figure I-6 : réservoir granitique, d'après BRGM 1992.

Figure I-7 : réservoir sur schiste, d'après BRGM 1992.

La méthode généralement employée par l'hydrogéologue pour conduire une étude en zone de socle est présentée Tableau I-2. Elle correspond à un enchaînement de procédures qui peut être interrompu à la lumière des résultats obtenus et des objectifs recherchés (BRGM 1992).

Une méthode d'analyse multicritères couplée à l'utilisation de système d'information géographique a également été proposée par Lachassagne *et al.* (2001). Cette méthode s'appuie sur une approche géologique, géomorphologique, et le cas échéant géophysique, pour identifier la géométrie des paléosurfaces d'altération et des effets de l'érosion postérieure à leur développement. Une carte des potentialités en eau souterraines est ensuite construite par analyse multicritères. Des poids sont ainsi affectés aux différents critères retenus : lithologie et propriétés hydrogéologiques du substratum, nature et épaisseur des altérites et de la zone fissurée, profondeur du niveau piézométrique, morphologie, fracturation et tectonique actuelle, qualité de l'eau). Cette méthode permet de définir les zones favorables à l'exploitation des eaux souterraines depuis une échelle régionale jusqu'à l'échelle locale. Elle a notamment été développée pour l'implantation et l'exploitation rationnelles de forages à gros débit (Lachassagne *et al.* 2001).

| Phase de l'étude | Méthode et outil | Objectif |
|---|---|---|
| Etude préliminaire | Télédétection<br>Photo interprétation<br>Documentations géologique<br>et hydrogéologique | Préciser le contexte hydrogéologique<br><br>Définir les zones potentiellement aquifères |
| Reconnaissance de terrain | Observations géologique et<br>géomorphologique<br>Visite d'ouvrages existants | Confirmer le contexte et le potentiel<br>hydrogéologique |
| Etude complémentaire | **Géophysique**<br>Prospection radon | Définir la géométrie des réservoirs<br>Qualifier les caractéristiques de l'aquifère |
| Evaluation de la ressource | Forage<br>Pompage d'essai<br>Piézométrie<br>**Géophysique**<br>Modélisation | Quantifier les caractéristiques de l'aquifère<br>Quantifier les ressources dans le temps |

Tableau I-2 : procédure d'étude hydrogéologique en zone de socle (modifié d'après BRGM 1992).

Dans le cadre de cette procédure, les questions posées au géophysicien se déclinent en fonction de la géométrie du réservoir et de ses fonctions hydrauliques :

- Quelle est l'épaisseur des zones d'altération et de fissuration (géométrie 1D) ?
- Ces zones sont-elles aquifères (présence d'un réservoir) ?
- Existe-t-il une couverture argileuse (protection, recharge) ?
- Y a t-il présence de fractures aquifères (drainage des altérites) ?
- Quelle est l'extension latérale de ces structures (géométrie 3D) ?

- Quelle est la quantité d'eau stockée dans les différents horizons (coefficient d'emmagasinement) ?
- Quelle est la profondeur du niveau aquifère (niveau statique en nappe libre) ?
- Quel est le potentiel de production de ces horizons (perméabilité, transmissivité) ?

Le géophysicien peut également être interpellé pour répondre à des questions relatives à un forage particulier :

- Où sont précisément localisées les zones productrices (équipement du forage) ?
- Est-ce que des opérations particulières ont amélioré la productivité du forage (efficacité de l'hydrofracturation) ?

Pour répondre à ces questions, le géophysicien utilise différentes méthodes ou combinaisons de méthodes. A l'image des études hydrogéologiques et de leur enchaînement de procédures, les études géophysiques consistent à mettre en œuvre différents outils suivant une chronologie rationnelle : des méthodes de prospection rapides sont utilisées pour définir des zones particulières sur lesquelles sont ensuite mises en oeuvre des méthodes plus contraignantes mais plus complètes pour l'hydrogéologie (Tableau I-3).

| Phase de l'étude | Méthode et outil | Objectif |
|---|---|---|
| Etude préliminaire | Profil de résistivité (traîné électrique ou profil électromagnétique) | Epaisseur de la zone d'altération et localisation de zone fracturée |
| | Carte de résistivité (gradient électrique, VLF et Slingram) | Mise en évidence de structures peu profondes |
| Etude d'implantation | Sondage électrique | Estimation 1D des structures géologiques |
| | Panneau électrique ou sondage pluridirectionnel | Estimation 2D ou 3D des structures géologiques |
| Etude complémentaire | Méthode magnétique | Localisation de zones fracturées encaissant des roches magnétiques |
| | Sismique réfraction | Profondeur du substratum |
| | Diagraphies électriques | Localisation des zones productives en forage |

Tableau I-3 : procédure d'étude géophysique en zone de socle (modifié d'après Burgeap 1984).

- **Un exemple de milieu poreux continu : les réservoirs non consolidés**

Ces aquifères sont très diversifiés du point de vue géologique car ils sont constitués de sédiments d'origines diverses (alluvions, colluvions, dépôts éoliens ou marins) mais leur lithologie commune essentiellement sableuse leur donne un comportement hydrogéologique comparable.

La géométrie de ces réservoirs dépend en grande partie des modalités de mise en place des sédiments; les limites des domaines sont donc géologiques mais également hydrodynamiques comme la relation nappe/rivière souvent dominante dans les nappes alluviales, ou le contact eau douce/eau salée pour les nappes des bordures littorales. Leurs capacités à contenir de l'eau et à conduire l'écoulement peuvent être importantes et dépendent essentiellement de la granulométrie des sédiments (taille et uniformité des grains).

La procédure hydrogéologique mise en œuvre pour étudier ces réservoirs est différente de celle utilisée en zone de socle, même si l'enchaînement de plusieurs phases est comparable. L'étude préliminaire permet de préciser le type de système considéré et d'appréhender la géométrie des réservoirs au travers des données géologiques et photo-géologiques disponibles.

Les reconnaissances de terrain précisent ces premières observations, éventuellement par l'emploi de la géophysique, et définissent les modalités de fonctionnement du système généralement au travers d'une étude piézométrique et hydrochimique.

Le cas échéant, des investigations complémentaires sont menées pour évaluer la ressource tant d'un point de vue quantitatif que qualitatif; de nombreux outils peuvent être utilisés à ce stade, dont la géophysique.

Dans le cadre de cette démarche hydrogéologique, les questions généralement posées au géophysicien sont :

- Quelle est l'épaisseur des zones perméables (présence de réservoirs et géométrie 1D) ?
- Quelle est la qualité du réservoir (argileux) ?
- Existe-t-il une couverture argileuse (protection, recharge) ?
- Quelle est l'extension latérale du réservoir (géométrie 3D) ?

- Quelle est la quantité d'eau stockée dans les différents horizons (coefficient d'emmagasinement) ?

- Quelle est la minéralisation totale de l'eau (problème de salinité) ?
- Quelle est la profondeur du niveau aquifère (niveau statique en nappe libre) ?
- Quel est le potentiel de production de ces horizons (perméabilité, transmissivité) ?

- Où sont précisément localisées les zones productives dans un forage (équipement) ?
- Quelle est l'influence d'opérations particulières sur un forage (développement, acidification…).

Les outils mis en œuvre pour répondre à ces questions sont présentés Tableau I-4.

| Phase de l'étude | Méthode et outil | Objectif |
|---|---|---|
| Etude préliminaire | Cartographie de résistivité électrique ou électromagnétique | Délimitation du domaine hydrogéologique Estimation de la nature du recouvrement |
| Etude détaillée | Sondage électrique ou sondage électromagnétique | Description 1D des structures géologiques Estimation de la minéralisation de l'eau |
| | Panneau électrique | Description 2D des structures géologiques Estimation de la minéralisation de l'eau |
| | Profil sismique | Estimation de la profondeur du substratum |
| Etude complémentaire | Diagraphies électriques et électromagnétiques | Localisation des zones productives en forage |

Tableau I-4 : procédure d'étude géophysique en terrains sédimentaires non consolidés.

- **Un exemple de milieu fortement anisotrope : les réservoirs carbonatés**

Les réservoirs carbonatés se distinguent par leur grande hétérogénéité, même à petite échelle. Ce caractère particulier provient de la solubilité de la roche dans l'eau riche en gaz carbonique : lorsque l'eau pénètre dans le massif calcaire à la faveur des fissures et fractures, elle dissout activement le réservoir pour former des figures caractéristiques qui peuvent atteindre des volumes importants : c'est le phénomène de la karstification qui représente la forme la plus spectaculaire d'érosion physico-chimique de ces réservoirs.

La représentation schématique du karst proposée par Mangin (1975) et modifiée par Bakalowicz (1979) divise le système en différentes zones (Figure I-8).

L'épikarst présente une épaisseur de 5 à 20 mètres sous la surface du sol dans laquelle la roche est décomprimée et souvent fortement fracturée. Un réservoir perché, parfois temporaire et discontinu peut s'y former.

La zone d'infiltration est parfois très épaisse; elle permet une circulation rapide au travers des fractures et une infiltration lente par les microfissures. Des volumes d'eau importants peuvent y être stockés, soit dans les figures de dissolution soit dans la matrice si elle est poreuse.

Enfin, le karst noyé essentiellement développé près de l'exutoire et drainé par un réseau de conduits, assure la fonction de conduction du flux mais également de stockage dans les systèmes annexes au drainage. Ces systèmes sont des vides de plus ou moins grande taille distribués autour des drains et qui stockent l'eau. Ils sont en connexion hydraulique avec les drains par l'intermédiaire de conduits de taille variée qui contrôlent les transferts.

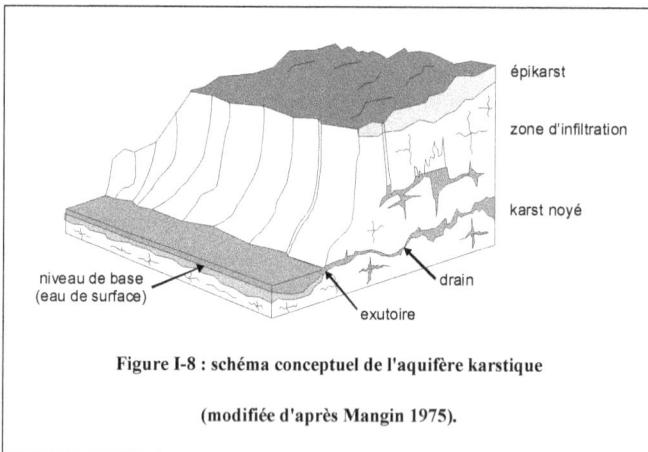

Figure I-8 : schéma conceptuel de l'aquifère karstique

(modifiée d'après Mangin 1975).

Certains carbonates peuvent être très poreux (la craie) d'autres sont beaucoup plus compacts et fréquemment fracturés (les calcaires). Les caractéristiques et le fonctionnement de ces réservoirs sont fonctions de ces natures géologiques et des phénomènes d'érosion qui les ont transformés : le comportement hydrogéologique d'une craie poreuse peut parfois se rapprocher de celui d'un milieu continu, alors qu'un calcaire karstifié aura un comportement unique. L'approche hydrogéologique utilisée dépend donc de la nature des réservoirs. Dans le cas d'un karst, l'hydrogéologue étudie avant tout le fonctionnement du système au travers des étapes résumées dans le Tableau I-5 (Crochet 1996).

| Phase de l'étude | Méthode et outil | Objectif |
|---|---|---|
| Géométrie | Géologie (stratigraphie et structure)<br>**Géophysique**<br>Géomorphologie<br>Informations spéléologiques | Géométrie de l'aquifère |
| Identification | Débits classés<br>Courbes de récession<br>Analyse corrélatoire et spectrale | Fonctionnement de l'exutoire |
| Caractérisation | Traçage<br>Hydrogéochimie<br>Chimie isotopique | Fonctionnement des transferts |
| Démonstration | Pompage d'essai | Structure et fonctionnement<br>de la zone noyée |
| Evaluation | Modélisation | Mode d'exploitation |

**Tableau I-5 : étude hydrogéologique en zone karstique (modifié d'après Crochet 1996).**

Dans ce contexte particulier l'hydrogéologue fait généralement appel à la géophysique pour préciser la géométrie du système d'étude :

- Géométrie de l'épikarst, de la zone d'infiltration et du karst noyé.
- Localisation des fractures et figures de dissolution.
- Recherche de la présence d'eau.

L'approche géophysique présentée par Al-Fares (2002) propose d'utiliser les sondages RMP pour localiser les niveaux aquifères (Tableau I-6); ce point est développé dans le Chapitre III.

| Phase de l'étude | Méthode et outil | Objectif |
|---|---|---|
| Etude préliminaire | Cartographie électromagnétique<br>des résistivités | Mise en évidence de fractures<br>affleurantes |
| Etude détaillée | Profils radar | Estimation 2D des structures de la<br>zone d'infiltration |
| | Panneau électrique | Estimation 2D des structures de la<br>zone d'infiltration et de la zone noyée |
| Etude complémentaire | Sondage RMP | Localisation des zones aquifères |

**Tableau I-6 : procédure d'étude géophysique en zone de karst (modifié d'après Al-Fares 2002).**

- **Autres réservoirs**

A l'image des aquifères de montagne, des aquifères multi-couches des grands bassins sédimentaires ou des aquifères volcaniques, il existe de nombreux systèmes dont le comportement hydrogéologique peut parfois se rapprocher des systèmes déjà présentés, ou à une combinaison de comportements qui reflète le degré d'hétérogénéité du milieu considéré.

Les aquifères multi-couches des bassins sédimentaires peuvent par exemple comporter un réservoir libre sablo-argileux peu profond et un réservoir carbonaté plus profond et captif.

L'approche géophysique mise en oeuvre dans ces contextes est conforme à celles déjà présentées : il s'agit de choisir les méthodes et la chronologie de leur déploiement en fonction des questions hydrogéologiques et des contraintes géophysiques.

### 1.1.4. Les principales questions

A partir des exemples précédents, il est possible de classer les principales questions adressées au géophysicien en fonction de la géométrie du réservoir et de ses deux fonctions hydrauliques.

- La géométrie du réservoir :
  - définition des épaisseurs et des extensions latérales des zones productrices,
  - estimation de la qualité du recouvrement (argileux ou perméable),
  - définition du niveau statique en nappe libre.

- Le stockage de l'eau :
  - estimation de la quantité d'eau stockée (porosité efficace ou coefficient d'emmagasinement),
  - estimation de la conductivité électrique de l'eau.

- La conduite du flux :
  - estimation du coefficient de perméabilité,
  - estimation de la transmissivité et d'un débit d'exploitation théorique.

Pour tenter de répondre à ces questions, le géophysicien dispose d'une panoplie d'outils dont les plus employés sont présentés dans le paragraphe suivant.

## 1.2.   Les méthodes géophysiques traditionnelles

Les méthodes géophysiques mesurent les variations spatiales et temporelles des propriétés physiques du sous-sol. Dans le domaine de la prospection appliquée à l'hydrogéologie, les propriétés physiques des roches étudiées sont conditionnées par la nature du réservoir, le volume des vides qu'il renferme (sa porosité) et le volume et la nature des fluides d'imbibition (saturation et qualité de l'eau).

L'eau, si elle influence bien certains de ces paramètres, n'est jamais la seule à le faire. Aussi, les grandeurs physiques mesurées par le géophysicien ne permettent pas une lecture directe de la présence ou de la qualité de l'eau souterraine, mais contribuent dans le meilleur des cas à imaginer les structures aquifères.

### 1.2.1. Le choix des méthodes

La Figure I-9 indique les ordres de grandeurs des principaux paramètres accessibles au géophysicien (Chapellier 2000). Pour chaque type de roche, les paramètres présentent une large gamme de valeurs qui est la conséquence de nombreuses variables : la porosité, la quantité et la qualité de l'eau d'imbibition, la nature et le degré d'altération de la roche, sa structure... De plus, ces gammes de valeurs ne sont pas spécifiques à une nature de roche : il n'est donc pas possible d'attribuer a priori un type de réservoir à une valeur de paramètre.

Pour contourner cette difficulté, le géophysicien travaille sur les variations des propriétés physiques. Il cherche à mettre en évidence des contrastes, ou anomalies, qui lui permettent d'imaginer les structures susceptibles de produirent les variations mesurées. Ces structures conceptuelles, ou modèles, ne lèvent cependant pas toutes les ambiguïtés car la solution n'est pas unique : plusieurs modèles peuvent en effet reproduire les mêmes valeurs du paramètre enregistré.

Néanmoins, les connaissances hydrogéologiques a priori et la mesure conjointe de plusieurs grandeurs physiques permettent souvent de réduire l'indétermination, jusqu'à proposer un ensemble limité de modèles probables.

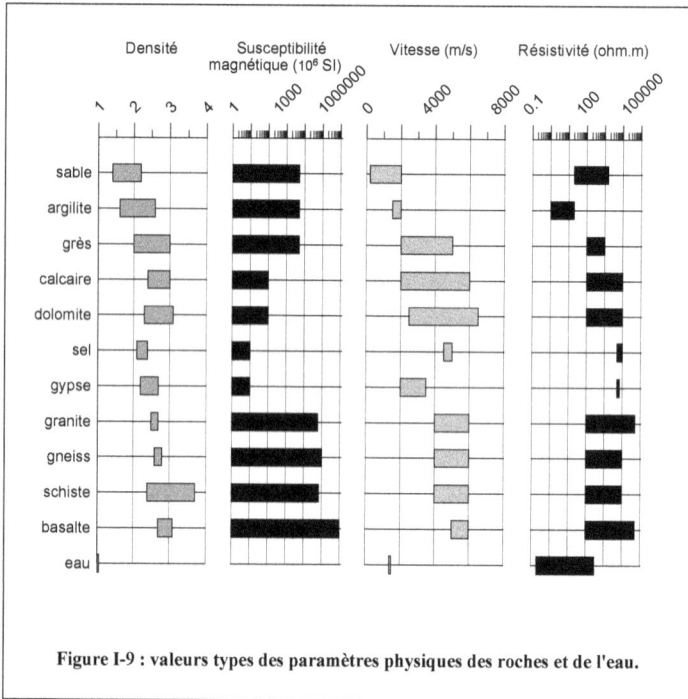

**Figure I-9 : valeurs types des paramètres physiques des roches et de l'eau.**

En définitive, le choix de la méthode ou des combinaisons de méthodes géophysiques à mettre en œuvre est fonction de (Chapellier 2000) :

- La nature de la cible recherchée qui doit provoquer une anomalie suffisante pour être mesurée.
- La précision recherchée, qui doit être en adéquation avec le pouvoir de résolution de la méthode et de l'équipement sélectionnés.
- L'objectif des travaux de prospection et notamment l'échelle à laquelle elle est entreprise, qui conditionne le cadre de la mise en œuvre des mesures sur le terrain.

Les méthodes classiquement utilisées dans le cadre des études hydrogéologiques sont présentées à la lumière de ces critères : paramètres physiques mesurés, résolution et mise en oeuvre.

### 1.2.2. Les propriétés physiques opérationnelles

La nature de la structure recherchée doit provoquer une variation suffisante du paramètre géophysique mesuré qui est lui-même fonction de paramètres opérationnels (Tableau I-7). Le choix de la méthode à utiliser dépend donc en premier lieu de la nature de la cible recherchée. Par exemple, la prospection magnétique permet de mettre en évidence les fractures du socle injectées de roches magnétiques comme la dolérite ou les roches basiques (Burgeap 1984), les cavités karstiques sont susceptibles de provoquer des anomalies de densité mesurées par micro-gravimétrie (Beauce 1999), ou encore les contrastes de vitesse de propagation des ondes élastiques entre un substratum consolidé et un réservoir non consolidé peut engendrer des anomalies révélées par la sismique réfraction (Burgeap 1984).

| Méthode | Paramètre géophysique mesuré | Propriété physique opérationnelle | Influence de l'eau souterraine |
|---|---|---|---|
| Electrique | Différence de potentiel due aux courants de conduction | Résistivité électrique | ✓ |
| Polarisation spontanée | Variation du potentiel électrique naturel | Conductivité électrique Différence de pression | ✓ |
| Electromagnétisme | Signaux électromagnétiques dus à l'induction | Conductivité électrique (Susceptibilité magnétique et permittivité diélectrique) | ✓ |
| Radar | Temps de propagation d'impulsions électromagnétiques | Permittivité diélectrique (Susceptibilité magnétique et résistivité) | ( ✓ ) |
| Sismique réfraction | Temps de propagation des ondes réfractées | Densité et module d'élasticité | ( ✓ ) |
| Micro-gravimétrie | Variation du champ de gravité terrestre | Densité | ( ✓ ) |
| Magnétisme | Variation du champ géomagnétique | Susceptibilité magnétique | |

**Tableau I-7 : méthodes géophysiques usuelles pour l'hydrogéologie (entre parenthèses les propriétés dont l'effet est secondaire), modifié d'après Kearey and Brooks 1984.**

Les méthodes traditionnelles ne sont pas toutes sensibles à la présence de l'eau souterraine qui peut, dans le meilleur des cas, être supposée mais toujours de façon indirecte au travers de la modification du paramètre enregistré par le géophysicien (Tableau I-7).

Les méthodes électriques et électromagnétiques sont les plus employées pour l'hydrogéologie car le principal paramètre opérationnel (la résistivité ou son inverse la conductivité) est influencé par la nature des roches mais également par la quantité et la qualité de l'eau d'imbibition (McNeill 1980). Ces méthodes permettent ainsi d'obtenir des informations sur les structures géologiques, et parfois sur les paramètres hydrauliques des réservoirs ainsi que sur la conductivité électrique de l'eau. Une interprétation quantitative peut être réalisée par l'emploi de formules empiriques (Yadav and Abolfazli 1998) ou de la formule d'Archie :

$$R_f = a \cdot \frac{R_w \cdot n_a^{-m}}{S_w^n} \qquad (I.8)$$

avec $R_f$ la résistivité de la roche, $R_w$ la résistivité de l'eau d'imbibition, $S_w$ l'indice de saturation, $n_a$ la porosité communicante et $a$, $m$ et $n$ respectivement le coefficient de saturation, le facteur de cimentation et l'exposant de saturation.

La formulation d'Archie n'est pas valide si le milieu contient de l'argile, ce qui est fréquent en hydrogéologie. Des termes correctifs sont alors nécessaires, mais ils restent d'un usage difficile lorsque la présence d'argile n'est pas quantifiée. Aussi, le paramètre résistivité est souvent interprété qualitativement par ses variations.

La polarisation spontanée est utilisée avec succès pour mettre en évidence l'épaisseur de la zone non saturée et donc la morphologie de la surface piézométrique des nappes libres de milieux volcaniques (Aubert *et al.* 1991, Boubekraoui 1999). En zone de socle, les mesures semblent confirmer ces résultats mais les forts contrastes de résistivités des terrains de couverture perturbent les signaux mesurés et rendent l'interprétation difficile (Compaore 1997). Les phénomènes d'électrofiltration qui semblent être à l'origine des potentiels mesurés restent difficiles à modéliser, et cette méthode est aujourd'hui essentiellement utilisée en complément de méthodes plus classiques.

La sismique réfraction permet, dans des conditions favorables, de localiser les aquifères et d'en estimer la géométrie et la porosité à partir de la relation $1/V = A + B \cdot n$, avec $V$ la vitesse de propagation des ondes sismiques, $n$ la porosité totale du milieu, $A$ et $B$ des facteurs relatifs à la lithologie et la profondeur (Meyer de Stadelhoffen 1991).

Cependant, les contrastes de vitesse de propagation des ondes sismiques, comme ceux des impulsions électromagnétiques des radars ou des contrastes de densité pour la micro-gravimétrie, ne sont pas toujours suffisants pour considérer ces méthodes comme opérationnellement sensibles à la présence d'eau souterraine. Elles permettent généralement d'obtenir des informations sur les structures qui sont ensuite interprétées en terme hydrogéologique.

### 1.2.3. La sensibilité et la résolution

La sensibilité exprime l'influence de la variation du paramètre physique opérationnel sur le paramètre géophysique mesuré : plus elle est importante, plus l'influence du sous-sol est forte sur la mesure. La sensibilité des différentes méthodes est fonction des dispositifs employés, et varie dans l'espace : elle est généralement maximale à proximité des dispositifs de mesure, et diminue latéralement et en profondeur. La Figure I-10 présente la sensibilité d'un dispositif pôle-pôle mise en œuvre pour une mesure de résistivité (Locke and Barker 1995). Les deux électrodes sont séparées d'une distance unité, et le gradient de sensibilité est représenté par les variations de gris.

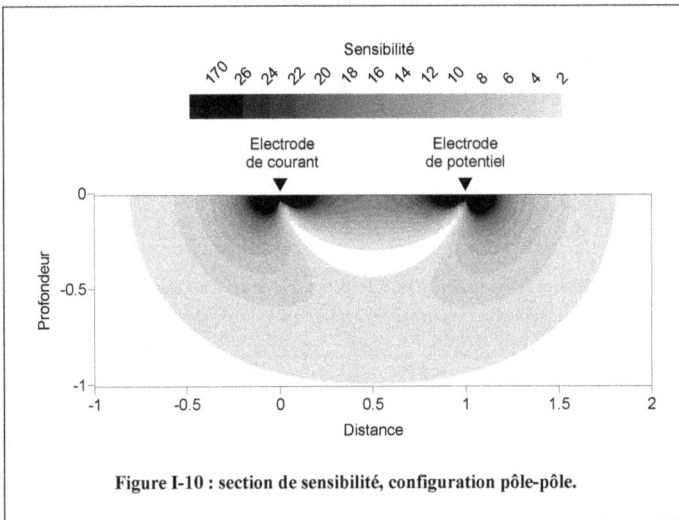

Figure I-10 : section de sensibilité, configuration pôle-pôle.

La résolution exprime la capacité d'une méthode à mettre en évidence une cible et à la caractériser. La résolution est fonction de la sensibilité du dispositif, mais elle est également limitée par la sensibilité de l'équipement utilisé et par les conditions de mesures (rapport signal sur bruit). Il n'est donc pas possible de proposer une résolution standard pour chaque méthode, mais plutôt une gamme de profondeur de résolution usuelle pour l'hydrogéologie (Figure I-11).

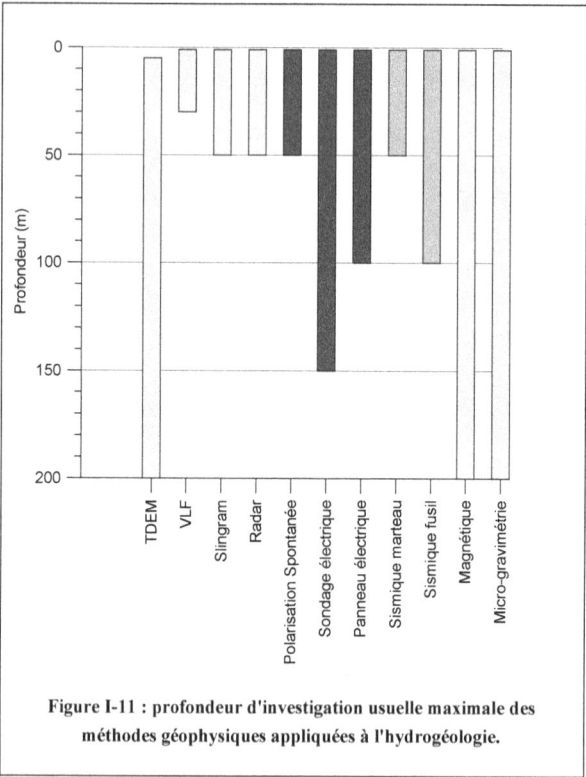

Figure I-11 : profondeur d'investigation usuelle maximale des méthodes géophysiques appliquées à l'hydrogéologie.

### 1.2.4. La mise en œuvre

La mise en œuvre d'une méthode géophysique passe par le déploiement sur le terrain d'un équipement. Chaque équipement possède ses propres modalités d'utilisation et peut être déployé suivant plusieurs configurations en fonction de l'objet recherché. Le Tableau I-8 synthétise cette multitude de possibilités et présente les principales applications et utilisations des dispositifs usuels.

| Méthode | Dispositif | Application | Domaine d'utilisation |
|---|---|---|---|
| Electrique | Traîné (simple et double longueur de ligne) | Etude préliminaire : profil de résistivité interprétation qualitative 1D | Tous sauf difficulté de planter et d'assurer un bon contact électrodes-terrain |
| | Sondage (Schlumberger, Wenner, pôle-dipôle) | Etude complémentaire : log de résistivité interprétation quantitative 1D | |
| | Sondage multidirectionnel | Etude complémentaire : log de résistivité directionnelle interprétation qualitative 2-3D | Profondeur d'investigation limitée si terrains de surface très conducteurs |
| | Panneau (Wenner, pôle-pôle, pôle-dipôle, dipôle-dipôle) | Etude complémentaire : section de résistivité interprétation quantitative 2D | |
| Polarisation spontanée | Dipôle | Etude préliminaire : Carte d'isopotentiel Interprétation quantitative 3D | Principalement volcanique Profondeur d'investigation limitée à la surface piézométrique |
| Electro-magnétisme | VLF (mode inclinaison et résistivité) | Etude préliminaire : Profil et carte d'isorésistivité Interprétation qualitative 1-2D | Tous sauf si terrains très résistants |
| | Slingram (multifréquences et multi-composantes) | Etude préliminaire : Profil et carte d'isoconductivité Interprétation qualitative 1-2D | Profondeur d'investigation limitée si terrains de surface très conducteurs pour VLF et Slingram |
| | Sondage TDEM | Etude préliminaire et complémentaire : log de résistivité interprétation quantitative 1D | |
| Radar | Antennes dipôles (multifréquences) | Etude préliminaire : section isochrone | Karst (structure) Sable propre (niveau piézométrique) |
| Sismique réfraction | Profil sismique (source et base) | Etude complémentaire : dromochroniques interprétation quantitative 2D | Vitesses croissantes avec la profondeur |
| Micro-gravimétrie | Gravimètre | Etude préliminaire : Profils et cartes de valeurs corrigées | Recherche de cavité ou de remplissage dans un encaissant dense |
| Magnétisme | Magnétomètre | Etude préliminaire : Carte et profil magnétiques | Anomalie magnétique |

Tableau I-8 : dispositifs géophysiques et domaines d'application hydrogéologiques usuels.

## 1.3. La Résonance Magnétique Protonique

La Résonance Magnétique Protonique (RMP) se distingue des méthodes géophysiques traditionnelles par la mesure d'un signal émis par des noyaux atomiques de la molécule d'eau. Le signal enregistré permet ensuite de calculer des paramètres géophysiques : la teneur en eau et les constantes de temps de décroissance. Dans le cadre d'applications hydrogéologiques, cette propriété de sélectivité sur la molécule d'eau conduit à qualifier la RMP de méthode géophysique directe.

### 1.3.1. De la RMN à la RMP

Après sa découverte en 1946 par des équipes universitaires de Stanford (Bloch) et Harvard (Purcell, Bloembergen), la Résonance Magnétique Nucléaire (RMN) est devenue une discipline qui couvre un large domaine d'application, allant de la chimie à la biomédecine, et depuis une dizaine d'années à l'Imagerie par Résonance Magnétique (IRM).

L'application de la RMN à l'étude des propriétés des réservoirs pétroliers débute dans les années 1950, et les premières sondes de diagraphie sont développées dans les années 1960 (Variant 1962). L'idée est d'utiliser les propriétés magnétiques des noyaux d'hydrogène pour mesurer la présence d'eau et d'hydrocarbures dans les réservoirs. Les mesures effectuées en laboratoires révèlent des constantes de temps de relaxation du signal RMN de plusieurs secondes pour l'eau contre quelques dizaines de millisecondes pour les hydrocarbures : il doit donc être possible de les différencier. De plus, les densités d'hydrogène dans l'eau et les hydrocarbures étant proches, la mesure de la porosité totale des réservoirs devient accessible. Cependant, l'effet de surface dans les phénomènes de relaxation en milieu poreux est sous-estimé et les temps de relaxation des signaux mesurés en diagraphie se sont révélés très variables et parfois peu différents pour les hydrocarbures et l'eau. De plus, les sondes de diagraphie utilisent le champ géomagnétique comme champ statique et travaillaient à environ 2 kHz, avec un temps mort instrumental de 30 ms. Nous allons voir que ces contraintes de mesures ne permettent pas d'accéder à la porosité totale.

Finalement, l'utilisation des diagraphies NML (Nuclear Magnetic Logging) s'est réellement développée depuis 10 ans avec l'apparition de nouveaux équipements qui créent leur propre champ statique et travaillent à des fréquences plus élevées (1 à 2 MHz) avec un temps mort instrumental ramené à 3 ms (parfois 0,1 ms). Aujourd'hui, les principales applications des diagraphies RMN pétrolières sont l'estimation de la porosité, de la teneur en eau liée, de la perméabilité des réservoirs et de la nature du fluide d'imbibition (Dunn 2002).

L'application de la RMN à l'étude des ressources en eaux souterraines a été développée à Novossibirsk par l'Institut de Cinétique Chimique et de Combustible de l'Académie des Sciences de la Terre de l'URSS. Le laboratoire dirigé par le professeur Semenov a obtenu des résultats encourageants dès 1978, et le premier équipement géophysique *Hydroscope* a été proposé en 1981, accompagné d'un brevet déposé en 1988 (Semenov 1988). Les difficultés principales rencontrées dans la mise au point de cette application résident dans le volume important prospecté. De quelques cm$^3$ pour les mesures en laboratoire à quelques dm$^3$ pour la NML, les millions de m$^3$ explorés ne permettent pas d'obtenir des conditions de mesure comparables : le champ statique est le champ géomagnétique avec ses hétérogénéités, l'énergie du champ d'excitation doit être importante, et les signaux RMN de faible amplitude créent un rapport signal sur bruit défavorable. Cependant, les nombreux travaux et développements menés dans les années 1990 permettent d'obtenir des informations qualitatives sur les ressources en eau souterraine : teneur en eau et taille moyenne des pores en fonction de la profondeur (Schirov *et al.* 1991, Legchenko *et al.* 1997b).

A la suite d'un programme de collaboration entre le BRGM, la société Iris Instruments et l'Institut de Cinétique Chimique et de Combustible de Novossibirsk, un nouvel équipement baptisé *Numis* a été commercialisé par la société Iris Instruments en 1996 (Beauce *et al.* 1996). Parallèlement, les efforts constants consentis par les équipes de chercheurs ont confirmé l'intérêt de cette nouvelle application dans de nombreux contextes géologiques, même si les informations hydrogéologiques obtenues restent qualitatives car il n'est pas possible de mesurer une constante de temps de décroissance intrinsèque au signal RMN (Goldman *et al.* 1994, Legchenko *et al.* 1997a et 1998, Supper *et al.* 1999, Vouillamoz. *et al.* 2002a, Yaramanci *et al.* 2002,).

Depuis 2001, le nouveau développement de l'équipement *Numis*, appelé *Numis$^{Plus}$*, permet de mesurer et d'utiliser dans l'inversion des données une constante de temps appelée $T_1$, intrinsèque au signal, ouvrant ainsi de nouvelles perspectives pour l'hydrogéologie (Legchenko *et al.* en cours).

La RMN appliquée à l'hydrogéologie porte différentes appellations usuelles : le terme nucléaire a rapidement été remplacé par protonique pour éviter toute confusion par le grand public avec la notion de radioactivité, devenant ainsi le sondage par Résonance Magnétique Protonique (RMP) ou plus simplement le Sondage par Résonance Magnétique (SRM). En anglais, les termes les plus couramment employés sont la MRS (Magnetic Resonance Sounding) et la SNMR (Surface Nuclear Magnetic Resonance).

### 1.3.2. Le principe de la RMP

Pour décrire le phénomène RMP, les approches de la physique quantique et de la physique classique sont souvent utilisées conjointement.

- **Le proton, noyau de l'atome d'hydrogène**

La méthode des sondages par Résonance Magnétique Protonique s'adresse aux noyaux de l'atome d'hydrogène qui sont constitués d'un proton. Il ne s'agit pas d'une méthode qui exploite les propriétés de la particule proton, mais bien les propriétés du noyau de l'atome d'hydrogène noté $^1H^+$. Le noyau $^1H^+$ est régi par les lois de la mécanique quantique et de la relativité; il est défini par une charge électrique, une masse, un spin et un moment magnétique (D'Hose 2000) :

- Le noyau $^1H^+$ possède une charge électrique qui est égale en grandeur et opposée en signe à celle de l'électron. Par convention cette charge est considérée comme positive : $e = 1,0217 \cdot 10^{-19} C$.

- La masse du noyau $^1H^+$ est son énergie dans un référentiel où le proton est au repos, ce que traduit la relation d'Einstein $E = m \cdot c^2$ où $E$ est l'énergie au repos, $m$ la masse du proton et $c$ la vitesse de la lumière. Soit $m = 1,726 \cdot 10^{-27}$ kg.

- Le noyau $^1H^+$ est classiquement représenté comme étant en rotation sur lui-même. Ce mouvement de rotation se mesure par le moment cinétique intrinsèque $S$ (ou moment angulaire) appelé spin, qui a une origine purement quantique.

- Lors de la rotation de la particule sur elle même, il y a aussi rotation de l'ensemble des charges électriques qui forment une boucle de courant. Toute particule de spin non nul se comporte ainsi comme un petit aimant caractérisé par un moment magnétique. Les vecteurs moment magnétique $\mu$ et moment cinétique $S$ sont colinéaires et portés par l'axe de rotation.

Le rapport de proportionnalité entre le moment magnétique et le spin, appelé rapport gyromagnétique est :

$$\gamma = \frac{\mu}{S} \tag{I.9}$$

La constante $\gamma$ est caractéristique de chaque isotope. Pour le noyau d'hydrogène $\gamma_p = 2,675 \cdot 10^8 \, rad \cdot s^{-1} \cdot T^{-1}$.

Le moment magnétique peut prendre différentes valeurs données par $S = \hbar \cdot m_i$, où $\hbar$ est la constante de Planck divisée par $2\pi$ $\left( \hbar = h/2\pi \right)$, $m_i$ est le nombre quantique magnétique qui porte les valeurs discrètes $m_i = I, I-1, I-2, ..., -I$ ($I$ étant le nombre quantique de spin). Le nombre total de niveaux d'énergie possibles qui correspondent aux différentes valeurs de $S$ est donc $2 \cdot I + 1$.

Le noyau $^1H^+$ a un nombre quantique de spin $I = \frac{1}{2}$ ; il ne peut exister que dans 2 états énergétiques caractérisés par les nombres quantiques $m_i = \frac{1}{2}$ et $m_i = -\frac{1}{2}$. Son moment magnétique est donc :

$$\mu = \gamma \cdot S = \gamma \cdot \hbar \cdot m_i = \pm \gamma \hbar I = \pm \gamma \frac{\hbar}{2} \qquad (I.10)$$

En absence de champ magnétique externe, le moment magnétique du noyau $^1H^+$ est orienté de façon aléatoire. En physique quantique, les deux états dans lesquels peut exister le noyau $^1H^+$ ($\alpha \rightarrow m_i = \frac{1}{2}$ et $\beta \rightarrow m_i = -\frac{1}{2}$) ont la même énergie et sont dit dégénérés (Gunther 1998).

o *La précession*

Si le noyau $^1H^+$ est placé dans un champ d'induction magnétique statique $B_0$, la dégénérescence est levée : les états $\alpha$ et $\beta$ sont séparés d'un quantum d'énergie $\Delta E$.

L'approche classique assimile le noyau $^1H^+$ à un dipôle magnétique qui se comporte comme un aimant, et tend à s'aligner dans la direction de l'induction statique. Mais le noyau $^1H^+$, qui possède également un moment cinétique, est soumis à un couple qui l'entraîne dans un mouvement moyen de précession semblable à celui d'un gyroscope dans un champ de gravité (Lévy-Leblond 2000). Cette précession autour de $B_0$ s'effectue à la vitesse angulaire :

$$\omega_0 = \gamma \cdot B_0 \qquad (I.11)$$

Représentée dans un repère cartésien, la composante du moment magnétique $\mu_z$ projetée sur l'axe $z$ parallèle à $B_0$ peut avoir une orientation parallèle (état $\beta$) ou anti-parallèle (état $\alpha$) au champ d'induction statique (Figure I-12).

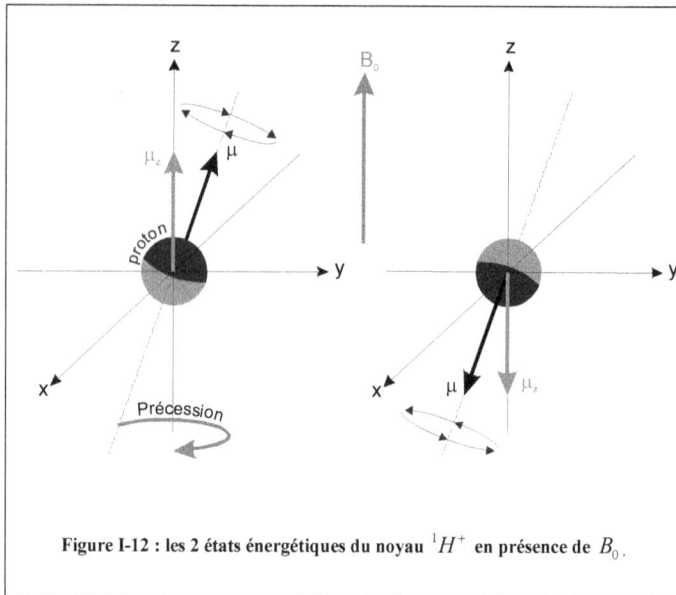

**Figure I-12 : les 2 états énergétiques du noyau $^1H^+$ en présence de $B_0$.**

○ *La résonance*

Lorsque la direction de $B_0$ coïncide avec l'axe $z$ du repère cartésien, la différence d'énergie entre les états $\alpha$ et $\beta$ est $\Delta E = 2 \cdot \mu_z \cdot B_0$. Pour faire passer un noyau $^1H^+$ d'un niveau d'énergie à l'autre, il faut d'après la loi de Bohr un quantum d'énergie (Figure I-13) :

$$\Delta E = h \cdot \upsilon = 2 \cdot \mu_z \cdot B_0 = \gamma \cdot \hbar \cdot B_0 \qquad (I.12)$$

soit une radiation de fréquence :

$$\upsilon = \frac{\gamma}{2\pi} \cdot B_0 \quad \text{ou (avec } \omega_1 = 2\pi \cdot \upsilon) \quad \omega_1 = \gamma \cdot B_0 \qquad (I.13)$$

avec $\upsilon$ la fréquence et $\omega_1$ la vitesse angulaire. C'est la condition de résonance pour laquelle une radiation dont la fréquence correspond exactement à la différence d'énergie entre les états atomiques est créée. La transition de l'état de basse énergie $\beta$ à l'état de plus haute énergie $\alpha$ se fait par absorption d'un photon, et la transition inverse par émission induite (Figure I-13).

Suivant la description classique, la condition de résonance est remplie lorsqu'un champ oscillant à la fréquence $\omega_1$ est émis tel que $\omega_1 = \omega_0$. Puisque $\gamma$ est donné, la fréquence de résonance dite fréquence de Larmor ne dépend que de l'amplitude de l'induction statique $B_0$.

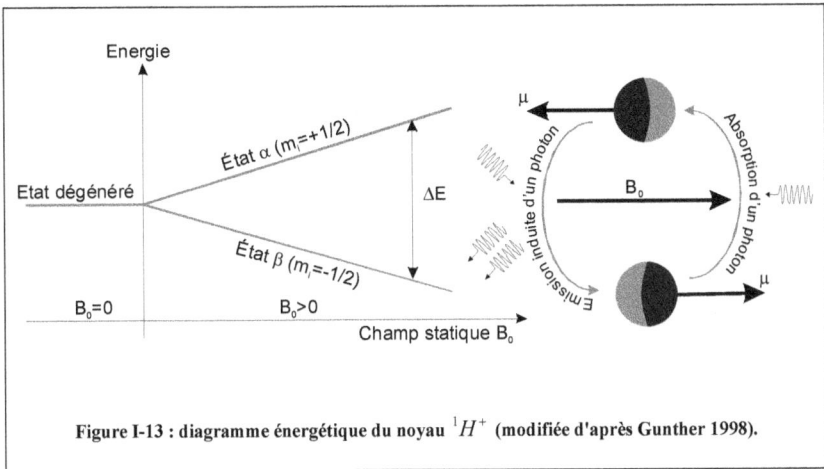

**Figure I-13 : diagramme énergétique du noyau $^1H^+$ (modifiée d'après Gunther 1998).**

• **Le comportement d'une population de noyaux $^1H^+$**

En absence de champ externe, la description classique représente des noyaux $^1H^+$ orientés de façon aléatoire et dont la somme des moments magnétiques est nulle, et la description quantique présente des noyaux $^1H^+$ dont les états énergétiques sont identiques (dégénérés).

○ *La précession*

Lorsque la population de noyaux $^1H^+$ est placée dans un champ d'induction magnétique statique, la répartition des populations "parallèle" et "anti-parallèle" est donnée par la relation de Boltzmann à l'équilibre thermique. Comme $\Delta E$ est petit devant $k \cdot T_k$, on a (Gunther 1998) :

$$\frac{N_\alpha}{N_\beta} = \exp\left(\frac{-\Delta E}{k \cdot T_k}\right) = \exp\left(\frac{-\gamma \cdot h \cdot B_0}{2\pi \cdot k \cdot T_k}\right) \approx 1 - \frac{\gamma \cdot h \cdot B_0}{2\pi \cdot k \cdot T_k} \tag{I.14}$$

avec $N_i$ la population qui se trouve dans l'état énergétique $i$, $k$ la constante de Bolzmann et $T_k$ la température absolue. La balance parallèle/anti-parallèle n'est donc pas équilibrée, et l'état $\beta$, qui correspond au niveau d'énergie le plus bas, est occupé préférentiellement : $N_\alpha < N_\beta$.

Dans la description classique, le vecteur moment magnétique $M_0$ résultant de la somme des vecteurs unitaires $\mu_i$ présenté dans un repère (x,y,z) possède seulement une projection sur l'axe z parallèle à l'induction statique $B_0$, car la précession des noyaux $^1H^+$ ne se fait pas en phase et les composantes transversales s'annulent.

Ce mouvement de précession est généralement représenté dans un référentiel tournant (x', y', z) autour de $B_0$ à la vitesse $\omega_0$ : la rotation est alors portée par le repère et les moments magnétiques $\mu_i$ deviennent fixes (Figure I-14).

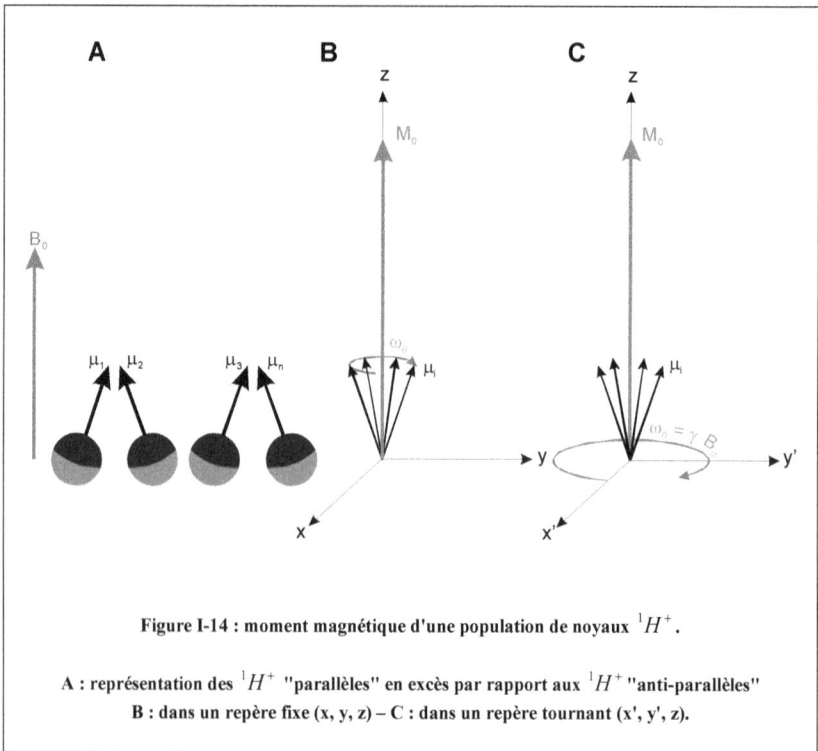

**Figure I-14 : moment magnétique d'une population de noyaux $^1H^+$.**

**A : représentation des $^1H^+$ "parallèles" en excès par rapport aux $^1H^+$ "anti-parallèles"**
**B : dans un repère fixe (x, y, z) – C : dans un repère tournant (x', y', z).**

o *La résonance*

Si le groupe de noyaux $^1H^+$ est soumis à un champ oscillant à la fréquence de Larmor, les transitions d'un état énergétique à l'autre vont être effectuées dans les deux sens : absorption d'un photon et passage du niveau $\beta$ au niveau $\alpha$, émission induite d'un photon et descente du niveau $\alpha$ vers le niveau $\beta$. Le bilan des échanges de population entre ces deux états s'établit à l'aide des coefficients de probabilité d'Einstein (Audoin *et al.* 2000) :

$$dN = P \cdot \left(N_\alpha - N_\beta\right) \cdot \tau \cdot \rho_e \qquad (I.15)$$

avec $dN$ l'accroissement de la population du niveau $\beta$ dans l'intervalle de temps $\tau$, P le coefficient de probabilité d'absorption ou d'émission induite d'un photon, $N_i$ la population du niveau $i$ à l'équilibre thermique et $\rho_e$ la densité spectrale d'énergie. La redistribution des populations entre les états énergétiques est donc fonction du temps $\tau$ pendant lequel la radiation résonante est maintenue, et de son énergie. Cette redistribution peut avoir lieu car $N_\alpha \neq N_\beta$, c'est-à-dire lorsque la dégénérescence des états énergétiques est levée par la présence d'une induction statique.

La description classique représente la population de noyaux $^1H^+$ soumise à une induction oscillante $B_1$. Si la condition de résonance est remplie ($\omega_0 = \omega_1$) le moment magnétique $M_0$ est soumis à l'induction totale $B = B_0 + B_1$. Il est ainsi dévié de sa position d'équilibre thermique d'un angle de nutation $\theta$ et une magnétisation transversale $M_{x-y}$ apparaît car les moments magnétiques des noyaux $^1H^+$ sont mis en phase par la résonance (Figure I-15).

o *La relaxation*

Dès la fin de l'impulsion donnée par $B_1$, le système rétablit un équilibre dans la distribution des populations en fonction de la loi de Bolzmann : c'est le phénomène de relaxation durant lequel le moment magnétique résultant $M$ d'une population de noyaux $^1H^+$ revient dans sa position initiale $M_0$ (Figure I-16).

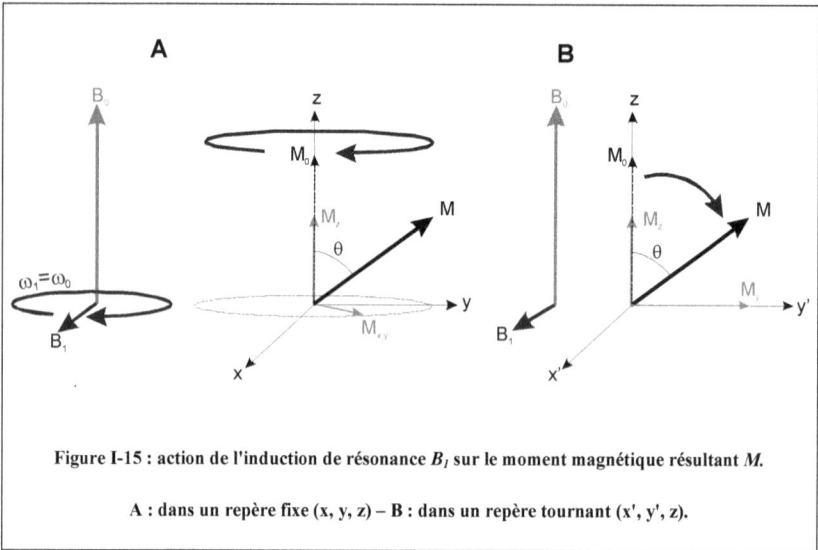

**Figure I-15 : action de l'induction de résonance *B₁* sur le moment magnétique résultant *M*.**

**A : dans un repère fixe (x, y, z) – B : dans un repère tournant (x', y', z).**

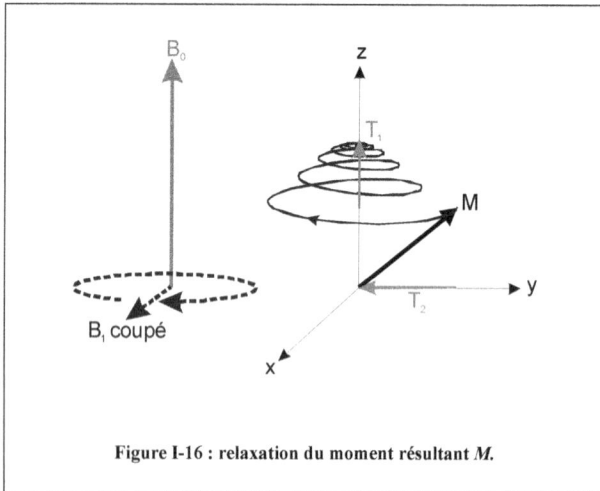

**Figure I-16 : relaxation du moment résultant *M*.**

La relaxation est décrite suivant la composante longitudinale de $M$ projetée sur l'axe z et la composante transversale projetée sur le plan x-y. La décroissance observée de $M_{x-y}$ et la croissance progressive de $M_z$ sont quantifiées respectivement par les constantes de temps intrinsèques transversale $T_2$ et longitudinale $T_1$ , et la constante de temps apparente $T_2^*$ (Gunther 1998) :

- La constante de temps longitudinale $T_1$ caractérise la relation entre le système et son environnement. Lors du phénomène de relaxation, les noyaux $^1H^+$ redonnent de l'énergie au milieu (spin-lattice relaxation time), essentiellement par les interactions magnétiques entre dipôles. $T_1$ qui évolue selon une exponentielle croissante est le temps nécessaire pour changer la magnétisation $M_z$ d'un facteur $e$ :

$$M_z = M_{z0} \cdot \left(1 - e^{-\frac{t}{T_1}}\right) \qquad (I.16)$$

avec $M_{z0}$ le moment magnétique initial.

- La constante de temps transversale $T_2$ décrit le phénomène de transfert d'énergie d'un spin à l'autre sans que la balance énergétique du système soit changée (spin-spin relaxation time). Chaque changement de niveau énergétique d'un noyau $^1H^+$ modifie le champ local des noyaux $^1H^+$ voisins (absorption ou émission induite de photon à la fréquence de Larmor) et stimule une transition dans le sens opposé. La durée de vie des états de spins est ainsi réduite et le temps de relaxation longitudinal raccourci. $T_2$ qui s'effectue selon une exponentielle décroissante, est le temps nécessaire pour changer la magnétisation $M_{x-y}$ d'un facteur de $e$ :

$$M_{x-y} = M_{(x-y)0} \cdot \left(e^{-\frac{t}{T_2}}\right) \qquad (I.17)$$

avec $M_{(x-y)0}$ le moment magnétique initial.

- La magnétisation $M_{x-y}$ est une grandeur macroscopique qui n'apparaît que lorsque les fréquences de Larmor des différents spins sont identiques et que les spins sont en phase. Si $B_0$ n'est pas homogène, l'ensemble des spins d'abord mis en phase par l'induction $B_1$ est ensuite soumis à une induction locale différente $B_0 + \Delta B_0$ lors de la relaxation. Chaque spin possède ainsi sa propre fréquence de relaxation et le moment résultant $M_{x-y}$ et donc $T_2$ sont diminués par le déphasage qui s'opère et s'amplifie dans le temps. La constante $T_2^*$ qui correspond à la mesure de $T_2$ réalisée dans ces conditions d'induction statique hétérogène est donnée par (Figure I-17) :

$$\frac{1}{T_2^*} = \frac{1}{T_2} + \frac{1}{T_{2\Delta H}} \tag{I.18}$$

avec $\dfrac{1}{T_{2\Delta H}}$ la réduction de $T_2$ provoquée par les hétérogénéités du champ statique.

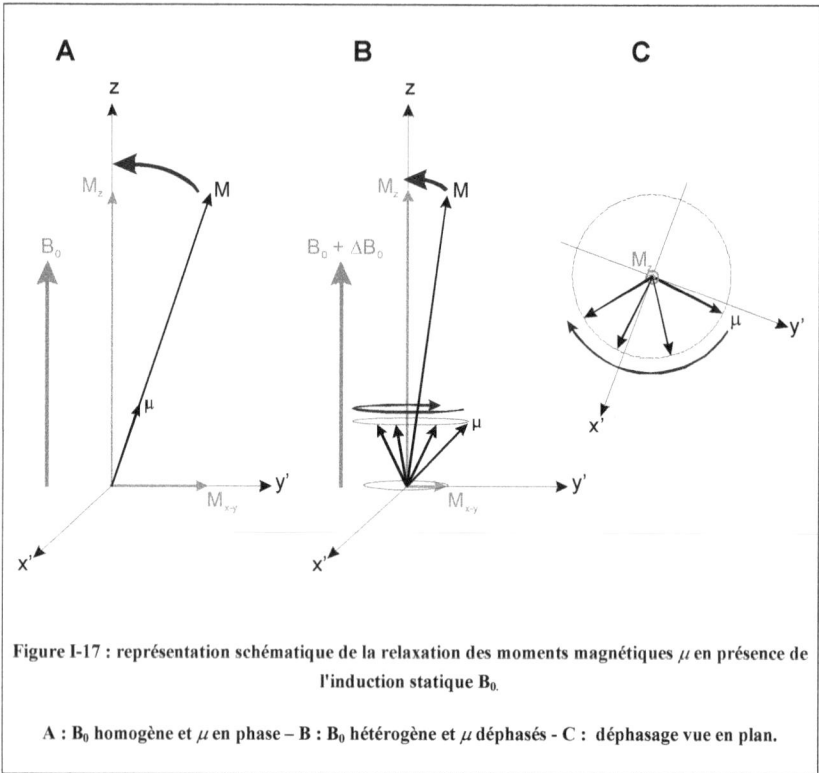

**Figure I-17 : représentation schématique de la relaxation des moments magnétiques $\mu$ en présence de l'induction statique $B_0$.**

**A : $B_0$ homogène et $\mu$ en phase – B : $B_0$ hétérogène et $\mu$ déphasés - C : déphasage vue en plan.**

Dans le cadre des sondages RMP, les constantes de temps mesurées sont représentatives d'une population de noyaux $^1H^+$ qui peuvent individuellement être porteurs de constantes différentes (Chapitre II, paragraphe 2.1.1). Ces constantes du signal RMP mesuré sont alors appelées $T_2^*$ et $T_1^*$.

o *La relation entre le champ magnétique et l'induction magnétique*

La relation qui lie le champ magnétique $H$ et l'induction magnétique $B$ s'écrit $B = \mu_0 \cdot (H + J_I) + J_R$, avec $\mu_0$ la perméabilité magnétique du vide, $J_I = \kappa \cdot H$ l'intensité d'aimantation qui exprime l'aptitude du milieu à s'aimanter ( $\kappa$ est la susceptibilité magnétique du milieu) et $J_R$ l'aimantation rémanente de la roche.

Dans le vide, et plus généralement dans les milieux diamagnétiques, $\kappa$ et $J_R$ sont négligeables et $B = \mu_0 \cdot H$ : au champ magnétique homogène est associée une induction homogène. Au contraire, les corps magnétiques et en particulier les ferro et ferrimagnétiques créent à leur voisinage des champs additionnels $\kappa \cdot H$ qui s'ajoutent au champ ambiant. L'induction est ainsi différente dans l'espace en fonction de la répartition des intensités d'aimantation $J_I$ et des directions d'aimantation rémanente $J_R$, et il vient : $\mu_0 \cdot (H_0 + \kappa \cdot H_0) + J_R = B_0 + \Delta B_0$.

En RMP, le champ statique $H_0$ est le champ géomagnétique et les champs supplémentaires $\mu_0 \cdot \kappa \cdot H_0 + J_R$ sont créés le plus souvent par les oxydes ferromagnétiques comme la magnétite et la maghémite (fréquemment associée aux basaltes) ou l'hématite (présente dans les altérations comme les latérites).

- **Les équations de Bloch**

Pour décrire le comportement du moment magnétique $M$ soumis à une induction $B$, l'équation du mouvement s'écrit (Canet 1991) :

$$\frac{dM}{dt} = \gamma \cdot (M \wedge B) \qquad (I.19)$$

et détaillée pour chacune des composantes de $M$ représentées dans le repère (x, y, z) :

$$\frac{dM_x}{dt} = \gamma \cdot (M \wedge B)_x$$
$$\frac{dM_y}{dt} = \gamma \cdot (M \wedge B)_y \qquad (I.20)$$
$$\frac{dM_z}{dt} = \gamma \cdot (M \wedge B)_z$$

La formulation phénoménologique de Bloch décrit le comportement du moment magnétique résultant d'une population de noyaux $^1H^+$ à partir de (I.20), avec $T_1$ et $T_2$ les constantes de temps de décroissance longitudinale (le long de l'axe z) et transversale (dans le plan x-y) :

$$\frac{dM_x}{dt} = \gamma \cdot \left( M \wedge B \right)_x - \frac{M_x}{T_2}$$

$$\frac{dM_y}{dt} = \gamma \cdot \left( M \wedge B \right)_y - \frac{M_y}{T_2} \qquad (I.21)$$

$$\frac{dM_z}{dt} = \gamma \cdot \left( M \wedge B \right)_z - \frac{M_z - M_0}{T_1}$$

où $M_0$ est le moment magnétique à l'équilibre thermique avant application de l'induction $B_1$, décrit par l'équation de Curie :

$$M_0 = N \cdot B_0 \cdot \frac{\gamma^2 \cdot \hbar^2}{4 \cdot k \cdot T_k} \qquad (I.22)$$

avec $N$ le nombre de noyaux $^1H^+$ par unité de volume et $k$ la constante de Boltzmann. Dans l'eau, $N = 6.692 \cdot 10^{28}$ par m$^3$ et $M_0 = 3,29 \cdot 10^{-3} \cdot B_0$ à 20°C.

D'après Canet (1991), seule $B_{1\perp}$, la composante de $B_1$ perpendiculaire à $B_0$ est effective sur $M$. Elle peut se décomposer comme la superposition d'une induction tournant autour de $B_0$ dans le sens horaire et d'une induction en rotation anti-horaire (Figure I-18). Lorsque $B_1 \ll B_0$, seule la composante qui tourne dans le même sens que la précession de $M$ est effective, et les équations (I.20) deviennent dans le repère (x',y',z) (Legchenko and Valla 2002d) :

$$\frac{dM_z}{dt} = -\gamma \cdot M_z \cdot \left( \frac{1}{2} \cdot B_{1\perp} \right) + \frac{M_0 - M_z}{T_1}$$

$$\frac{dM_{x'y'}}{dt} = \gamma \cdot M_{x'y'} \cdot \left( \frac{1}{2} \cdot B_{1\perp} \right) - \frac{M_{x'y'}}{T_2} \qquad (I.23)$$

Si la durée $\tau$ de l'impulsion $B_1(-\tau < t < 0)$ est courte devant $T_1$ et $T_2$ ($\tau \ll T_1, T_2$) la relaxation peut être négligée pendant $\tau$ et la solution des équations (I.23) pour $t \geq 0$ est approchée par (Legchenko and Valla 2002d) :

$$M_z(t) = M_0 \cdot \left[ 1 - \left( 1 - \cos\left( \frac{1}{2} \cdot \gamma \cdot \int_{-\tau}^{0} B_{1\perp} \cdot dt \right) \cdot e^{-\frac{t}{T_1}} \right) \right]$$

$$M_{x'y'}(t) = M_0 \cdot \sin\left( \frac{1}{2} \cdot \gamma \cdot \int_{-\tau}^{0} B_{1\perp} \cdot dt \right) \cdot e^{-\frac{t}{T_2}}$$

(I.24)

Ces équations (I.24) décrivent le moment $M$ formant un angle avec $B_0$ de :

$$\theta = \frac{1}{2} \cdot \gamma \cdot \int_{-\tau}^{0} B_{1\perp} \cdot dt = \frac{1}{2} \cdot \gamma \cdot B_{1\perp} \cdot \tau$$

(I.25)

et se relaxant suivant les constantes de temps $T_1$ et $T_2$ jusqu'à l'équilibre $M_0$.

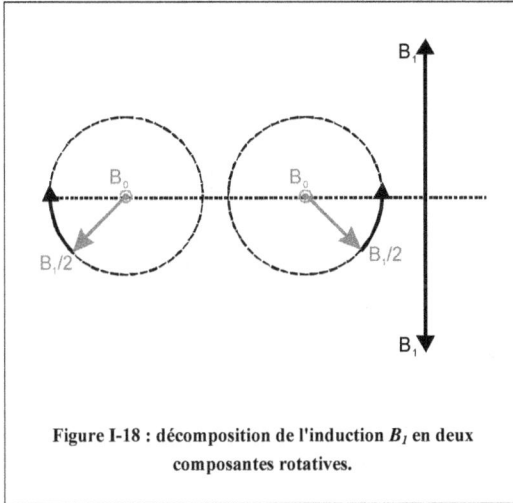

Figure I-18 : décomposition de l'induction $B_1$ en deux composantes rotatives.

### 1.3.3. Le signal RMP

Après l'arrêt de l'induction $B_1$, chaque volume $dV(p)$ du sous-sol centré au point $p$ est la source d'un signal créé par un dipôle magnétique en mouvement (un noyau $^1H^+$), dont le moment $M(p)$ perpendiculaire au champ géomagnétique est d'intensité initiale (Legchenko and Valla 2002d, et équation I.24) :

$$M(p) = M_0 \cdot w(p) \cdot \sin\left(\frac{1}{2} \cdot \gamma \cdot b_{1\perp}(p) \cdot q\right) \cdot dV(p) \qquad (I.26)$$

avec $w(p)$ la teneur en eau du volume $dV(p)$, $q = I \cdot \tau$ le moment de l'impulsion (produit de l'intensité du courant primaire par sa durée de circulation) et $b_{1\perp}$ l'induction perpendiculaire au champ géomagnétique normalisée pour un courant unitaire.

Le signal RMP est proportionnel à la somme des flux provenant de chaque volume $dV(p)$ et oscille à la fréquence de Larmor. Comme il est lié à la composante perpendiculaire du champ géomagnétique, sa décroissance est fonction de la constante de temps transversale $T_2$ ou dans le cas général d'un signal macroscopique $T_2^*$, et s'écrit d'après (I.24, Legchenko and Valla 2002d) :

$$E(t) = -\int_V \omega_0 \cdot M_0 \cdot w(p) \cdot b_{1\perp}^{Rx}(p) \cdot \sin\left(\frac{1}{2} \cdot \gamma \cdot b_{1\perp}^{Tx}(p) \cdot q\right) \cdot e^{-t/T_2^*(p)} \cdot dV(p) \qquad (I.27)$$

où $b_{1\perp}^{Tx}$ est l'induction créée par l'impulsion d'excitation (normalisée pour un courant de 1A) et $b_{1\perp}^{Rx}$ est l'induction créée dans la boucle réceptrice (normalisée pour un courant de 1A); dans le cas de boucle coïncidente $b_{1\perp}^{Tx} = b_{1\perp}^{Rx} = b_{1\perp}$.

Cette équation contient différentes variables : la fréquence et la vitesse angulaire de Larmor $\omega_0$ sont connues, comme le moment magnétique à l'équilibre thermique $M_0$. L'induction $b_{1\perp}$ peut être calculée lorsque la géométrie de la boucle de transmission-réception (Tx-Rx) est définie, et le signal de résonance magnétique $E(t)$ est mesuré par l'équipement approprié. Les seules variables inconnues sont la teneur en eau $w(p)$ et la constante de temps $T_2^*(p)$ ; elles seront obtenues par inversion du signal $E(t)$.

D'après (I.27), le signal $E(t)$ varie avec :

- Le moment $q$ de l'impulsion ($q = I \cdot \tau$, Figure I-30).
- L'intensité du champ géomagnétique au travers de $\omega_0$ et $M_0$.
- L'inclinaison du champ géomagnétique par $b_{1\perp}(p)$.
- La taille de la boucle au travers de $b_{1\perp}(p)$ et $M_0$.
- La résistivité des terrains par $b_{1\perp}(p)$.
- La constante de temps de décroissance $T_2^*$.
- Le volume d'eau $\int_V w(p) \cdot dV$.

- **Le moment $q$ et la profondeur d'investigation**

La dépendance de l'amplitude du signal $E(t)$ à la valeur du moment $q$ de l'impulsion existe au travers d'une fonction sinus (I.27), et peut être calculée numériquement (Legchenko and Valla 2002d). Ce sinus dépend de l'induction d'excitation $b_{1\perp}$, elle-même fonction de la profondeur. Ainsi, pour un $q$ donné, il existe une profondeur dont la contribution au signal est maximale lorsque le sinus est égale à $\pi/2$. Cette propriété permet d'effectuer des sondages RMP : toute chose étant égale par ailleurs, la profondeur d'investigation est contrôlée par le moment $q$.

Pour que l'approximation (I.24) soit valide, la durée d'injection de l'impulsion doit rester courte devant $T_2^*$. Dans la pratique, la durée de l'excitation est gardée fixe et le sondage est réalisé en faisant varier le courant primaire. Cette possibilité est illustrée par la Figure I-19 qui présente les courbes obtenues par modélisation d'une couche de 1 mètre d'épaisseur contenant 20% d'eau ($w = 0,2$), dans un demi-espace de 100 ohm.m, et pour une durée d'impulsion de 40 ms.

La profondeur de la mesure d'un sondage RMP est donc choisie par l'utilisateur en modulant l'intensité du courant primaire, mais la profondeur maximale d'investigation est logiquement fonction de l'ensemble des paramètres qui influent sur l'amplitude du signal $E(t)$ et donc sur la résolution de la méthode.

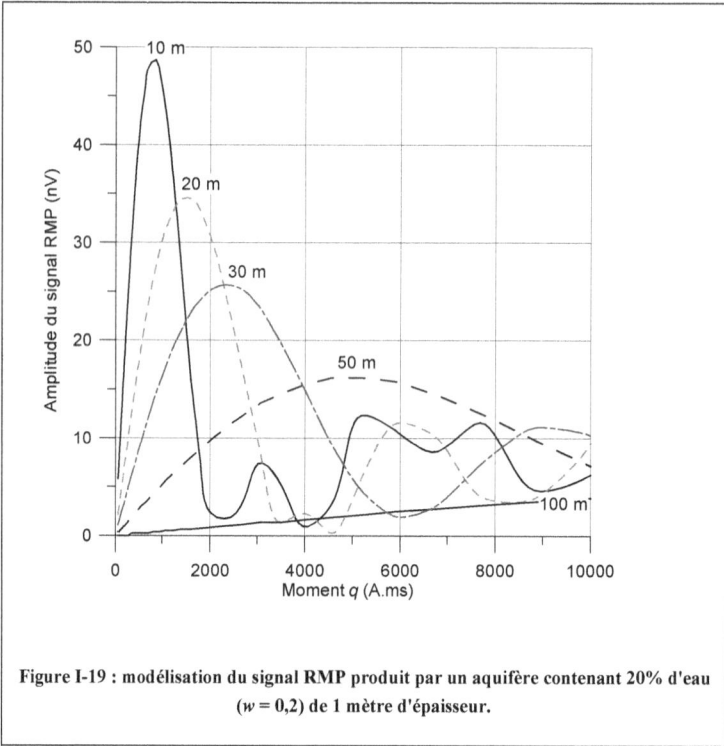

Figure I-19 : modélisation du signal RMP produit par un aquifère contenant 20% d'eau (*w* = 0,2) de 1 mètre d'épaisseur.

- **L'intensité et l'inclinaison du champ géomagnétique**

D'après (I.27), le signal RMP est fonction de l'intensité du champ géomagnétique par $\omega_0$ (I.11) et $M_0$ (I.22). L'amplitude de $E(t)$ est donc une fonction quadratique de l'intensité du champ géomagnétique (Legchenko *et al.* 1997b) : $E_0 \sim B_0^2$.

La Figure I-20 présente l'intensité totale du champ géomagnétique en 2002 modélisée d'après l'IGRF au niveau de la mer. A partir de ces valeurs, le signal RMP relatif (normalisé pour la plus faible intensité du champ géomagnétique) est calculé et représenté Figure I-21 : toute chose étant égale par ailleurs, l'amplitude du signal RMP est environ 2,5 fois plus importante aux moyennes et hautes latitudes qu'à proximité de l'équateur magnétique.

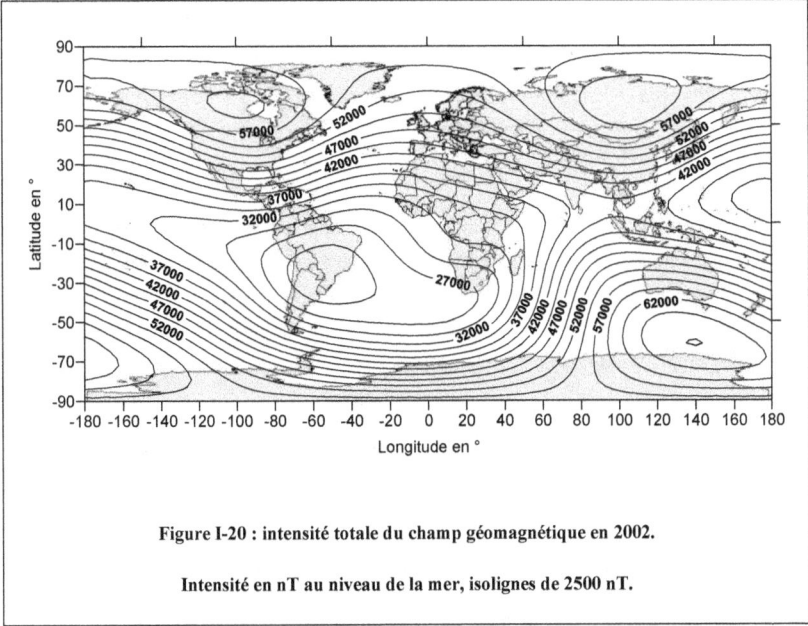

Figure I-20 : intensité totale du champ géomagnétique en 2002.

Intensité en nT au niveau de la mer, isolignes de 2500 nT.

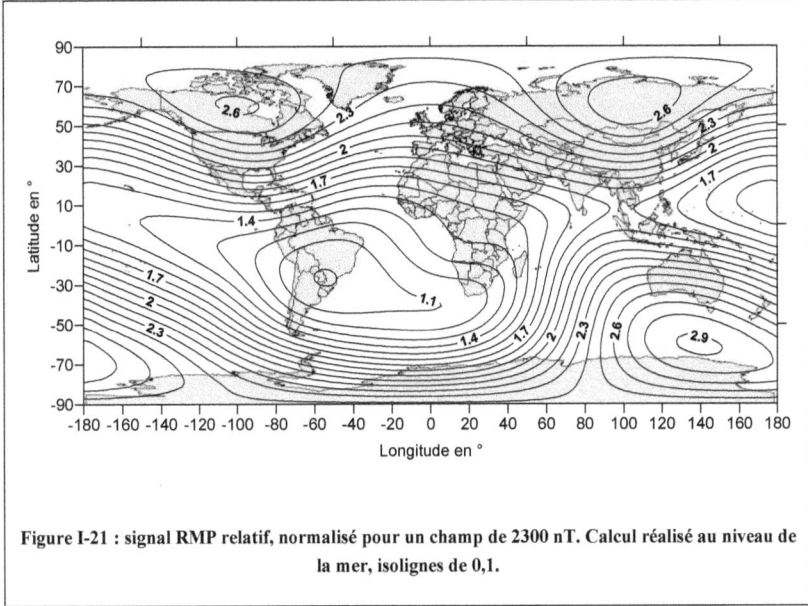

Figure I-21 : signal RMP relatif, normalisé pour un champ de 2300 nT. Calcul réalisé au niveau de la mer, isolignes de 0,1.

L'inclinaison du champ géomagnétique influe également sur l'amplitude du signal RMP au travers de la composante de $b_{\perp\perp}(p)$. L'inclinaison qui varie de 90° au niveau des pôles magnétiques à 0° pour l'équateur magnétique (Figure I-22) intervient de façon contraire à l'intensité du champ géomagnétique, mais seulement au second ordre. De plus, l'influence de l'inclinaison ne se fait sentir que pour les profondeurs inférieures à 25 mètres (Legchenko *et al.* 1997b).

A partir de ces deux caractéristiques du champ géomagnétique, il est possible de calculer l'amplitude maximale du signal RMP pour une strate d'eau libre de 1 mètre d'épaisseur, en fonction de la profondeur et pour deux localisations géographiques extrêmes. La Figure I-23 présente le résultat d'une modélisation conduite par Legchenko (1997b) pour un site proche de l'équateur magnétique ($B_1 = 30000$ nT et $I = 0°$) et un site à proximité d'un pôle ($B_1 = 60000$ nT et $I = 90°$) dans un milieu de 500 ohm.m. Pour un même aquifère, l'amplitude du signal RMP varie dans un rapport de 2 à 4 en fonction de sa localisation géographique. La mesure de signaux RMP est ainsi plus favorable aux hautes latitudes qu'en zones équatoriales.

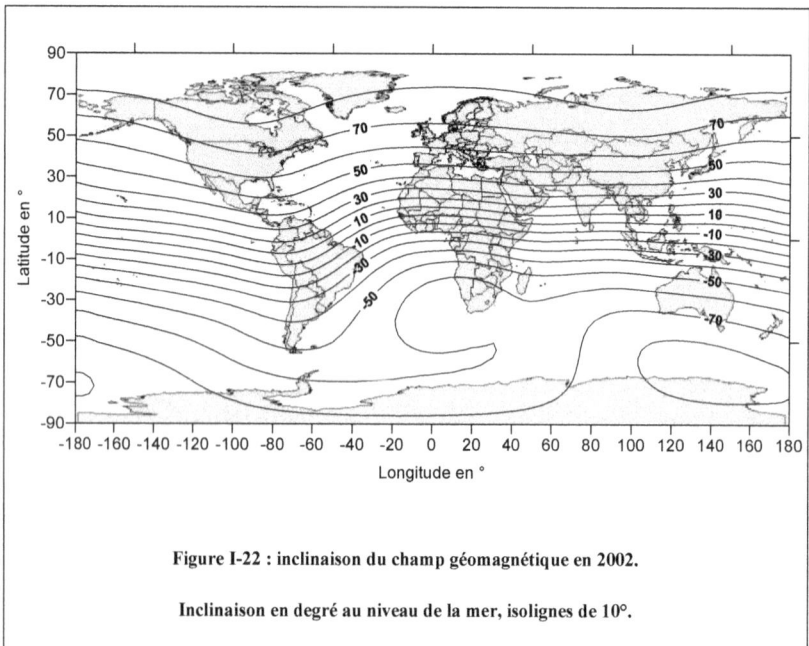

**Figure I-22 : inclinaison du champ géomagnétique en 2002.**

**Inclinaison en degré au niveau de la mer, isolignes de 10°.**

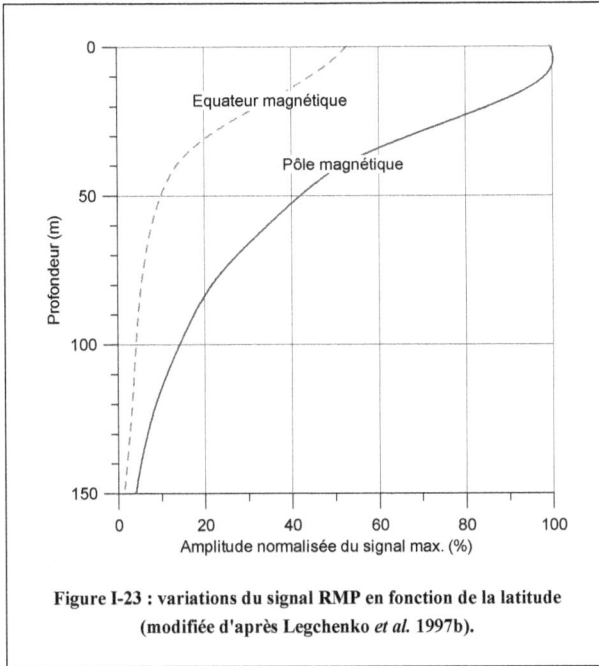

**Figure I-23 : variations du signal RMP en fonction de la latitude (modifiée d'après Legchenko *et al.* 1997b).**

- **La taille de la boucle**

L'amplitude du signal RMP est proportionnelle au nombre de noyaux $^1H^+$ qui participent à l'émission du signal : dans un milieu homogène, le nombre de noyaux $^1H^+$ est proportionnel au volume exploré.

Le volume maximum intégré par un sondage RMP peut être estimé à partir de la Figure I-24 (préparée pour une inclinaison du champ géomagnétique de 45° et une résistivité des terrains de 100 ohm.m) : au-delà d'une distance au sol supérieure à 1,5 fois le diamètre de la boucle d'émission-réception et d'une profondeur supérieure à ce même diamètre, l'amplitude de l'induction d'excitation devient négligeable (inférieure à 0,5% de sa valeur maximale).

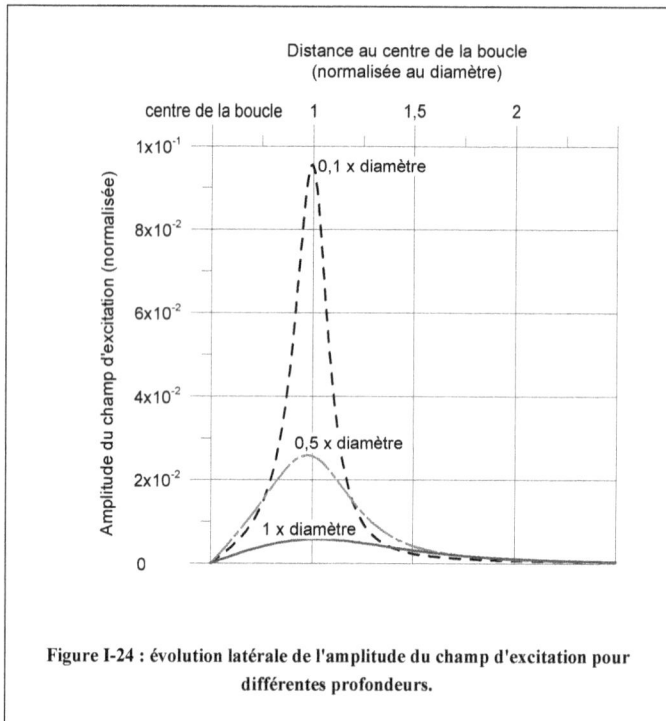

**Figure I-24 : évolution latérale de l'amplitude du champ d'excitation pour différentes profondeurs.**

- **La résistivité des terrains**

La résistivité des terrains influe sur l'induction primaire produite par la boucle émettrice $b_{1\perp}^{Tx}$ mais également sur l'induction secondaire créée par les noyaux $^1H^+$ en relaxation $b_{1\perp}^{Rx}$.

Une modélisation réalisée pour un champ géomagnétique de 58000 nT et une inclinaison de 90° (Figure I-25) indique que la diminution du signal RMP n'est réellement sensible, à profondeur égale, que dans les terrains dont la résistivité électrique est inférieure à 10 ohm.m (Legchenko *et al.* 1997b).

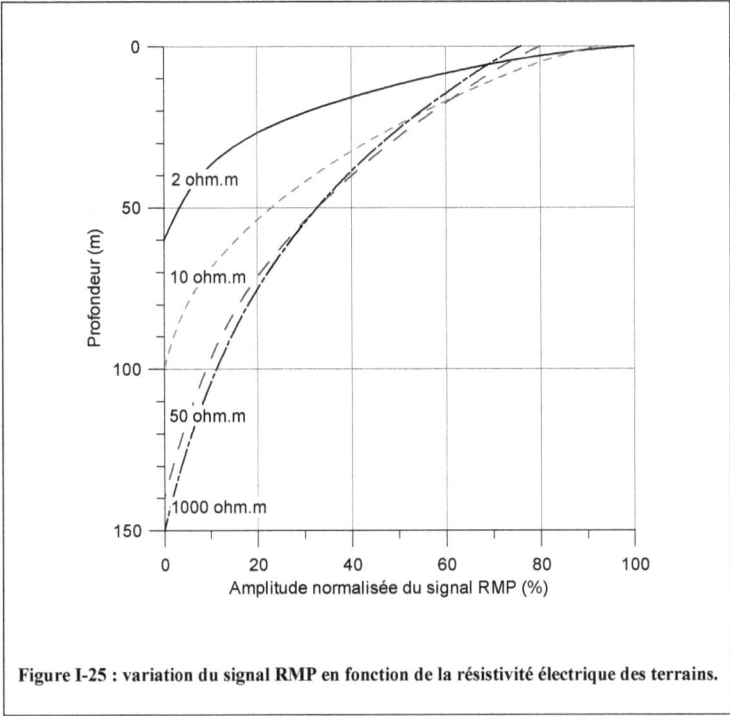

Figure I-25 : variation du signal RMP en fonction de la résistivité électrique des terrains.

• **La constante de temps de décroissance** $T_2^*$

L'amplitude initiale $E_0$ du signal RMP ne peut pas être mesurée par l'équipement *Numis*$^{Plus}$ au moment de la coupure de l'impusion $B_1$ , car le temps instrumental nécessaire pour effectuer la commutation entre transmission et réception est d'environ 40 ms (Figure I-30). L'amplitude initiale est alors calculée par la formule :

$$E_0 = E_{\tau d} \cdot \exp\left(\frac{\tau_d}{T_2^*}\right) \qquad (I.28)$$

où $E_{\tau d}$ est l'amplitude initiale mesurée après le temps mort instrumental $\tau_d$.

La valeur de $T_2^*$ contrôle donc en partie l'estimation de $E_0$. Un exemple proposé par Legchenko (1997b) montre ainsi que l'amplitude de $E_0$ varie d'un rapport de 3 lorsque $T_2^*$ change de 30 à 300 ms.

### 1.3.4. Le sondage RMP

La réalisation d'un sondage RMP consiste à créer un champ oscillant à la fréquence de Larmor qui modifie l'équilibre énergétique des noyaux $^1H^+$ présents dans le sous-sol. Après l'arrêt du champ résonant, le signal de relaxation des noyaux $^1H^+$ est enregistré et l'opération est recommencée pour différentes intensités de courant primaire. Des courbes de sondage RMP sont ainsi obtenues, qui sont ensuite interprétées en terme de teneur en eau et constante de temps de relaxation en fonction de la profondeur.

- **La fréquence de Larmor**

D'après (I.13) la fréquence de Larmor ne dépend que de l'intensité de l'induction statique $B_0$. En sondage RMP, l'induction statique est l'induction géomagnétique communément appelée le champ géomagnétique, dont l'amplitude varie dans le temps et dans l'espace. Il s'agit donc de mesurer le champ géomagnétique total à l'aide d'un magnétomètre et d'en déduire la fréquence de Larmor (Figure I-26) :

$$\upsilon[Hz] = 0,0426 \cdot B_0[nT] \qquad (I.29)$$

La Figure I-27 présente le planisphère des fréquences de Larmor construite à partir de la modélisation de l'intensité du champ géomagnétique présentée sur la Figure I-20 : la fréquence varie d'environ 1000 Hz à l'équateur magnétique à plus 2500 Hz dans les hautes latitudes.

**Figure I-26 : mesure du champ géomagnétique avec un magnétomètre à protons (Mozambique 2000).**

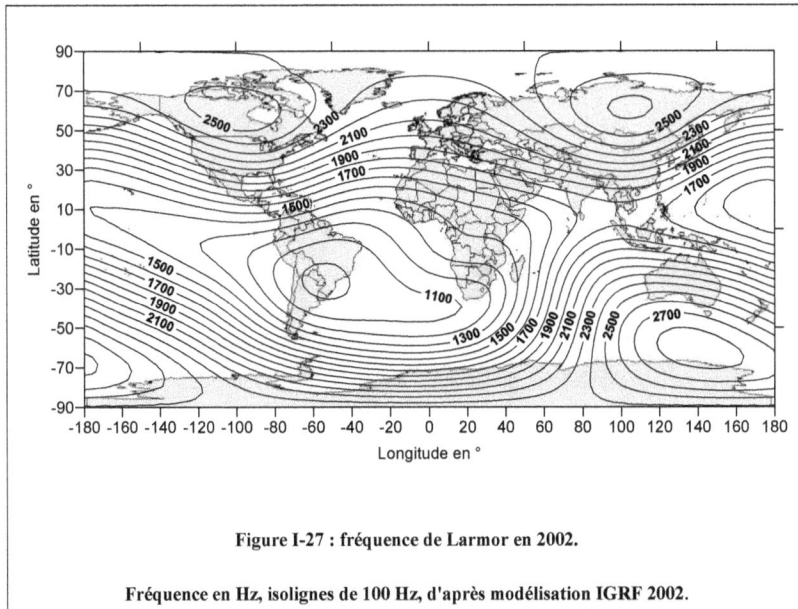

**Figure I-27 : fréquence de Larmor en 2002.**

**Fréquence en Hz, isolignes de 100 Hz, d'après modélisation IGRF 2002.**

Dans l'hypothèse d'un champ géomagnétique homogène à l'échelle de la mesure, la fréquence de Larmor est déterminée avec précision. Cependant, le gradient de champ mesuré en surface est souvent de l'ordre de 25 à 50 nT à l'échelle de la bobine (soit 1 à 2 Hz exprimé en fréquence de Larmor) car la présence de minéraux magnétiques (principalement les oxydes de fer) est assez fréquente dans les sols (Marmet and Tabbagh 2001). Ces faibles gradients de champ sont négligeables à l'échelle de la mesure RMP et ne concernent a priori que les horizons superficiels des terrains.

Lorsque les mesures révèlent des contrastes plus importants dans les intensités de champ, la présence de roches magnétiques est possible. Il s'agit alors de choisir comme fréquence de Larmor une valeur représentative de l'intensité moyenne du champ en surface, et de vérifier la faisabilité de la mesure RMP (Chapitre II, paragraphe 2.2.3).

- **La création du champ oscillant**

Lorsque la fréquence de résonance $\omega_0$ est déterminée, une boucle de transmission posée sur le sol est alimentée par un courant oscillant :

$$i(t) = I_0 \cdot \cos(\omega_0 \cdot t) \quad \text{avec} \quad 0 < t < \tau \qquad (I.30)$$

La durée $\tau$ de l'impulsion est généralement de 40 ms pour rester courte devant les constantes de temps; les phénomènes de relaxation qui ont lieu pendant la durée de l'injection sont ainsi négligeables.

L'intensité de l'impulsion $I_0$ est choisie en fonction de la profondeur d'exploration souhaitée, et varie généralement de quelques ampères (une dizaine de volt) à un maximum de 450 A (et 4000 V) pour le générateur $Numis^{Plus}$.

La boucle de transmission (Tx) est constituée de câble électrique de 6 à 25 mm² de section (Figure I-28). Sa géométrie peut être quelconque, mais la forme carrée propose un bon compromis entre la longueur de câble, la surface de la boucle et la facilité de mise en place sur le terrain. La longueur du coté du carré (ou le diamètre du cercle si une forme circulaire est retenue) est choisie généralement entre 20 et 150 mètres en fonction de la cible recherchée.

- **La mesure du signal de relaxation**

La même boucle de câble est ensuite utilisée comme bobine réceptrice (Rx) du signal de relaxation qui est enregistré par l'équipement $Numis^{Plus}$ présenté sur la Figure I-29.

La configuration présentée comporte deux ensembles de puissance composés chacun d'un convertisseur DC/DC alimenté par deux batteries 12V/80 Ah. Ces convertisseurs alimentent l'unité centrale sous une tension choisie par l'utilisateur (de 6 à 430V) qui contrôle ainsi l'amplitude de l'impulsion. L'unité centrale est pilotée par un ordinateur portable et permet d'envoyer l'impulsion, puis d'enregistrer le signal de relaxation. Deux blocs de capacités sont utilisés dans cet exemple pour accorder la boucle en fonction de la fréquence de Larmor et des conditions locales (résonance électrique de la boucle, circuit RLC).

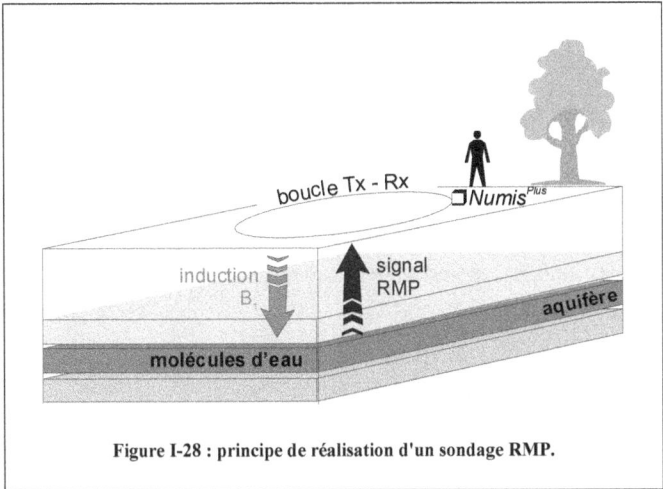

Figure I-28 : principe de réalisation d'un sondage RMP.

Figure I-29 : équipement *Numis*<sup>Plus</sup> (Burkina Faso 2002).

Le diagramme temporel d'une mesure RMP est présenté Figure I-30. Le signal enregistré par *Numis*[Plus] s'écrit sous la forme (Legchenko and Valla 2002d) :

$$E(t,q) = E_0(q) \cdot \exp\left(\frac{-t}{T_2^*(q)}\right) \cdot \sin\left(\omega_0 \cdot t + \varphi(q)\right) \qquad (I.31)$$

avec $E_0$ l'amplitude initiale du signal et $\varphi$ le déphasage causé par la conductivité électrique des terrains (Figure I-30). Le temps mort instrumental de 40 ms entre l'arrêt de l'impulsion et la mesure du signal de relaxation n'autorise pas la mesure de l'amplitude initiale du signal, qui est estimée par (I.28).

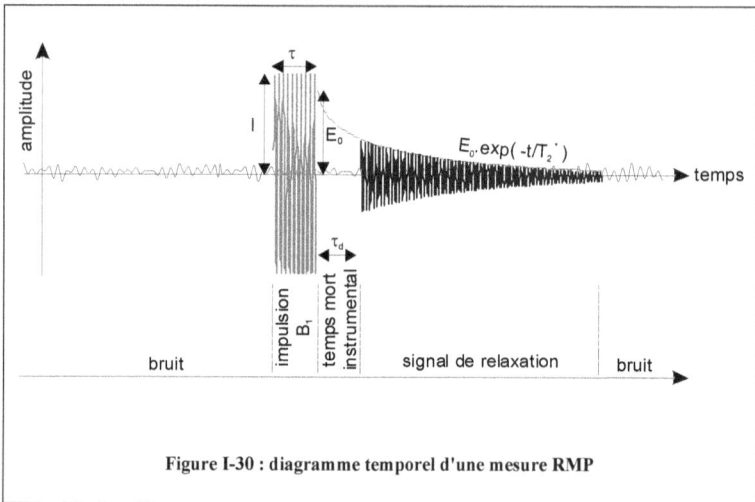

Figure I-30 : diagramme temporel d'une mesure RMP

- **L'optimisation de la mesure du signal**

L'amplitude du signal RMP est généralement très faible (quelque nV à quelques centaines de nV) au regard du bruit électromagnétique ambiant (quelques centaines à plusieurs milliers de nV). Il est donc indispensable d'optimiser la mesure du signal RMP, soit par une mise en œuvre du sondage particulière, soit par le traitement du signal.

Une mesure de bruit est réalisée avant chaque impulsion (Figure I-30) et permet ainsi d'estimer le rapport signal sur bruit, d'analyser le spectre du bruit et de choisir la procédure d'optimisation la plus adéquate :

- Après détection, le signal est tout d'abord traité par un filtre passe bande centré sur la fréquence de Larmor (Legchenko and Valla 2002d).
- Un filtre peut également être utilisé pour éliminer les harmoniques des signaux provenant de fréquences stables comme le 50 ou le 60 Hz (Legchenko and Valla en cours).
- Une procédure de "Block substraction" peut être choisie à la place du filtre précédent lorsque la fréquence de Larmor est proche d'une harmonique secteur. Un enregistrement du bruit est réalisé avant chaque impulsion, puis soustrait du signal mesuré pendant la relaxation.
- Une classique procédure de stack est souvent nécessaire et permet d'améliorer le rapport signal sur bruit d'un facteur de $\sqrt{n}$ pour $n$ mesures, lorsque le bruit n'est pas corrélé au signal RMP.
- Une procédure optimisée de stack est également possible lorsque le bruit est très variable en amplitude d'une mesure à l'autre. Cette procédure accorde un poids aux mesures stackées en fonction du niveau de bruit mesuré juste avant l'impulsion (Legchenko and Valla 2002d).
- Un niveau de bruit maximum est défini qui permet de rejeter les signaux enregistrés lorsque leur amplitude dépasse ce seuil. Cette procédure peut accélérer l'amélioration des signaux stackés en éliminant des "sauts de bruits" comme le passage d'un véhicule dans la boucle par exemple.
- Une boucle de transmission-réception (Tx-Rx) en forme de huit peut être mise en place lorsque la source de bruit est identifiée (une ligne de courant électrique par exemple). Si les bruits sont identiques dans chacun des lobes du huit (grand axe de la boucle orienté parallèlement à la source de bruit), leur induction respective s'annule. Dans la pratique, le niveau du bruit est ainsi réduit d'un facteur de 6 à 10 (Trushkin *et al.* 1994).

- **L'estimation des paramètres RMP**

Après traitement, les paramètres du signal sont déterminés à partir d'un algorithme d'ajustement non linéaire (Legchenko and Valla 1998b). Pour chaque impulsion $q$ un ensemble de courbes de sondages RMP est alors construit : $E_0(q)$, $T_2^*(q)$, $\varphi(q)$ et $\omega_0(q)$.

Les courbes $E_0(q)$ et $T_2^*(q)$ sont utilisées dans l'inversion pour estimer, en fonction de la profondeur, la teneur en eau $w(z)$ et la constante de temps de décroissance $T_2^*(z)$. Les courbes $\omega_0(q)$ et $\varphi(q)$ permettent de valider la qualité des mesures et le choix de la procédure d'inversion utilisée :

- Le phénomène de résonance magnétique peut avoir lieu même si la fréquence de Larmor et la fréquence de l'impulsion sont différentes, mais l'amplitude du signal est alors modifiée et l'interprétation erronée (Trushkin *et al.* 1993). Aussi, le signal mesuré pourra être inversé par la méthode classique (modèle simplifié, paragraphe suivant) si $\omega_0(q) \approx \omega_1(q)$ et $\omega_0 \approx \text{constant}(q)$, avec $\omega_0$ la fréquence du signal de relaxation et $\omega_1$ la fréquence de l'impulsion d'excitation.

- L'évolution de la phase, qui est influencée par la résistivité des terrains, doit être progressive en fonction de $q$. Des évolutions brusques laissent penser que des phénomènes d'inductions complexes sont causés par une forte conductivité du milieu qui invalide l'équation (I.31). Une formulation plus complète est alors nécessaire, essentiellement pour les moments de fortes amplitudes (modèle amélioré, paragraphe suivant).
L'équation (I.31) qui est utilisée jusqu'à présent a montré sa robustesse lorsque la résistivité des terrains est supérieure à 5 ohm.m, mais doit être utilisée avec précaution dans les terrains très conducteurs et en cas de mauvais accord entre $\omega_0$ et $\omega_1$.

### 1.3.5. L'inversion des mesures

L'inversion consiste à calculer à partir des mesures de signaux RMP un modèle des distributions en profondeur de la teneur en eau $w(z)$ et de la constante de temps $T_2^*(z)$.

Différentes méthodes ont été développées à titre expérimental pour inverser les mesures des sondages RMP, mais seul le modèle dit "simplifié" commercialisé sous le nom de *Samovar* avec l'équipement *Numis*$^{Plus}$ est aujourd'hui disponible pour l'inversion de routine. Le traitement des données utilisées pour ce travail a été réalisé avec ce logiciel.

- **Le modèle simplifié *Samovar***

Le procédé d'inversion s'adresse à un milieu 1D : stratification horizontale et couches d'extension latérale infinie.

Dans ces conditions 1D, l'équation (I.27) se simplifie pour l'amplitude initiale à $t = 0$ en (Legchenko and Shushakov 1998a) :

$$E_0(q) = \int_0^\infty K(q,z) \cdot w(z) \cdot dz \qquad (I.32)$$

avec $K(q,z) = \omega_0 \cdot M_0 \cdot \int_{x,y} b_\perp \cdot \sin\left(\frac{1}{2} \cdot \gamma \cdot b_\perp \cdot q\right) \cdot dxdy$. Les simulations numériques montrent que le signal des noyaux $^1H^+$ situés à une distance supérieure à D en profondeur et *2D* latéralement est négligeable, avec $D$ le diamètre de la boucle Tx-Rx. Aussi, l'intégration n'est réalisée que dans le volume *2D (x,y)* par *D (z)*.

La distribution verticale de la teneur en eau est obtenue en résolvant cette intégrale, tel que (Legchenko and Shushakov 1998a):

$$A \cdot w = e_0 \qquad (I.33)$$

où :

- $A\left[a_{i,j}\right]$ est la matrice rectangulaire $I$ (nombre d'impulsions $q$) par $J$ (nombre d'index de profondeur $z$) des éléments $a_{i,j} = k_j(q_j)$.

  $k_j(q)$ représente les vecteurs obtenus par projection de $K(q,z)$ en un ensemble de fonctions $\beta_j(z)$ telle que $w(z) = \sum_J w_j \cdot \beta_j(z)$ et $k_j(q) = \int_0^\infty K(q,z) \cdot \beta_j(z) \cdot dz$.

- $e_0 = \left(E_{0,1}...E_{0,I}\right)^T$ est la matrice transposée des $I$ amplitudes initiales des données expérimentales.

- $w = \left(w_1...w_J\right)^T$ est la matrice transposée des $J$ teneurs en eau en fonction de la profondeur.

L'inversion est mise en oeuvre à partir des données expérimentales (matrice $e_0$) et de la matrice de résolution $A$ qui doit être calculée préalablement à partir des caractéristiques du champ géomagnétique, de la géométrie de la boucle utilisée et de la résistivité des terrains. La méthode de régularisation de Tikhonov est utilisée pour le calcul de la matrice des solutions $w$.

L'inversion des signaux $E(t,q)$ est ensuite réalisée avec le même algorithme et permet d'obtenir les teneurs en eau $w(t,z)$. Pour chacune de ces teneurs en eau, une fonction exponentielle est ajustée afin d'obtenir la distribution de $T_2^*$ en fonction de la profondeur.

En définitive, la procédure consiste à réaliser les inversions selon la chronologie suivante :

$$E_0(q) \to w(z)$$
$$E(t,q) \to w(t,z) \to T_2^*(z)$$

- **L'exploration de l'espace des solutions**

La méthode de régularisation de Tikhonov utilisée dans le modèle "simplifié" propose une solution unique au problème de l'inversion des mesures RMP. Cependant, ils existent différents modèles qui permettent de reproduire les données expérimentales, et qui définissent un espace des solutions. Il s'agit alors d'explorer cet espace pour décrire au mieux le domaine des modèles possibles.

Une application de la méthode de programmation linéaire et une adaptation de la méthode de Monte Carlo ont été proposées dans cette perspective par Guillen (2002 a et b).

o *Application de la programmation linéaire*

La stratégie proposée par Guillen and Legchenko (2002a) pour explorer l'espace des solutions, à partir d'une solution possible, consiste à calculer la profondeur du toit et du substratum du réservoir, puis d'estimer le volume d'eau maximum et minimum dans cet intervalle, de chercher la teneur en eau minimale pour définir les horizons secs, et enfin de chercher le nombre et la profondeur des différents niveaux aquifères.

Des inversions réalisées selon cette procédure et comparées à la méthode de régularisation de Tikhonov montrent que les solutions convergent. L'information donnée par cette application de la technique de programmation linéaire est cependant plus complète puisqu'elle permet d'estimer les valeurs maximales et minimales des paramètres choisis (profondeurs, épaisseurs, volume d'eau...) tout en contraignant le modèle avec des grandeurs a priori (teneur en eau maximale par exemple lorsque l'on connaît l'emmagasinement moyen du réservoir).

o *La technique de Monte Carlo*

La méthode de Monte Carlo est une méthode de recherche aléatoire dans laquelle chaque paramètre est autorisé à varier dans un domaine de probabilité défini (Guillen and Legchenko 2002b). Elle permet d'explorer l'espace des solutions de façon extensive à partir de connaissances a priori.

Une méthode adaptée et proposée par Guillen (2002b) utilise comme paramètres la distribution des conductivités électriques du sous-sol et les fonctions de densité de probabilité de la teneur en eau, du temps de décroissance et de l'épaisseur du réservoir. Des modélisations et une application mises en œuvre suivant cette méthode montrent que les solutions convergent avec celle obtenue par la méthode de régularisation de Tikhonov, et sont en adéquation avec les informations données par des forages de référence.

Cependant, l'espace des solutions n'est plus caractérisé par des valeurs extrêmes comme dans le cas de l'application de la programmation linéaire, mais par des grandeurs statistiques. Il devient en effet possible d'estimer la probabilité de trouver une teneur en eau minimale entre deux profondeurs, ou la probabilité de trouver une teneur en eau en profondeur si un réservoir de surface est fixé.

Cette méthode permet alors de répondre à des questions précises du type : quelle est la probabilité qu'un réservoir dont la teneur en eau est supérieure à 5% se situe entre 20 et 35 mètres de profondeur ?

- **Autres modèles**

De nombreuses autres méthodes ont été proposées pour inverser les signaux RMP. Les plus récentes concernent :

- La prise en compte des faibles conductivités électriques des terrains qui créent un champ polarisé suivant une ellipse et non linéairement comme considéré dans les formulations simplifiées (Weichman 2000).

- L'inversion jointe de sondage RMP et de sondage électrique basée sur une simplification de la formule d'Archie (Hertrich and Yaramanci 2002).

– La prise en compte des effets créés par le décalage possible entre la fréquence de l'impulsion ($\omega_1$) et la fréquence de Larmor ($\omega_0$) (Legchenko *et al.* en cours).

Un modèle dit "modèle amélioré" a été développé pour prendre en compte ces effets et montre qu'une différence entre la fréquence de Larmor et la fréquence de l'impulsion modifie l'amplitude et la phase du signal de relaxation, même dans un milieu électriquement isolant (10000 ohm.m). Cet effet ne se fait sentir que pour les forts moments ($q \geq 5000\,A.ms$) et se traduit par une augmentation significative de la valeur de l'amplitude. Cette augmentation peut être interprétée à tort comme une augmentation de la teneur en eau, et donc comme la présence d'un aquifère profond si le modèle simplifié est utilisé.

La comparaison des inversions réalisées avec chacun des deux modèles par Legchenko *et al.* (en cours) montre que l'approche simplifiée peut être utilisée sans limitation chaque fois que l'accord de fréquence est bon (différence de l'ordre de 1 Hz maximum) et que la résistivité électrique des terrains n'est pas inférieure à 5 ohm.m. Dans les autres situations, l'approche simplifiée peut toujours être utilisée pour les moments de faibles amplitudes ($q < 5000\,A.ms$). Pour les plus grandes valeurs de $q$, la prise en compte des effets induits par la conductivité des terrains et le désaccord en fréquence est indispensable.

### 1.3.6. L'utilisation hydrogéologique des paramètres RMP

La teneur en eau et la constante de temps estimées par les inversions des signaux RMP ne sont pas des grandeurs hydrogéologiques.

De nombreux travaux ont cependant montrés que la teneur en eau RMP est liée à la porosité du réservoir et que la constante de relaxation $T_2^*$ est, pour partie, fonction de la taille moyenne des pores qui contiennent l'eau (Schirov *et al.* 1991), mais dépend également des propriétés magnétiques du milieu (Legchenko *et al.* 2002c). A partir de l'expérience des pétroliers, des formulations qui relient $T_2^*$ et la perméabilité intrinsèque du réservoir ont également été proposées (Legchenko *et al.* 2002c).

Les paramètres hydrauliques des aquifères sont alors estimés qualitativement : la teneur en eau donne une image de la porosité de drainage du réservoir sans que leur relation ne soit quantifiée, et la constante $T_2^*$ permet d'accéder à une perméabilité qualitative qui est affectée par les propriétés magnétiques des roches.

Les paramètres RMP sont décrits par leur amplitude mais également par leur distribution en profondeur. La caractérisation des réservoirs consiste donc à décrire la variation en profondeur de la teneur en eau et d'un coefficient de perméabilité qualitatif.

## 1.4. Conclusion du chapitre

Les variations des paramètres physiques mesurés par les méthodes géophysiques traditionnelles ne sont pas liées uniquement à la présence de l'eau souterraine. A partir des a priori hydrogéologiques, l'interprétation de ces variations permet d'imaginer la structure du sous-sol et d'estimer de façon indirecte la présence et la distribution de l'eau. Dans les cas les plus favorables, il est possible de préciser la quantité d'eau et sa conductivité électrique, mais l'interprétation reste le plus souvent qualitative.

En comparaison avec ces méthodes traditionnelles appliquées à l'hydrogéologie, la Résonance Magnétique Protonique est une méthode géophysique qualifiée de directe car elle mesure un signal émis par un ensemble de noyaux atomiques de la molécule d'eau. L'apport de la RMP à l'hydrogéologie s'entend ainsi comme la possibilité de mesurer directement un signal indicateur de l'eau souterraine.

Cependant, les paramètres géophysiques obtenus à partir des signaux RMP ne permettent généralement qu'une interprétation hydrogéologiques qualitative, car la constante de relaxation du signal $T_2^*$ est influencée par les propriétés magnétiques du milieu. De plus, les relations proposées entre les paramètres RMP et les grandeurs hydrogéologiques ont été validées essentiellement sur des sites expérimentaux.

Depuis l'année 2001, la mesure de la constante de temps $T_1$ du signal RMP est accessible au géophysicien (Legchenko *et al.* en cours). Contrairement à la constante $T_2^*$, cette grandeur n'est pas influencée par les propriétés magnétiques des roches : elle ouvre donc la voie à une interprétation quantitative des paramètres RMP susceptible d'apporter des informations nouvelles à l'hydrogéologue.

Il s'agit alors de rechercher si l'emmagasinement et le coefficient de perméabilité des réservoirs peuvent être quantifiés à partir des paramètres RMP, et d'évaluer la précision avec laquelle ces caractéristiques hydrauliques, ainsi que la géométrie des réservoirs, peuvent être estimés dans une variété de contextes hydrogéologiques.

# Chapitre 2

# La caractérisation des aquifères par sondages RMP

# Chapitre 2

# La caractérisation des aquifères
# par sondages RMP

L'intérêt de la RMP pour l'hydrogéologie est fondé sur sa capacité à mesurer un signal émis par un ensemble de noyaux $^1H^+$ des molécules d'eau souterraine. Le développement de l'équipement *Numis$^{Plus}$* et des techniques d'acquisition et de traitement des signaux permet depuis l'année 2001 d'estimer la constante de temps de relaxation $T_1$ du signal RMP.

Ce chapitre présente ce nouveau paramètre, et mesure la capacité des sondages RMP à caractériser la géométrie et les fonctions hydrauliques des aquifères.

## 2.1. La taille moyenne des pores et la constante $T_1$

Les recherches menées dans le domaine pétrolier depuis les années 1950 ont permis de développer des sondes de diagraphie RMN utilisées aujourd'hui pour caractériser les réservoirs au travers de formules construites autour du signal RMN déterminé par son amplitude initiale et ses constantes de temps de décroissance intrinsèques ($T_1$ et $T_2$).

L'estimation quantitative des caractéristiques des aquifères n'était pas accessible à la RMP car les temps de décroissance intrinsèques du signal ne pouvaient pas être mesurés. Or, il est devenu possible depuis l'année 2001 d'estimer la constante $T_1$ du signal de relaxation : il s'agit alors d'étudier comment la RMP permet de caractériser les aquifères en considérant ce nouveau paramètre.

### 2.1.1. Les mécanismes de la relaxation

Les chercheurs qui ont conçu les premières sondes de diagraphie RMN pensaient que les constantes de temps des noyaux $^1H^+$ en milieu poreux (l'eau dans les roches non consolidées) seraient les mêmes que celles de l'eau en milieu aquatique (l'eau dans l'eau). Mais l'expérience a montré que les constantes de temps étaient beaucoup plus courtes en milieux poreux (quelques ms à plusieurs centaines de ms) qu'en milieu aquatique (de 2 à 3 secondes). Cette différence s'explique par les mécanismes à l'origine de la relaxation. D'après Kenyon (1997) ces mécanismes sont décrits par :

$$\frac{1}{T_2} = \frac{1}{T_{2a}} + \frac{1}{T_{2S}}$$

$$\frac{1}{T_2^*} = \frac{1}{T_2} + \frac{1}{T_{2\Delta H}} \qquad (II.1)$$

$$\frac{1}{T_1} = \frac{1}{T_{1a}} + \frac{1}{T_{1S}}$$

avec $T_i$ la constante de temps de relaxation, $T_{ia}$ la constante caractéristique de la relaxation en milieu aquatique, $T_{is}$ la constante de la relaxation au contact de l'encaissant et $T_{\Delta H}$ la constante de la relaxation dans un champ statique hétérogène. Ces équations écrites sous la forme du signal RMN, $M(t) = M_0 \cdot \exp\left[-t \cdot \left(\frac{1}{T_{ia}} + \frac{1}{T_{is}} + \frac{1}{T_{2\Delta H}}\right)\right]$, montrent que la décroissance peut ne pas être mono-exponentielle et que différentes composantes sont en jeu.

- **La relaxation en milieu aquatique** $T_{ia}$

Les constantes de temps $T_{ia}$ caractérisent la décroissance du signal RMP en milieu aquatique. Ces constantes de l'ordre de 2 à 3 secondes sont mesurées lorsque les autres mécanismes de la relaxation n'existent pas.

- **La relaxation de surface** $T_{is}$

Les noyaux $^1H^+$ proches de la surface des grains ont plus de chance que les noyaux $^1H^+$ situés à une grande distance d'être soumis à une relaxation provoquée par l'interaction entre leur moment magnétique et la surface de l'encaissant. Dans le même temps, l'agitation moléculaire "mélange" les molécules d'eau et approche de nouveaux noyaux $^1H^+$ non relaxés près de la surface des grains tout en éloignant les noyaux relaxés vers l'intérieur des pores. A la limite, si la diffusion est très rapide au regard de la relaxation de surface, la magnétisation des noyaux $^1H^+$ est uniforme dans tout le volume des pores. Dans ce domaine dit de "diffusion rapide", le temps de relaxation devient :

$$\frac{1}{T_s} = \frac{\rho_s \cdot S_p}{V_p} \qquad (II.2)$$

avec $V_p$ et $S_p$ le volume et la surface spécifique des pores, et $\rho_s$ la capacité de la surface à induire la relaxation des noyaux $^1H^+$, ou indice de relaxation de surface.

- **La relaxation en champ statique hétérogène** $T_{2\Delta H}$

Les corps magnétiques créent à leur voisinage une induction qui s'ajoute à l'induction géomagnétique (Chapitre I, paragraphe 1.3.2 et figure I-17). A l'amplitude du champ total correspond une fréquence de Larmor qui diffère dans l'espace en fonction de la répartition des susceptibilités magnétiques et des aimantations rémanentes. Un déphasage des moments magnétiques des noyaux $^1H^+$ s'opère alors, et s'amplifie avec le temps au cours de la relaxation. Ce déphasage réduit le temps $T_2$ mesuré. Cette réduction est portée par le terme $T_{2\Delta H}$ et n'existe pas pour $T_1$.

- **La relation entre** $T_1$, $T_2$ **et** $T_2^*$

Dans les liquides l'égalité $T_1 = T_2$ devrait être vérifiée. Cependant, la relaxation transversale est sensible à l'hétérogénéité du champ statique qu'il est pratiquement impossible d'éliminer totalement et qui réduit la constante de temps transversale mesurée (Dunn *et al.* 2002). Aussi, l'expérience des pétroliers montre généralement que $T_1 \approx 1.6 \cdot T_2$. En milieu poreux, toute chose étant égale par ailleurs, la différence entre $T_1$ et $T_2$ s'explique également par les différences dans les valeurs des indices de relaxation de surface transversale $\rho_{s\_2}$ et longitudinale $\rho_{s\_1}$.

Lorsque le phénomène de déphasage des moments magnétiques devient important, la relaxation transversale mesurée est appelée $T_2^*$ et $T_2 \gg T_2^*$ (Chapitre I, paragraphe 1.3.2).

- **Les constantes mesurées en sondage RMP**

Le signal RMP est proportionnel à la somme des flux provenant chacun d'un volume unitaire occupé par un noyau $^1H^+$ (équation I.27). Comme chaque noyau $^1H^+$ n'est pas soumis exactement aux mêmes grandeurs des paramètres qui contrôlent les mécanismes de la relaxation (indice de relaxation de surface, champ statique), les constantes de temps mesurées sont des composites de chacune des constantes propres aux noyaux $^1H^+$ qui participent au signal. Ces constantes de temps mesurées sont généralement appelées $T_2^*$ (transversale) et $T_1^*$ (longitudinale), mais pour les différencier de la constante transversale influencée par les hétérogénéités du champ statique, elles sont notées $T_2$ et $T_1$ dans le document, l'exposant * n'étant utilisé que pour signifier l'influence des hétérogénéités du champ statique.

### 2.1.2. La signification hydrogéologique de $T_1$

Le milieu poreux saturé correspond au domaine de "diffusion rapide" qui permet d'écrire (Kenyon 1997) :

$$\frac{1}{T_1} \approx \frac{1}{T_{1s}} \approx \frac{\rho_{s\_1} \cdot S_p}{V_p} \qquad (II.3)$$

L'intérêt de $T_1$ pour l'hydrogéologie devient alors évident : il permet d'avoir accès à un paramètre lié à la géométrie des pores qui contiennent l'eau, sans influence de l'hétérogénéité du champ géomagnétique comme dans le cas de $T_2^*$.

- **Le milieu poreux à granulométrie uniforme**

Le coefficient de diffusion dans l'eau à 25°C est (Dunn *et al.* 2002) :

$$D = \left( \frac{1}{3 \cdot t} \right) \cdot l^2 = 2,5 \cdot 10^{-5} \, cm^2 s^{-1} \qquad (II.4)$$

avec $l$ le libre parcours moyen et $t$ le temps. En 1 seconde, un noyau $^1H^+$ parcourt ainsi une distance d'environ 0,1 mm. Cette distance est comparable à la distance moyenne qui sépare les parois des grains d'un sable fin. L'agitation moléculaire va donc permettre au noyau $^1H^+$ de se trouver à proximité d'une paroi dans un intervalle de temps plus court que celui nécessaire à la décroissance du signal RMN en milieu aquatique. Or, le noyau $^1H^+$ qui se situe à proximité d'une paroi va entrer en collision plus fréquemment avec l'encaissant, et son temps de relaxation va être réduit.

La constante $T_1$ du noyau $^1H^+$ considéré est donc bien fonction de la taille du pore dans lequel il se situe. Comme le signal RMP mesuré correspond à la somme des signaux chacun associé à une taille de pore, la constante $T_1$ est une fonction de la taille des pores du milieu uniforme considéré.

- **Le milieu poreux hétérogène**

En milieu poreux hétérogène, la décroissance mesurée est souvent multi-exponentielle et s'écrit (Kenyon 1997) :

$$\frac{1}{T_1} \approx \frac{1}{T_{1s}} = \sum_j \frac{N_j}{T_{1j}} \tag{II.5}$$

avec $N_j$ le nombre de noyaux $^1H^+$ dans les pores de taille $j$ qui se relaxent suivant la constante $T_{1j}$. Ce type de signal multi-exponentiel est enregistré chaque fois que la granulométrie est hétérogène ou que le système est à double porosité. Un spectre de relaxation de la forme $N_j = f\left(T_{ij}\right)$ peut être tracé à parti de (II.5) et permet aux pétroliers d'obtenir une distribution de la taille des pores dans le volume exploré.

En RMP, la décroissance enregistrée est analysée comme une mono-exponentielle et $T_1$ correspond à la taille moyenne des pores du volume intégré (noté généralement $T_1^*$). Comme le signal est enregistré pour différents moments d'excitation, le sondage RMP permet d'accéder à la distribution de la taille moyenne des pores en profondeur.

- **Le milieu discontinu**

La signification hydrogéologique de $T_1$ dans les aquifères discontinus dépend du volume représentatif du milieu (Chapitre I, paragraphe 1.1.1) : si il est du même ordre de grandeur que le volume exploré par le sondage RMP (quelques millions de m$^3$ pour une boucle circulaire de 100 m de diamètre) comme pour certains réservoirs de socle par exemple, la valeur de $T_1$ correspond à la taille moyenne des pores équivalents du réservoir. Cette taille des pores équivalents est un paramètre représentatif du milieu qui, à cette échelle d'observation, se comporte comme un milieu poreux continu.

Mais lorsque le volume représentatif du milieu est très supérieur à celui exploré par le sondage, comme dans le cas d'un milieu fracturé par exemple, $T_1$ est une fonction d'un paramètre qui n'a pas d'équivalent hydrogéologique usuel (la taille moyenne de pores équivalents d'un volume qui n'est pas représentatif du réservoir), mais peut cependant être interprété qualitativement (Chapitre III).

Enfin, la notion de taille moyenne de pores équivalents n'a pas de sens dans les milieux karstiques où les lois de l'écoulement ne sont plus décrites par les équations utilisées en milieux poreux. Les constantes $T_1$ ne peuvent alors être interprétées qu'à la lumière des a priori hydrogéologiques et en terme qualitatif (Chapitre III).

- **La taille moyenne des pores et la perméabilité du réservoir**

L'équation qui relie la constante $T_1$ et la taille des pores s'écrit :

$$T_1 \approx \frac{V_p}{\rho_{s\_1} \cdot S_p} = \frac{L}{\rho_{s\_1}} \qquad \text{(II.6)}$$

avec $V_p$ et $S$ le volume et la surface spécifique des pores, et $\rho_{s\_1}$ l'indice de relaxation de surface longitudinal.

$T_1$ est donc homogène à une grandeur $L$ caractéristique de la géométrie des pores du réservoir, tout comme la perméabilité intrinsèque définie par les hydrogéologues qui est donnée par le produit $d^2 \cdot N$ caractéristique de la géométrie des grains du réservoir (Chapitre I, paragraphe 1.1.2). Cette similitude apparente permet de proposer des formules pour estimer la perméabilité intrinsèque à partir des signaux RMP, tel que (Kenyon 1997) :

$$k_{RMP} = C \cdot T_1^a \cdot w^b \qquad \text{(II.7)}$$

avec $C$ un pré-facteur, $a$ et $b$ des exposants de calibration et $w$ la teneur en eau RMP.

La mesure de la constante $T_1$ permet ainsi à l'hydrogéologue d'obtenir une estimation de la perméabilité intrinsèque du réservoir, sous condition que la valeur de $T_1$ soit bien fonction de la taille moyenne des pores qui participent à l'écoulement. La validité et le domaine d'application de cette formulation sont discutés à la lumière de mesures expérimentales dans la seconde partie du chapitre.

### 2.1.3. La mesure de $T_1$

La mesure de $T_1$ est classiquement réalisée par une séquence appelée "saturation recovery". Elle consiste à envoyer une série d'impulsions qui fait tourner le moment magnétique $M$ d'un angle de $\pi/2$, chaque impulsion étant séparée de la précédente par un temps $\tau_d$. Dans des conditions de laboratoire ou en NML, une attention particulière est portée sur l'homogénéité du champ statique et sur les caractéristiques des impulsions pour garantir l'angle de rotation. $T_1$ est alors estimé à partir de l'équation du signal de relaxation (Dunn *et al.* 2002) :

$$M(t) = M_0 \left( 1 - e^{-\tau_d/T_1} \right) \tag{II.8}$$

En RMP, l'angle de rotation du moment magnétique du volume $dV(p)$ centré en $p$ est donné par $\theta = \frac{1}{2} \cdot \gamma \cdot B_{1\perp} \cdot \tau$ (équations I.25). Comme l'amplitude de l'impulsion $B_{1\perp}$ décroît avec la distance $r$ qui sépare $p$ de la boucle émettrice (d'un facteur $\approx 1/r^3$), l'angle de rotation du moment magnétique dépend de la position de $p$. La procédure classique de "saturation recovery" a donc dû être adaptée pour la mesure RMP (Legchenko *et al.* en cours).

- **La séquence d'impulsion**

Alors que dans la procédure classique de "saturation recovery" un nombre important d'impulsions est utilisé pour atteindre l'équilibre dynamique du système et pour effectuer la lecture de $T_1$, une séquence à seulement deux impulsions est proposée par Legchenko *et al.* (en cours) car l'équilibre dynamique n'est pas recherché.

Les deux impulsions sont séparées d'un temps $\tau_d$. La première impulsion $q_1$ tourne le moment magnétique $M$ du volume $dV$ d'un angle $\theta_1$ autour de sa position d'équilibre. Pendant le temps $\tau_d$ de la relaxation, le moment $M$ commence à regagner sa position initiale, et sa composante longitudinale augmente suivant la constante $T_1$ (Chapitre I, paragraphe 1.3.2 et figure I-16). Lorsque la seconde impulsion $q_2$ est envoyée, le moment $M$ tourne d'un angle $\theta_2$. Si les phénomènes de relaxation sont négligés pendant la durée des impulsions, la composante transversale du moment magnétique après la seconde impulsion s'écrit (Legchenko *et al.* en cours) :

$$M_{(x-y)2}(\tau_d) = M_0 \cdot \sin(\theta_1 + \theta_2) \cdot e^{-\tau_d/T_1} + M_0 \cdot \sin(\theta_2) \cdot \left( 1 - e^{-\tau_d/T_1} \right) \tag{II.9}$$

Si $q_1 = q_2$ et que les impulsions sont déphasées de 180°, $\theta_2 = -\theta_1$ alors l'équation (II.9) devient :

$$M_{(x-y)2}\left(\tau_d\right) = -M_0 \cdot \sin\theta_1 \cdot \left(1 - e^{-\tau_d/T_1}\right)$$

(II.10)

La Figure II-1 présente un exemple de mesure de $T_1$ réalisée dans le bassin parisien sur le site de Morainville. Pour les premiers moments ($q \leq 2000$ A.ms), les amplitudes initiales des signaux après la première et la seconde impulsion sont identiques, signe que la constante $T_1$ est courte (lorsque $T_1 \ll \tau_d$ la composante transversale du signal après la seconde impulsion est peu différente de celle après la première impulsion $M_{(x-y)2} \rightarrow M_{(x-y)1}$, graphe A). Pour les moments plus importants ($q > 2000$ A.ms), les amplitudes initiales après les deux impulsions sont très différentes et indiquent une constante $T_1$ longue (lorsque $T_1 \gg \tau_d$ la composante transversale du moment magnétique après la seconde impulsion tend vers zéro $M_{(x-y)2} \rightarrow 0$, graphe A).

La distribution des valeurs de $T_1$ en fonction de la profondeur est ensuite calculée lors de l'inversion des données issues des deux impulsions (graphe B).

- **Le calcul de** $T_1$

A partir des équations (I.26) et (II.10) il est possible d'écrire (Legchenko *et al.* en cours) :

$$E_{0-2} = \left(1 - e^{-\tau_d/T_1}\right) \cdot \int_V \omega_0 \cdot M_0 \cdot w(p) \cdot b_{1\perp}^{Rx}(p) \cdot \sin\left(\frac{1}{2} \cdot \gamma \cdot b_{1\perp}^{Tx}(p) \cdot q\right) \cdot dV(p)$$

(II.11)

Dans le cas d'une structure 1D (couche horizontale d'extension latérale infinie), cette équation est résolue en suivant la même procédure que celle utilisée pour l'équation (I.32). Si $x(z) = 1 - e^{-\tau_d/T_1(z)}$ (II.12) et qu'une durée entre les impulsions est fixée telle que $2 \cdot T_2^* \leq \tau_d \leq 3 \cdot T_2^*$, il vient :

$$(\mathsf{A} \bullet \mathsf{w}) \bullet \mathsf{x} = \mathsf{e}_{02}$$

(II.13)

où $\mathsf{A} \bullet \mathsf{w}$ est la matrice obtenue par la résolution de l'équation (I.32), $\mathsf{e}_{02}$ est la matrice transposée des amplitudes initiales après la seconde impulsion (données expérimentales) et $\mathsf{x} = (x_1 .... x_j)$ est la matrice transposée des solutions. La distribution de $T_1$ en fonction de la profondeur est donnée par (II.12) : $T_{1j} = \dfrac{-\tau_d}{\log\left(1 - x_j\right)} = T_1\left(\Delta z_j\right)$.

Les résultats de l'inversion conduite sur l'exemple précédent du site de Morainville indiquent une constante de temps courte pour les premiers horizons ($T_1 < 100$ ms) qui correspond à une faible taille moyenne de pores des matrices argileuse et calcaire, puis des constantes de temps longues pour les niveaux sableux plus profonds ($T_1 > 250$ ms) dont la taille moyenne des pores est plus importante (Figure II-1, graphe B).

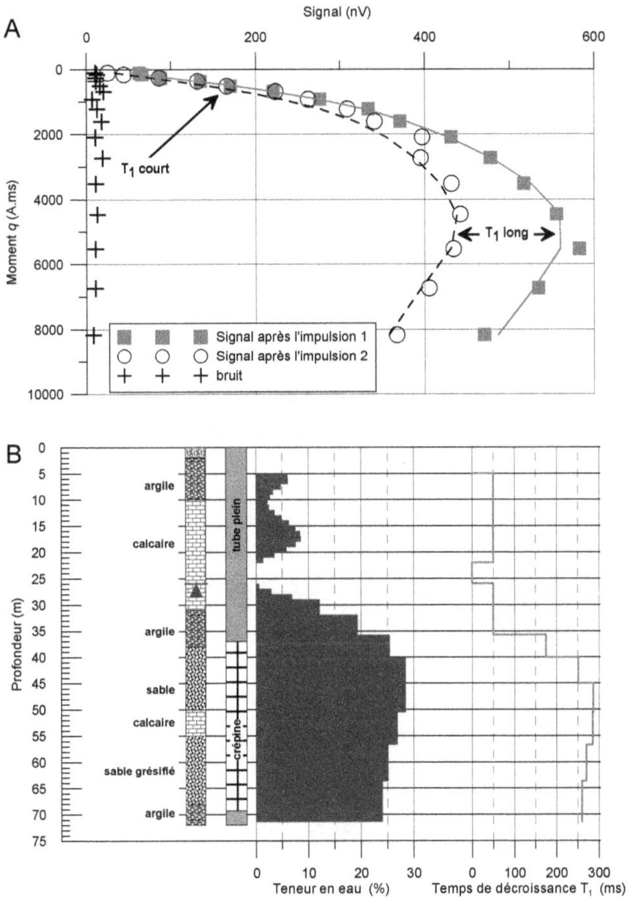

Figure II-1 : mesure de $T_1$, exemple du site de Morainville (France 2001).

A : signaux RMP – B : résultat de l'inversion.

## 2.2. L'incertitude sur les paramètres RMP

Pour caractériser les aquifères, les données expérimentales $E_{1,2}(t,q)$ sont transformées en paramètres RMP $w(z)$ et $T_1(z)$ qui sont ensuite interprétés en termes hydrogéologiques $S$ ou $n_e$, $K$, $T$ et $z$ suivant la chronologie suivante :

$$\begin{Bmatrix} E_1(t,q) \\ E_2(t,q) \end{Bmatrix} \Rightarrow \begin{Bmatrix} T_2^*(q) \\ E_{0-1,2}(q) \\ T_1(q) \end{Bmatrix} \Rightarrow \begin{Bmatrix} w(z) \\ T_1(z) \end{Bmatrix} \Rightarrow \begin{Bmatrix} S \text{ ou } n_e \\ K(z) \text{ et } T \end{Bmatrix} \tag{II.14}$$

avec $E_{1,2}$ l'amplitude du signal après la première et la seconde impulsion, $E_0$ l'amplitude initiale du signal, $w$ la teneur en eau RMP, $S$ le coefficient d'emmagasinement en nappe captive, $ne$ la porosité de drainage en nappe libre, $K$ le coefficient de perméabilité, $T$ la transmissivité, $t$ le temps, $q$ le moment d'impulsion et $z$ la profondeur.

La précision dans l'estimation des paramètres hydrogéologiques définis par un sondage RMP dépend d'une part de la qualité des mesures expérimentales, et d'autre part des incertitudes liées à l'interprétation dans ses différentes phases (II.14).

### 2.2.1. La qualité des mesures $E(t,q)$

La qualité des mesures est fonction du rapport $signal\,RMP / bruit\,EM$ $(s/b)$. Le bruit électromagnétique (EM) correspond à l'ensemble des signaux qui ne sont pas d'origine RMP mais qui sont enregistrés par le dispositif utilisé. Ce bruit EM peut être anthropique (champs créés par les lignes de courant électrique, les véhicules, les moteurs électriques…) ou naturel (champs créés par les courants telluriques, variations du champ dans la magnétosphère).

La difficulté d'acquisition des données expérimentales $E(t,q)$ réside dans la capacité à discriminer les signaux RMP de faible amplitude, typiquement de quelques dizaines à quelques centaines de nV, du bruit EM qui peut varier de quelques centaines à plusieurs milliers de nV. Différentes procédures peuvent être utilisées pour réduire le niveau du bruit au cours de l'acquisition ou en post traitement (Chapitre I, paragraphe 1.3.4). Quelle que soit la procédure choisie, l'interprétation des données expérimentales $E(t,q)$ consiste dans un premier temps à ajuster une exponentielle décroissante sur la courbe enveloppe du signal pour estimer la constante de temps $T_2^*(q)$ qui permet de calculer l'amplitude initiale $E_0(q)$ du signal (Legchenko and Valla 1998b). La constante $T_1(q)$ est ensuite calculée à partir du rapport des amplitudes initiales des signaux créés par les deux impulsions.

- **La quantification des paramètres du signal**

Si les données expérimentales sont bruitées, la qualité de l'ajustement qui conduit à quantifier $T_2^*(q)$ peut se dégrader et l'estimation des paramètres RMP devenir incertaine.

La Figure II-2 présente les données expérimentales de 3 impulsions enregistrées au cours d'un même sondage, et le Tableau II-1 synthétise les données issues de ces mesures.

| | Graphique A | Graphique B | Graphique C |
|---|---|---|---|
| **Moment $q$ (A.ms)** | 660 | 2600 | 5030 |
| **Bruit moyen (nV)** | 120 | 165 | 70 |
| **Rapport signal sur bruit** | 1.3 | 2,6 | 6 |
| $T_2^*$ **max. (ms)** | 120 | 90 | 150 |
| $T_2^*$ **min. (ms)** | 63 | 80 | 143 |
| **Incertitude sur** $T_2^*$ | 31 % | 6 % | 2 % |
| $E_{0\_1}$ **max. (nV)** | 202 | 425 | 423 |
| $E_{0\_1}$ **min. (nV)** | 155 | 412 | 418 |
| **Incertitude sur** $E_{0\_1}$ | 13 % | 1,5 % | 0,6 % |
| $T_1$ **max. (ms)** | indéfini | 220 | 330 |
| $T_1$ **min. (ms)** | indéfini | 180 | 327 |
| **Incertitude sur** $T_1$ | - | 10 % | 0,4 % |

**Tableau II-1 : valeurs des paramètres RMP estimées à partir des données expérimentales, exemple du site de Chuines F3 (France 2001).**

Le graphique A correspond à un moment de faible amplitude pour lequel le signal RMP confondu avec le bruit est mal défini. L'ajustement effectué sur une fenêtre temporelle de 200 ms propose une constante $T_2^* = 120ms$ qui conduit à une valeur $E_0 = 150nV$, alors que l'ajustement effectué sur une fenêtre de 150 ms, qui élimine les données dont le rapport signal sur bruit est le plus défavorable, propose $T_2^* = 63ms$ et $E_0 = 200nV$. L'estimation de $T_1$ est impossible car le signal RMP issu de la seconde impulsion ne peut pas être rigoureusement discriminé du bruit.

Le graphique B présente le signal enregistré pour un moment de plus forte amplitude. Jusqu'à 100 ms le signal est clairement différencié du bruit, et les incertitudes relatives ($\iota = (écart\ à\ la\ moyenne/valeur\ moyenne) \cdot 100$) calculées pour $E_{0\_1}$ et $T_2^*$ à partir des ajustements réalisés pour deux fenêtres temporelles de 200 et 150 ms sont respectivement de 1,5 et 6 % (Tableau II-1). Ces incertitudes sont nettement plus faibles que celles calculées pour le signal bruité (graphique A), et la fonction d'ajustement non linéaire utilisée dans cette procédure d'interprétation semble robuste même pour les données bruitées en fin de fenêtre temporelle.

Le graphique C présente un signal RMP non bruité dont l'amplitude est comparable à celle du signal du moment précédent ($E_{0\_1} \approx 420nV$). L'incertitude sur $E_{0\_1}$ et $T_2^*$ est légèrement inférieure à celle de moment précédent, mais celle sur $T_1$ qui dépend du rapport signal sur bruit après la seconde impulsion est beaucoup plus faible (moins de 1%).

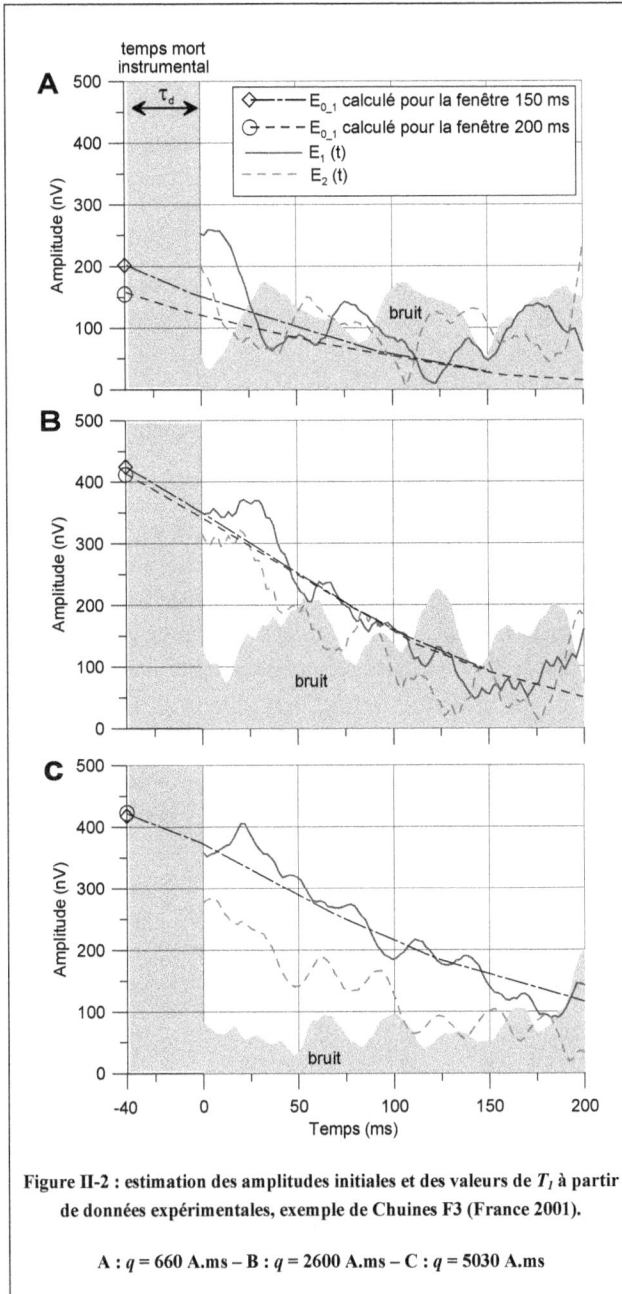

Figure II-2 : estimation des amplitudes initiales et des valeurs de $T_1$ à partir de données expérimentales, exemple de Chuines F3 (France 2001).

A : $q = 660$ A.ms – B : $q = 2600$ A.ms – C : $q = 5030$ A.ms

- **Un exemple de l'influence du bruit**

L'exemple présenté sur la Figure II-3 concerne 3 sondages réalisés au cours d'une période de 2 mois sur le même site, mais dans des conditions de bruit différentes. Les résultats du sondage mis en oeuvre dans les meilleures conditions de bruit sont pris comme référence et comparés aux valeurs obtenues pour des rapports signal sur bruit plus défavorables (Tableau II-2).

L'estimation de l'amplitude initiale du signal après la première impulsion se dégrade rapidement avec la diminution du rapport signal sur bruit (graphe B), alors que l'estimation de $T_2^*$ est plus stable (graphe A). L'ajustement de la décroissance exponentielle reste donc comparable même dans des conditions de bruits différentes. L'erreur sur l'estimation de l'amplitude initiale est sans doute imputable à une augmentation du signal sur l'ensemble de la fenêtre temporelle d'analyse provoquée par une mauvaise différenciation avec le bruit.

La valeur de l'amplitude initiale du signal après la seconde impulsion est fortement surestimée lorsque les conditions de bruit se dégradent. Cette amplitude, qui est inférieure ou au maximum égale à celle mesurée après la première impulsion, est donc plus facilement perturbée par le bruit qui lui reste d'un niveau équivalent (graphe C). L'erreur dans l'analyse du signal est ainsi amplifiée après la seconde impulsion, et conduit à une forte sous estimation de $T_1$ pour les sondages bruités (graphe D).

| Rapport signal 1 sur bruit moyen | Différence moyenne sur $T_2^*$ | Différence moyenne sur $E_0$ après l'impulsion 1 | Rapport signal 2 sur bruit moyen | Différence moyenne sur $E_0$ après l'impulsion 2 | Différence moyenne sur $T_1$ |
|---|---|---|---|---|---|
| 1,5 | + 12,8 % | + 25,8 % | 1,1 | + 48,5 % | - 73,8 % |
| 3 | + 19 % | + 1,8 % | 2,5 | + 27,4 % | - 71,9 % |
| 7,5 | 1 | 1 | 4,2 | 1 | 1 |

Tableau II-2 : valeurs des paramètres RMP en fonction des conditions de bruit, exemple du site de Sanon S1 (Burkina Faso 2002).

En définitive, l'incertitude sur les données RMP est liée au rapport signal sur bruit qui est au mieux égal, mais généralement plus faible après la seconde impulsion. Le paramètre dont l'estimation se dégrade le plus rapidement est donc $T_1$. Aussi, il convient de tout mettre en oeuvre pour obtenir des signaux qui se détachent du bruit lors de l'acquisition, également après la seconde impulsion. Lors de l'analyse des enregistrements, la largeur de

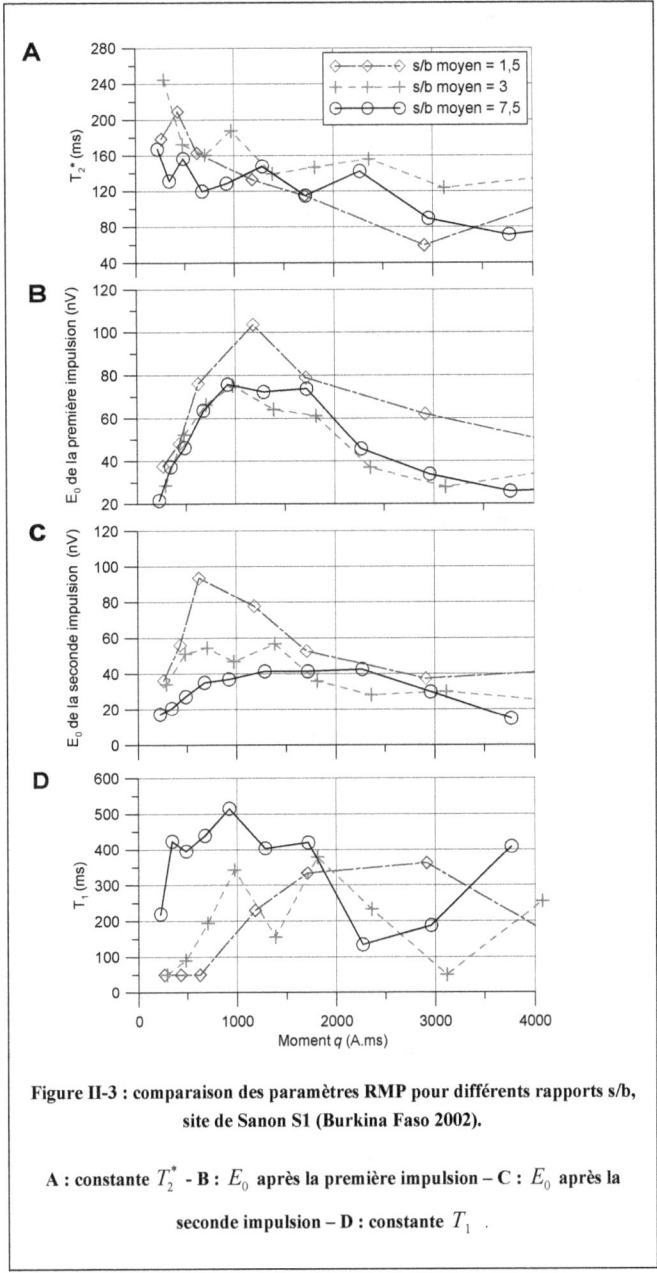

Figure II-3 : comparaison des paramètres RMP pour différents rapports s/b, site de Sanon S1 (Burkina Faso 2002).

A : constante $T_2^*$ - B : $E_0$ après la première impulsion – C : $E_0$ après la seconde impulsion – D : constante $T_1$ .

la fenêtre temporelle d'ajustement peut être adaptée en fonction du rapport signal sur bruit, mais ne doit pas être inférieure à la valeur a priori de $T_2^*$.

### 2.2.2. L'inversion des données

L'inversion des mesures $E(t,q)$ permet d'obtenir les paramètres RMP $w(z)$ et $T_1(z)$. Comme l'ensemble des méthodes géophysiques, la RMP est sujette aux problèmes d'équivalence et de suppression.

• **Les équivalences et la géométrie**

Deux modèles sont équivalents lorsqu'ils produisent le même signal. En RMP, les couches 1 et 2 situées à la profondeur $z$, d'épaisseurs $\Delta z$ et de teneur en eau $w$ sont équivalentes si $\Delta z_1 \cdot w_1 = \Delta z_2 \cdot w_2$. Autrement dit, il n'est pas possible de connaître à la fois la teneur en eau et l'épaisseur d'une couche. L'intervalle des solutions équivalentes dépend de la profondeur $z$ (Legchenko and Shushakov 1998a).

La Figure II-4 présente les résultats de 3 inversions réalisées à partir de modèles à 3, 7 et 40 couches. Ces modèles sont équivalents car les sommes des produits $\Delta z_i \cdot w_i = épaisseur \cdot teneur\ en\ eau$ de chacune des couches $i$ sont proches, et les moyennes de la somme des carrés des écarts entre les points expérimentaux et les modèles (RMS, Chapitre II, paragraphe 2.3.1) sont comparables (Tableau II-3).

| Nombre de couches $i$ du modèle | RMS $E_{0-1}$ | RMS $E_{0-2}$ | $\sum_i \Delta z_i \cdot w_i$ | $T_1$ en ms |
|:---:|:---:|:---:|:---:|:---:|
| 3 | 6,8 % | 10,2 % | 256 | 98,2 |
| 7 | 5,6 % | 14,2 % | 245 | 103,4 |
| 40 | 5,2 % | 13,4 % | 259 | 109,2 |

Tableau II-3 : erreur sur l'ajustement de différents modèles, site de Sanon S1 (Burkina Faso 2002).

Les valeurs de $T_1$ moyen $\left( T_{\bar{1}} = \sum_i T_{1-i} \cdot \Delta z_i \Big/ \sum_i \Delta z_i \right)$ sont peu différentes et permettent de penser que des solutions équivalentes tendent vers des valeurs de $T_1$ identiques.

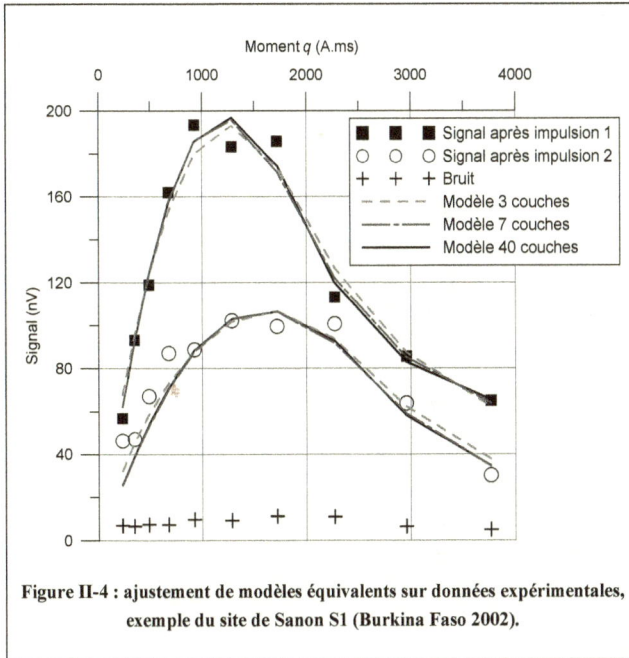

**Figure II-4 : ajustement de modèles équivalents sur données expérimentales, exemple du site de Sanon S1 (Burkina Faso 2002).**

Le modèle à 40 couches n'a pas de réalité hydrogéologique, mais il permet de lisser l'ajustement et de mettre ainsi en évidence les contrastes peu marqués entre horizons. Sur l'exemple du forage S1 de Sanon, qui exploite un aquifère de socle au Burkina Faso, le modèle à 40 couches révèle 4 strates dont la description RMP est cohérente avec la lithologie révélée par forage (Figure II-5) :

- Un premier niveau peu épais centré à 6 mètres de profondeur, pour lequel la constante $T_1$ de courte durée (inférieure à 100 ms) laisse imaginer une teneur en eau liée dans des matériaux silto-argileux.
- Un réservoir principal entre 10 et 28 mètres de profondeur, dont la teneur en eau importante et la constante $T_1$ plus longue sont caractéristiques d'altérites grossières.
- Un niveau situé entre 28 et 50 mètres environ, dont la teneur en eau plus faible mais la constante $T_1$ longue sont représentatifs de zones fissurées et altérées.
- Enfin, la faible teneur en eau mais les temps de décroissance très longs du niveau le plus profond permettent d'imaginer une zone fissurée ou fracturée propre (sans matériaux d'altération argileux).

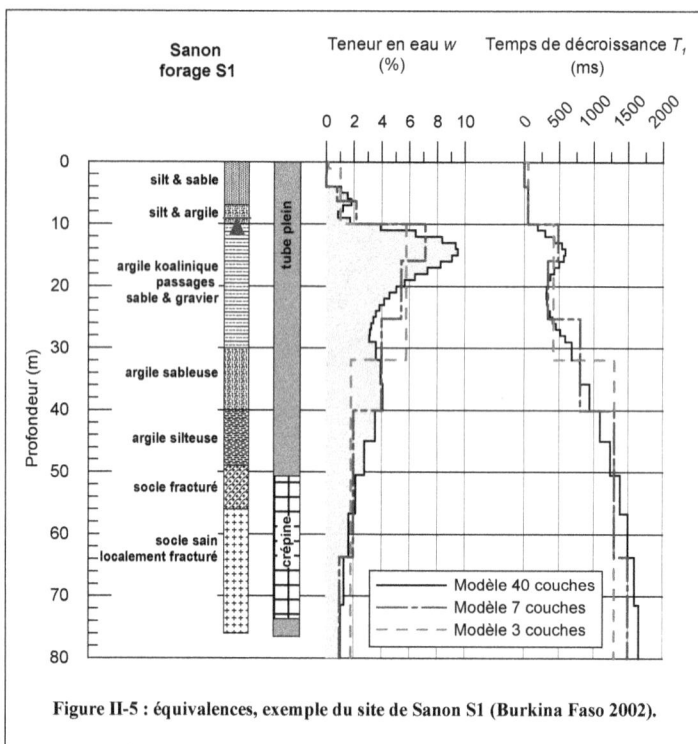

Figure II-5 : équivalences, exemple du site de Sanon S1 (Burkina Faso 2002).

Le modèle à 40 couches peut ainsi être utile pour révéler les contrastes dans la géométrie des différents niveaux, mais la question des équivalences ne peut pas être résolue sans informations extérieures, car seul le produit épaisseur par teneur en eau est bien défini. De plus, l'épaisseur n'est pas résolue avec la même précision en fonction de la profondeur.

- **La résolution et la profondeur d'investigation**

La résolution est la capacité de la méthode à détecter et à caractériser un niveau d'eau souterrain.

La détection d'une cible est fonction de différents facteurs extérieurs à la cible qui influencent chacun l'amplitude du signal RMP : l'intensité et l'inclinaison du champ géomagnétique, la résistivité électrique des terrains et la taille de la boucle Tx-Rx. Les rôles respectifs de ces paramètres sont présentés Chapitre I (paragraphe 1.3.3) et la modélisation de la Figure II-6 a été préparée pour estimer la variation maximale du signal provenant d'une même cible en fonction de la variation de l'ensemble de ces paramètres.

La cible modélisée est une couche d'eau tabulaire de 1 mètre d'épaisseur qui correspond par exemple à 6,5 mètres d'épaisseur d'un sable moyen (15 % de porosité de drainage), ou à un tuyau cylindrique rempli d'eau de 10 mètres de diamètre qui traverserait la totalité des 100 mètres de diamètre d'une boucle de câble Tx-Rx.

La modélisation montre que l'amplitude maximale du signal mesuré dans la cas le plus favorable à proximité d'un pôle ($B_0 = 60000 nT$ et $I = 90°$), dans un milieu électriquement résistant ($500 ohm.m$) et pour une constante de temps longue ($T_2^* = 800 ms$) est cinq fois supérieur au signal mesuré en conditions défavorables sur l'équateur magnétique ($B_0 = 30000 nT$ et $I = 0°$), dans un milieu conducteur ($10 ohm.m$) et pour un temps de décroissance court ($T_2^* = 30 ms$) (Legchenko *et al.* 1997b).

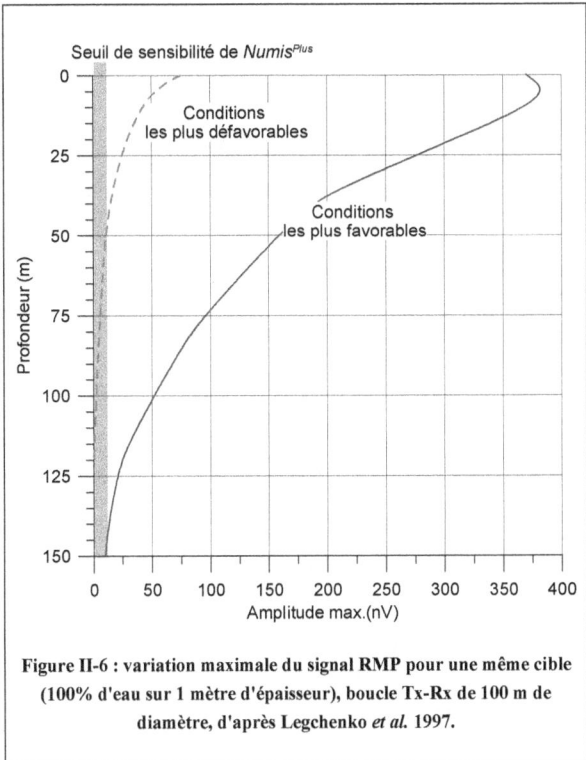

Figure II-6 : variation maximale du signal RMP pour une même cible (100% d'eau sur 1 mètre d'épaisseur), boucle Tx-Rx de 100 m de diamètre, d'après Legchenko *et al.* 1997.

Le seuil de sensibilité de l'équipement *Numis*[Plus] est de 6 nV environ, ce qui autorise la mesure dans des conditions acceptables de signaux RMP d'environ 15 nV. La détection d'un aquifère de faible extension dans les situations les plus défavorables est donc possible jusqu'à une profondeur correspondant à 40 % du diamètre de la boucle Tx-Rx, contre près de 150% ce même diamètre dans les conditions les plus favorables (Figure II-6).

Il ne suffit pas de mesurer un signal pour caractériser une cible, il faut encore que l'ensemble des signaux qui constitue le sondage permette de définir la géométrie, la teneur en eau et la constante de temps $T_1$.

L'erreur commise sur la résolution d'un aquifère de 10 mètres d'épaisseur pour une teneur en eau de 15% exploré avec une boucle de 100 mètres de diamètre dans un terrain de 100 ohm.m est représentée Figure II-7. L'erreur est calculée telle que $\varepsilon = \left(P_{inv} - P_{mod}\right)/P_{mod}$ où $P_{mod}$ est le paramètre modélisé et $P_{inv}$ le paramètre inversé (Legchenko *et al.* en cours).

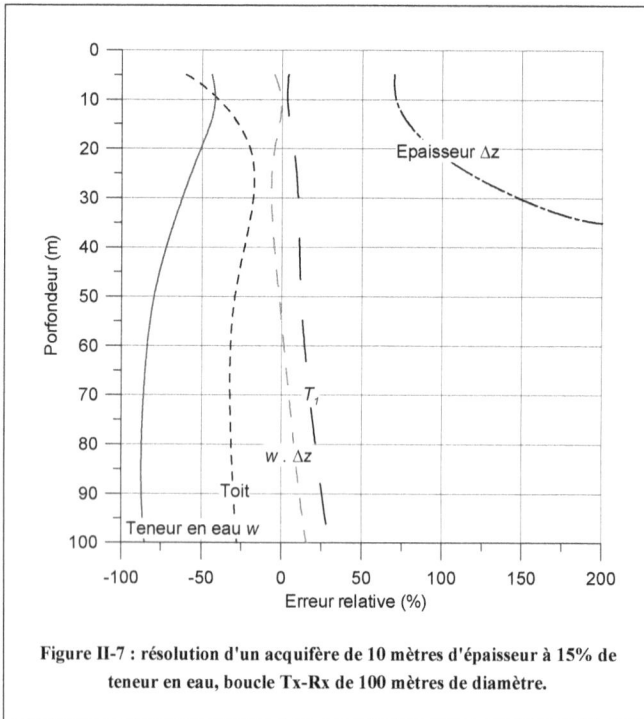

**Figure II-7 : résolution d'un acquifère de 10 mètres d'épaisseur à 15% de teneur en eau, boucle Tx-Rx de 100 mètres de diamètre.**

La résolution de la géométrie et de la teneur en eau est nettement mois bonne que celle de leur produit $\Delta z \cdot w = \text{\textit{épaisseur}} \cdot \text{\textit{teneur en eau}}$ dont l'erreur relative est inférieure à 5% pour les profondeurs équivalentes à 50% du diamètre de la boucle, et 15% au delà.

La constante $T_1$ est également mieux résolue que la profondeur du toit ou l'épaisseur de la nappe avec une erreur relative inférieure à 11% jusqu'à une profondeur équivalente de la moitié du diamètre de la boucle.

- **La sensibilité et le caractère 1D**

Le volume maximum intégré par un sondage RMP peut être estimé à 1,5 fois le diamètre de la boucle multiplié par une profondeur équivalente à ce même diamètre (Chapitre I, paragraphe 1.3.3). Lorsqu'une boucle Tx-Rx de 100 mètres de diamètre est utilisée, ce volume maximum intégré par le sondage est donc d'environ 1,8 million de m$^3$.

Ce pouvoir intégrateur ne permet pas de rendre compte des hétérogénéités au sein de ce volume, ni de mesurer des signaux créés par un trop petit nombre de noyaux $^1H^+$ : une teneur en eau de 0,5% mesurée par une boucle de 100 mètres de diamètre correspond à un volume d'eau libre de 9000 m$^3$, soit l'équivalent d'une épaisseur de sable saturée de 3,5 mètres environ (15% de porosité de drainage) ou d'un tuyau plein d'eau d'environ 9 mètres de diamètre.

L'échelle à partir de laquelle il devient difficile de mesurer des signaux est ainsi fixée : en milieu discontinu l'image du tuyau peut être convertie en structures géologique (conduit karstique ou fractures aquifères), et en milieu continu en strate de 3,5 mètres d'épaisseur pour 15% de porosité de drainage.

- **La suppression**

Lorsque le volume d'eau au sein du volume total exploré par le sondage RMP crée un signal de trop faible amplitude pour être mesuré en surface, le niveau aquifère est "supprimé". Ce phénomène existe lorsque le signal produit par la cible est en deçà du seuil de sensibilité du dispositif, notamment dans les contextes hétérogènes où une structure aquifère est de faible extension mais néanmoins productive (comme une fracture ou une figure de dissolution qui contiennent peu d'eau en volume).

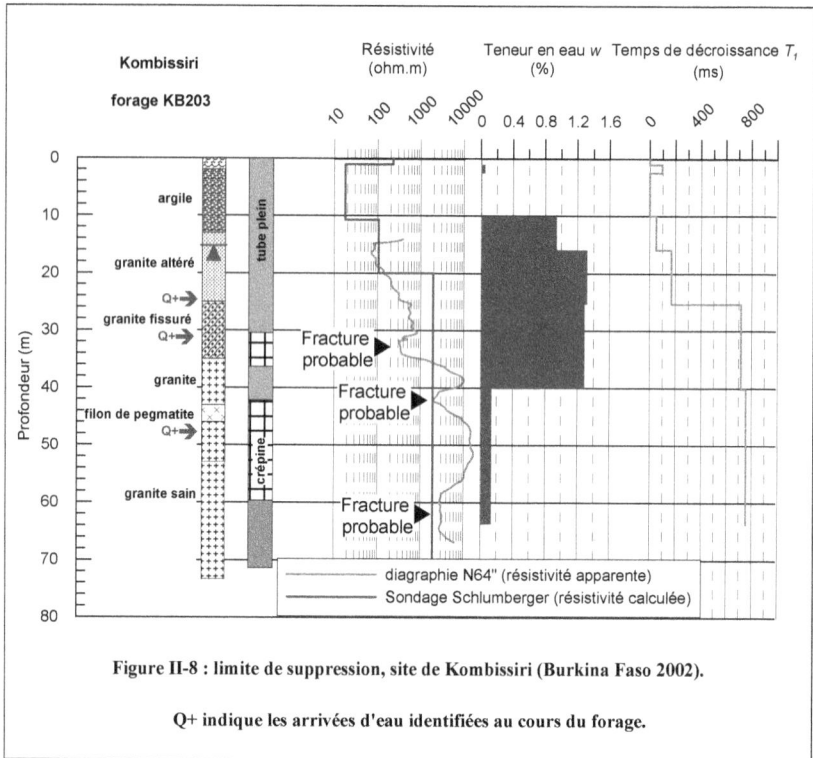

Figure II-8 : limite de suppression, site de Kombissiri (Burkina Faso 2002).

Q+ indique les arrivées d'eau identifiées au cours du forage.

La Figure II-8 présente un forage réalisé en zone de socle du Burkina Faso qui recoupe en dessous du réservoir d'altération une zone de fissuration puis de fractures productrices clairement mise en évidence par la diagraphie électrique (Beck and Girardet 2002). Ces fractures créent des faibles signaux RMP car le volume d'eau qu'elles contiennent est petit au regard du volume intégré par la boucle carrée de 150 mètres de côté utilisée sur ce site. La résolution de la méthode diminue avec la profondeur, et la fracture située à plus de 60 mètres sous la surface du sol n'est pas clairement identifiée par le sondage RMP : c'est le phénomène de suppression (la Figure II-8 montre également que le sondage électrique Schlumberger de grande longueur de ligne, $AB_{max} = 1$ km, n'identifie pas ces fractures).

### 2.2.3. Les roches magnétiques

Le signal RMP mesuré aujourd'hui par l'équipement $Numis^{Plus}$ est un signal macroscopique résultant de l'ensemble des signaux chacun émis par un noyau d'hydogène particulier (Chapitre I, paragraphe 1.3.2). Lorsque le champ géomagnétique est hétérogène à l'échelle de la mesure, les noyaux $^1H^+$ sont soumis à différentes fréquences de Larmor qui créent un déphasage entre les signaux particuliers et réduisent la constante de temps apparente $T_2^*$ (chapitre II, paragraphe 2.1.1).

Si ce déphasage est important et réduit $T_2^*$ à moins de 30ms, la procédure utilisée aujourd'hui par $Numis^{Plus}$ ne permet plus de mesurer le signal RMP. Une procédure spécifique dite "séquence d'écho de spin" doit être mise en œuvre, mais elle n'est pas encore opérationnelle avec l'équipement disponible. A titre expérimental, Legchenko (2002c) a réalisé des mesures d'écho de spin dans des graviers de basalte à Chypre, dont la susceptibilité magnétique mesurée en laboratoire est de $4,8.10^{-3}$ SI. Les constantes $T_2^*$ mesurées sont d'environ 10 ms dans ce milieu où la porosité devrait pourtant permettre d'obtenir des temps de plus de 100 ms si le réservoir n'était pas magnétique.

Un sondage réalisé classiquement dans de telles conditions ne mesure pas de signaux, et conduit à une mauvaise interprétation (absence d'eau) si l'homogénéité du champ géomagnétique n'a pas pu être contrôlée. Cette vérification est difficile à conduire sur le terrain car il s'agit d'appréhender les variations du champ en profondeur et à l'échelle moléculaire.
Trois types de mesures sont généralement nécessaires pour permettre de suspecter la présence d'un champ hétérogène : les variations de l'intensité du champ géomagnétique mesurées en surface, la susceptibilité magnétique des affleurements et la stabilité de la fréquence de Larmor si elle peut être mise en évidence par des mesures tests.

La Figure II-9 présente l'exemple du forage KB202 de Kombissiri réalisé en zone de socle du Burkina Faso. Un filon de roche magnétique est clairement mis en évidence, il crée une variation dans l'intensité du champ géomagnétique mesuré en surface d'environ 100 nT, soit l'équivalent en fréquence de Larmor de 4 Hz. L'exemple de la Figure II-10 présente des variations de champ au niveau de la boucle Tx-Rx de la même amplitude, mais mesurées dans un contexte de basalte au Honduras (Site de Immaculada Concepcion).

Sur ces deux sites, la présence de roches magnétiques peut être suspectée par les a priori géologiques et par l'hétérogénéité du champ géomagnétique mesuré en surface. Des mesures complémentaires sont alors mises en œuvre pour confirmer cette hypothèse.

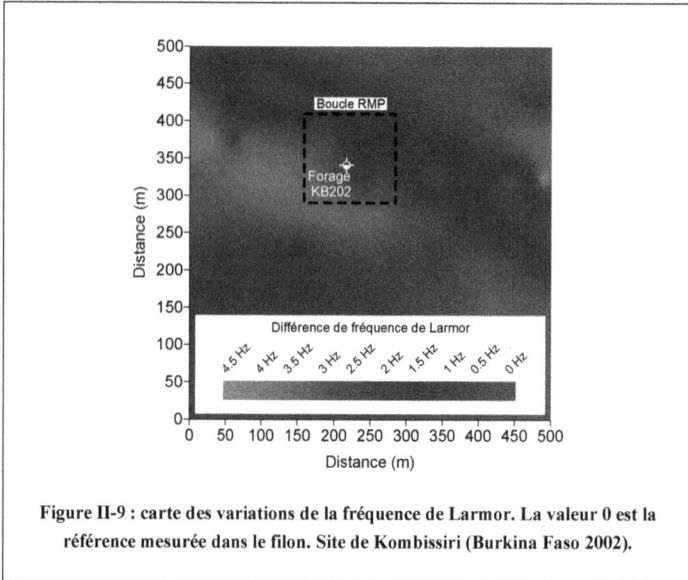

**Figure II-9 : carte des variations de la fréquence de Larmor. La valeur 0 est la référence mesurée dans le filon. Site de Kombissiri (Burkina Faso 2002).**

Des mesures de susceptibilité magnétique sont réalisées. Un affleurement de basalte distant d'environ 150 mètres du sondage RMP à Immacula Concepcion révèle une roche sans doute ferrimagnétique de $1.10^{-2}$ SI. La large extension du basalte mise en évidence par la coupe des résistivités calculées semble confirmer que cette roche magnétique est à l'origine de l'hétérogénéité du champ mesuré en surface (Figure II-10).

La mesure de susceptibilité magnétique réalisée sur un affleurement de granite près du site de Kombissiri montre une roche moins magnétique (0,5 à $1,5.10^{-4}$ SI), sans qu'il ne soit réellement possible de juger de l'influence de cette propriété sur la faisabilité de la mesure RMP; en effet, ce n'est pas l'amplitude de la susceptibilité qui perturbe les mesures, mais l'hétérogénéité qu'elle induit sur le champ résultant.

Un sondage test est alors exécuté sur chacun des sites en choisissant pour fréquence de Larmor une valeur représentative des mesures effectuées en surface (Tableau II-4). Ces mesures consistent à balayer la gamme des moments possibles pour chercher la présence de signaux RMP. A Kombissiri, des signaux de relaxation dont la fréquence est stable avec la profondeur sont mesurés, alors qu'à Immaculada Concepcion aucun signal RMP n'est mis en évidence sur ce site pourtant aquifère.

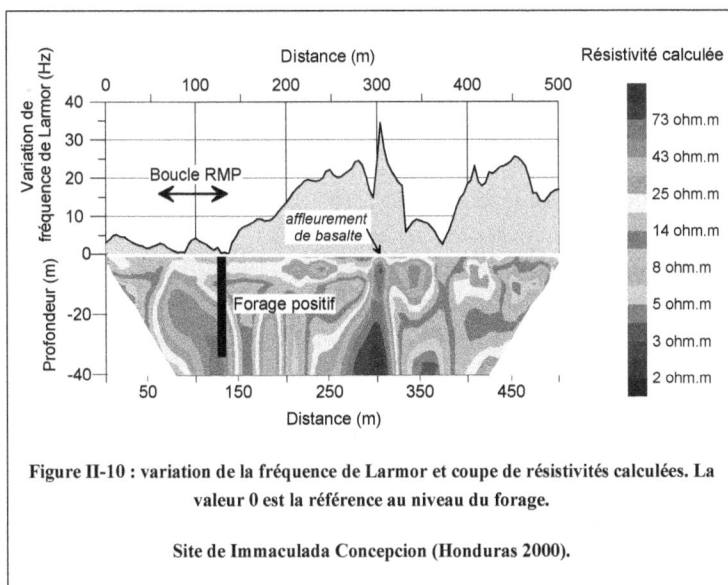

**Figure II-10 : variation de la fréquence de Larmor et coupe de résistivités calculées. La valeur 0 est la référence au niveau du forage.**

**Site de Immaculada Concepcion (Honduras 2000).**

| Site | Moment $q$ (A.ms) | Signal $E_0$ (nV) | Fréquence impulsion (Hz) | Fréquence signal (Hz) | Remarque |
|------|-------------------|-------------------|--------------------------|------------------------|----------|
| Kombissiri | 571 | 64,3 | 1408,5 | 1408 | |
| | 1425 | 56,2 | 1408,5 | 1409 | Signal RMP |
| | 1887 | 39,5 | 1408,5 | 1408 | |
| Immaculada Concepcion | 164 | 16,3 | 1601,5 | 1589 | |
| | 1540 | 13,8 | 1601,5 | 1619 | Pas de signal RMP |
| | 3930 | 23,2 | 1601,5 | 1618 | |

**Tableau II-4 : exemple de mesures tests de recherche de signaux RMP.**

Au delà de l'impossibilité de mesurer des signaux RMP dans des conditions extrêmes (Immaculada Concepcion), des sondages réalisés sur des sites dont une part seulement du volume exploré est constituée de roches magnétiques autorisent sans doute l'enregistrement de données RMP. Ce signal macroscopique ne représente alors qu'une fraction du volume prospecté et peut ne pas être représentatif des propriétés du site.

## 2.3. La vérification expérimentale de l'apport de la RMP

### 2.3.1. Le procédé de vérification

Pour vérifier la capacité de la méthode à caractériser les aquifères, les résultats des sondages RMP sont étudiés au regard de données hydrogéologiques (synthèse Tableau II-5 et détails en annexe). Les géométries, teneurs en eau et transmissivités RMP sont comparées aux lithologies et niveaux statiques des forages, et aux transmissivités et coefficients d'emmagasinement des pompages d'essai.

- **Les sites expérimentaux**

En dehors des contraintes logistiques inhérentes aux mesures de terrain, les sites expérimentaux ont été sélectionnés pour représenter les grandes familles hydrogéologiques décrites dans le chapitre I :

- Les aquifères de socle avec leurs réservoirs d'altération et de fissuration/fracturation sont représentés par les roches cristallines du Burkina Faso et de Bretagne.

  o Au Burkina Faso, les formations les plus communes sont des granitoïdes du Précambrien (granites et migmatites) et les formations de remplissage des sillons intracratoniques du socle Antébirrimien (schistes, grauwacks, micaschistes, quartzites et roches vertes d'origine volcanique). Les mesures ont été réalisées dans la zone soudanaise du Burkina Faso (région de Pô, Sud du pays) et dans la zone soudano-sahélienne (région centre, environs de Ougadougou, Kombissiri et Boussé).

  o En Bretagne, le secteur étudié est constitué par les granodirorites de Plomelin datés du Paléozoïque. Les mesures ont été mises en oeuvre sur les bassins versants de Kerrien et Kerbernez, à une dizaine de kilomètres au sud de la ville de Quimper.

- Les réservoirs non consolidés sont représentés par différents ensembles.

   o Les grès de Sena, qui comblent le bassin sédimentaire de Save au Mozambique, sont d'origine continentale et datent du Crétacé supérieur. Les travaux on été réalisés dans la région nord de la province du Sofala (districts de Caïa et Chemba, Est du Mozambique).

   o Les sables quartzeux du Perche sont d'origine détritique du Cénomanien (Crétacé supérieur). Ils constituent un réservoir exploré pour ce travail dans la région de Chartres (80 km au Sud-Ouest de Paris).

   o Les sables quartzeux de Cuise ont été déposés en milieu marin peu profond à la fin de l'Yprésien (Eocène inférieur). A proximité de la localité de Montreuil-sur-Epte (70 km à l'Ouest de Paris), ces sables constituent un réservoir qui fait l'objet d'une étude hydrogéologique.

   o Les sédiments quaternaires sont représentés par les sables et argiles d'origines lacustre et alluviale du bassin de Siem Reap au Cambodge (Nord-Ouest du pays), et par les galets des alluvions anciennes de la Durance en France (région de Cavaillon, 800 km au Sud de paris).

- Les milieux carbonatés étudiés sont des craies et des calcaires.

   o Le plateau du causse de l'Hortus, à une trentaine de kilomètres au Nord de la ville de Montpellier est constitué de calcaire du Valanginien supérieur (Crétacé inférieur) fortement karstifié. Les mesures ont été réalisées au droit d'un conduit et d'une galerie karstiques cartographiés par les spéléologues.

   o Les craies du Cénomanien du bassin parisien ont été explorées dans la région de Chartres (80 km au Sud-Ouest de Paris). Ces craies possèdent une porosité de matrice et présentent parfois des figures de fracturation et de dissolution qui les conduisent à un comportement de milieu à double porosité. Elles sont parfois qualifiées de semi-karstiques.

| Réservoir | Forage | Constante de temps RMP | | Pompage d'essai | |
|---|---|---|---|---|---|
| | | $T_2^*$ | $T_1$ | Essai de puits | Essai de nappe |
| Granite du Burkina Faso | Sanon S8 | X | X | X | X |
| | Sanon S9 | X | X | X | X |
| | Sanon S1 | X | X | X | X |
| | Sanon S2 | X | X | X | X |
| | Kombissiri 202 | X | X | X | X |
| | Kombissiri 203 | X | X | X | X |
| | Missomthinghin | X | X | X | |
| | Issouka | X | X | X | |
| | Sagala | X | X | X | |
| | Tampelga | X | X | X | |
| | Tangseghin | X | X | X | |
| | Bossia | X | X | X | |
| | Boungou | X | X | X | |
| Granite de Bretagne | Kerbernez A3 | X | X | X | |
| | Kerbernez F5 | X | | X | |
| Grès de Sena | Chivulivuli 8/FCH/98 | X | | X | |
| | Chivulivuli 9/FCH/98 | X | | X | |
| Sable du Perche | Chatenay | X | X | X | X |
| | Morainville | X | X | X | X |
| | Chuines F1 | X | X | X | X |
| | Chuines F3 | X | X | X | X |
| | La Bazoche | X | X | X | X |
| | Margon | X | X | X | X |
| | La Houssaye | X | X | X | X |
| Sables de Cuise | Montreuil-sur-Epte Pz2 | X | X | X | |
| | Montreuil-sur-Epte Pz5 | X | X | X | |
| | Montreuil-sur-Epte Pz6 | X | X | X | |

**Tableau II-5 : principaux sites et données utilisés pour cette étude.**

| Réservoir | Forage | Constante de temps RMP | | Pompage d'essai | |
|---|---|---|---|---|---|
| | | $T_2^*$ | $T_1$ | Essai de puits | Essai de nappe |
| Alluvions du Cambodge | ACPI | X | | X | X |
| | Mukpen | X | | X | |
| | Chanlong | X | | X | |
| | TramKang | X | | X | |
| | Prey Longieng | X | | X | |
| | Rovieng | X | | X | |
| Galets de la Durance | Puits de St Esteve (Cavaillon) | X | X | X | X |
| Calcaire | Lamalou Lama5 | X | X | | |
| | Lamalou Lama6 | X | X | | |
| | Lamalou Lama7 | X | X | | |
| | Lamalou Lama9 | X | X | | |
| Craie du bassin parisien | Autheuil Fe1 | X | X | X | X |
| | Autheuil Fe2 | X | X | X | X |
| | Voves | X | X | X | X |
| | Ste Marguerite | X | X | X | X |
| | Piseux | X | X | X | X |
| | Pullay | X | X | X | X |

Tableau II-5 (suite) : principaux sites et données utilisés pour cette étude.

- **La procédure utilisée pour comparer les résultats**

Pour effectuer la comparaison des informations issues des sondages RMP et des méthodes d'investigations hydrogéologiques traditionnelles, une procédure commune à l'ensemble des sites est utilisée.

o *Les paramètres RMP*

1. La qualité des mesures est vérifiée, et si nécessaire des points sont éliminés (paragraphe 2.2.1).

2. Les données sont inversées avec le logiciel *Samovar* (modèle "simplifié", Chapitre I, paragraphe 1.3.5).

   ○ La géométrie des niveaux aquifères est définie par les résultats de l'inversion des signaux issus des deux impulsions. L'incertitude sur la géométrie est donnée par le domaine des équivalences qui est exploré en faisant varier le nombre de couches et le paramètre de régularisation $\alpha_1$. Ce paramètre contrôle le lissage du modèle sur les points expérimentaux issus de la première impulsion. La géométrie retenue est celle dont les erreurs d'ajustement du modèle sur les points expérimentaux des deux impulsions sont simultanément les plus faibles. Les incertitudes sur la profondeur et l'épaisseur des couches sont calculées à partir des solutions équivalentes maximale et minimale (Figure II-11). Cet intervalle des équivalences est défini tel que l'erreur d'ajustement des modèles équivalents soit augmentée au maximum de 2% par rapport à l'erreur du modèle retenu (Tableau II-6).

   ○ La teneur en eau moyenne est calculée par $w = \sum_i w_i \cdot \Delta z_i \Big/ \sum_i \Delta z_i$ où $\Delta z_i$ est l'épaisseur de la couche $i$.

   ○ La constante de temps $T_1$ est définie pour la géométrie retenue. L'incertitude sur la valeur de $T_1$ est estimée en faisant varier le paramètre de régularisation $\alpha_2$ qui contrôle le lissage du modèle sur les données issues de la seconde impulsion. La valeur de $T_1$ retenue est celle dont l'erreur d'ajustement du modèle sur les données expérimentales de la seconde impulsion est la plus faible, et l'incertitude est donnée par les solutions équivalentes maximale et minimale (erreur d'ajustement augmentée de 3% au maximum). La constante moyenne est calculée par $T_1 = \sum_i T_{1-i} \cdot \Delta z_i \Big/ \sum_i \Delta z_i$.

3. La transmissivité RMP est calculée telle que $T_{RMP} = \sum_i K_{RMP\_i} \cdot \Delta z_i$ où $\Delta z_i$ est l'épaisseur de la couche $i$ captée par le forage, et $K_{RMP\_i}$ le coefficient de perméabilité RMP de la couche $i$ calculé à partir de formules présentées dans le paragraphe 2.3.5. Les niveaux exploités par le forage sont définis à partir de la lithologie et du plan d'équipement (Figure II-12). L'incertitude sur la valeur de la transmissivité RMP est calculée pour la géométrie retenue à partir des valeurs équivalentes maximale et minimale de $T_1$.

L'exemple du sondage de Chuines Fe1, situé dans le bassin parisien, illustre la démarche de recherche des solutions équivalentes utilisée pour ce travail (Figure II-11 et Tableau II-6).

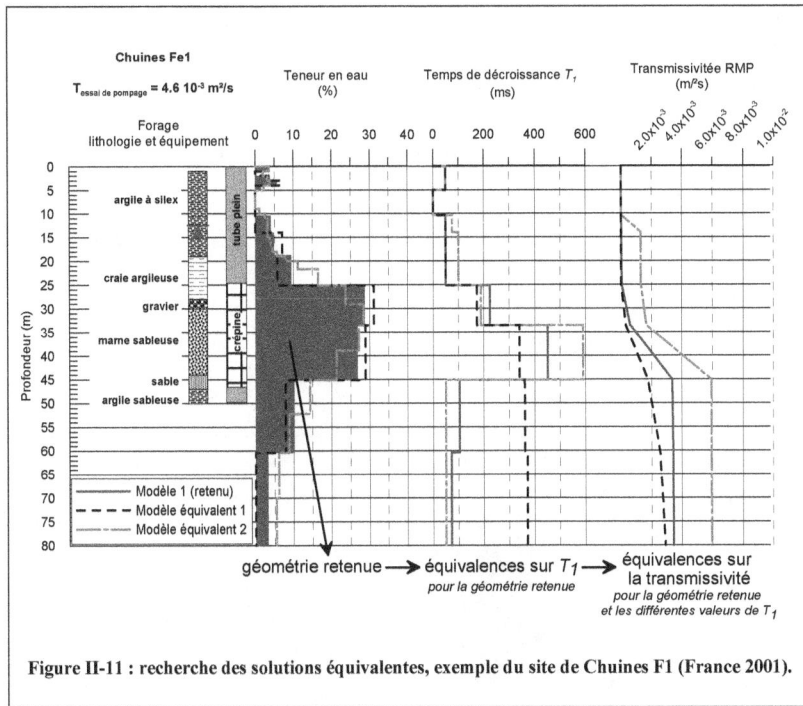

Figure II-11 : recherche des solutions équivalentes, exemple du site de Chuines F1 (France 2001).

| Paramètres d'ajustement | $\alpha_1$ et nombre de couches | | | | $\alpha_2$ | |
|---|---|---|---|---|---|---|
| Modèle | Erreur d'ajustement sur les données (%) $E_1$ $E_2$ | Profondeur aquifère (m) | Epaisseur aquifère $\Delta z$ (m) | Teneur en eau moyenne $w$ (%) | Constante $T_1$ moyenne (ms) | Transmissivité RMP $T_{RMP}$ (m²/s) |
| Retenu | 5,2  12,4 | 10,4 | 69,6 | 12,4 | 248,1 | $3,5\ 10^{-3}$ |
| Equivalent 1 | 4,5  14,5 | 14 | 47 | 16,7 | 286,4 | $2,9\ 10^{-3}$ |
| Equivalent 2 | 5,8  10,4 | 9 | 71 | 12,7 | 212,1 | $5,9\ 10^{-3}$ |

Tableau II-6 : exemple de recherche des solutions équivalentes, site de Chuines F1 (France 2001).

L'exemple du forage de Missomthinghin au Burkina Faso illustre comment la géométrie des niveaux captés est définie dans les situations ambiguës (Figure II-12).

La lithologie indique qu'un épais niveau argileux surmonte une zone fissurée située entre 48 et 58 mètres de profondeur. Ce niveau argileux identifié comme humide dans sa partie supérieure lors du suivi de forage est décrit comme un réservoir par le sondage RMP. Mais ce réservoir n'est pas capté par le forage dont le niveau des crépines est situé en dessous d'un horizon d'argile sèche qui sépare le niveau humide et la zone fissurée. L'épaisseur exploitée par le forage ne concerne donc que la zone fissurée, et c'est ce niveau qui est retenu dans le calcul de la transmissivité RMP.

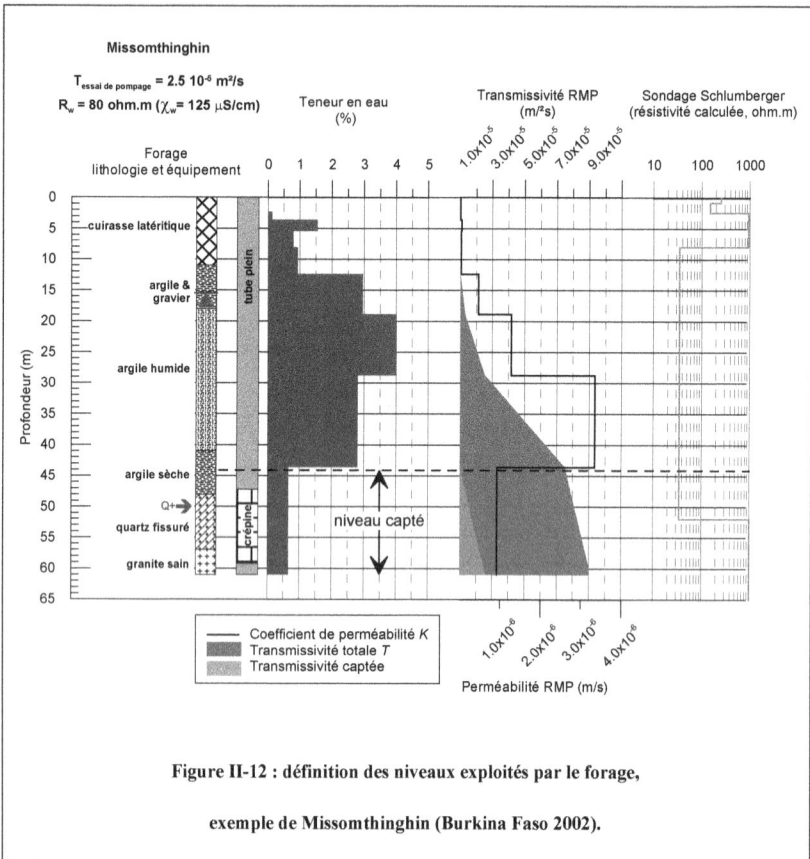

**Figure II-12 : définition des niveaux exploités par le forage, exemple de Missomthinghin (Burkina Faso 2002).**

o *Les paramètres hydrogéologiques*

1. La géométrie des aquifères (en profondeur) est définie à partir de la lithologie décrite dans les rapports de forages.

2. Les niveaux statiques sont mesurés au moment de la réalisation du sondage RMP.

3. Le coefficient d'emmagasinement et la transmissivité sont calculés à partir des données de pompages d'essai :
   o La durée des pompages retenus est suffisamment longue pour s'affranchir des effets induits par l'ouvrage (effet de capacité, Figure II-13) et permettre de s'approcher du volume représentatif exploré par les sondages RMP (Figure II-14).
   o Les coefficients d'emmagasinement retenus ne concernent que les pompages mis en oeuvre avec un suivi des rabattements dans un ou plusieurs piézomètres d'observation.
   o Les transmissivités sont calculées à partir des modèles de Theis et Jacob, à la descente et à la remontée, dans l'ouvrage de pompage et les piézomètres.
   o Les valeurs de coefficients d'emmagasinement et de transmissivité retenues sont celles dont l'ajustement du modèle sur les points expérimentaux est le meilleur. L'incertitude est calculée à partir des valeurs extrêmes obtenues par l'ajustement des modèles (Theis et Jacob) sur l'ensemble des données (forage et piézomètre, descente et remontée).

- **Les estimateurs d'incertitudes et d'erreurs**

  – L'incertitude relative sur la valeur $X$ :

  $$t = \frac{X_{\mathrm{max\_min}} - X_{retenu}}{X_{retenu}}$$

  avec $X_{\mathrm{max\_min}}$ la valeur de $X$ pour laquelle l'écart à la valeur retenue est le plus grand, et $X_{retenu}$ la valeur de $X$ retenue.

  Cet indicateur est utilisé pour quantifier les incertitudes liées aux estimations des paramètres RMP et hydrogéologiques. La valeur retenue ($X_{retenu}$) est la moyenne des valeurs extrêmes ($X_{\mathrm{max}}$ et $X_{\mathrm{min}}$).

Pour quantifier les erreurs commises par les estimateurs RMP pour caractériser les aquifères, les valeurs RMP sont comparées à des valeurs de références. Les valeurs de référence ($X_{référence}$) sont celles données par les forages (géométrie) et pompages d'essai (transmissivité et coefficient d'emmagasinement). Les valeurs RMP ($X_{calculé}$) sont les valeurs retenues pour les grandeurs étudiées (moyennes des valeurs $X_{max}$ et $X_{min}$ liées aux incertitudes sur les profondeurs, transmissivité et emmagasinement RMP).

– L'erreur relative sur la valeur $X$ :
$$\varepsilon = \frac{X_{calculé} - X_{référence}}{X_{référence}}$$
avec $X_{calculé}$ la valeur calculée de $X$ et $X_{référence}$ la valeur de référence.

– La somme des carrés des écarts (SCE) :
$$SCE = \sum_n \left( X_{référence} - X_{calculé} \right)^2$$
avec $X_{calculé}$ la valeur calculée de $X$, $X_{référence}$ la valeur de référence et $n$ la population concernée.

– La moyenne de la somme des carrés des écarts (RMS) :
$$RMS = \sqrt{\frac{SCE}{n-1}}$$
avec $n$ la population concernée.

- **Remarques sur les erreurs et incertitudes**

  o *Les erreurs sur la géométrie*

Le sondage RMP est aujourd'hui une mesure en une dimension (la profondeur) et les valeurs des signaux enregistrés sont des moyennes de l'ensemble du volume prospecté par le sondage.

Pour juger de la précision des profondeurs et épaisseurs définies par sondage RMP, la comparaison avec des données de forages n'est réellement valide que dans les contextes homogènes. Dans les milieux hétérogènes, la lithologie donnée par l'analyse des cuttings est une description locale représentative du diamètre de foration; elle n'est pas strictement comparable aux paramètres RMP issus d'une mesure intégrative.

○ *Les erreurs sur les paramètres hydrogéologiques*

Les durées des pompages d'essai sélectionnés pour ce travail s'échelonnent de 2 à 100 heures. Elles permettent dans tous les cas de s'affranchir de l'effet de capacité qui devient négligeable lorsque la durée de pompage est suffisante, telle que $t \geq 25 \cdot r_p^2 / T$ où $r_p$ est le rayon du puits de pompage et $T$ la transmissivité du milieu (Université d'Avignon et des pays de Vaucluse 1990, Figure II-13).

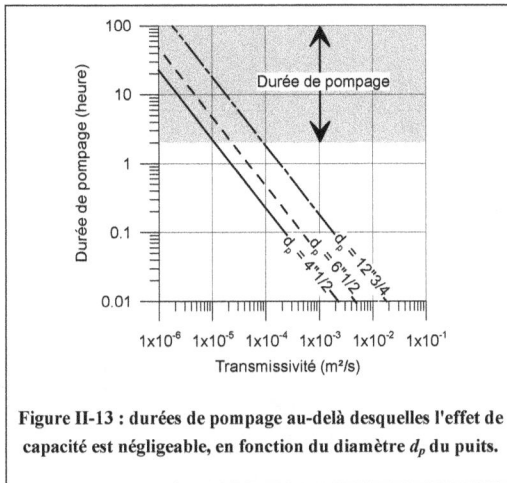

**Figure II-13 : durées de pompage au-delà desquelles l'effet de capacité est négligeable, en fonction du diamètre $d_p$ du puits.**

Les pompages de courte durée (inférieure à 48 heures) ne s'entendent pas comme des essais de nappe classiques, et les valeurs de transmissivité et de coefficient d'emmagasinement obtenues ne sont pas toujours des indicateurs moyens des caractéristiques de l'aquifère si son volume représentatif est important. Cependant, ces valeurs expriment des caractéristiques locales largement utilisées en hydrogéologie (transmissivité et emmagasinement ponctuels) qui se rapprochent de celles mesurées par les sondages RMP.

Dans un contexte homogène et isotrope, la valeur des paramètres hydrogéologiques est indépendante du volume exploré; mais dans un contexte hétérogène ces valeurs sont fonction du volume intégré.

La Figure II-14 présente l'amplitude du champ d'excitation d'un sondage RMP pour une boucle Tx-Rx de 100 mètres de diamètre, une inclinaison du champ géomagnétique de 45° et une résistivité des terrains de 100 ohm.m. Le volume maximum intégré par un sondage

---

RMP peut être estimé dans ce cas général à une surface au sol définie par un cercle de 150 mètres de diamètre (1,5 fois le diamètre de la boucle) pour une profondeur de 100 mètres (le diamètre de la boucle).

Sur cette même figure sont présentés les diamètres au niveau du sol du cône de rabattement créé par un pompage de 2 heures, obtenus par modélisation pour différentes valeurs de transmissivité et de coefficient d'emmagasinement (équation de Theis). Il apparaît que pour les milieux peu productifs, l'influence sur la piézométrie induite par des pompages de courte durée est de plus faible extension au niveau du sol que la surface d'intégration des sondages RMP. A l'opposé, l'extension du cône de rabattement provoquée par les pompages dans les milieux très productifs est plus importante que la surface d'intégration des sondages RMP.

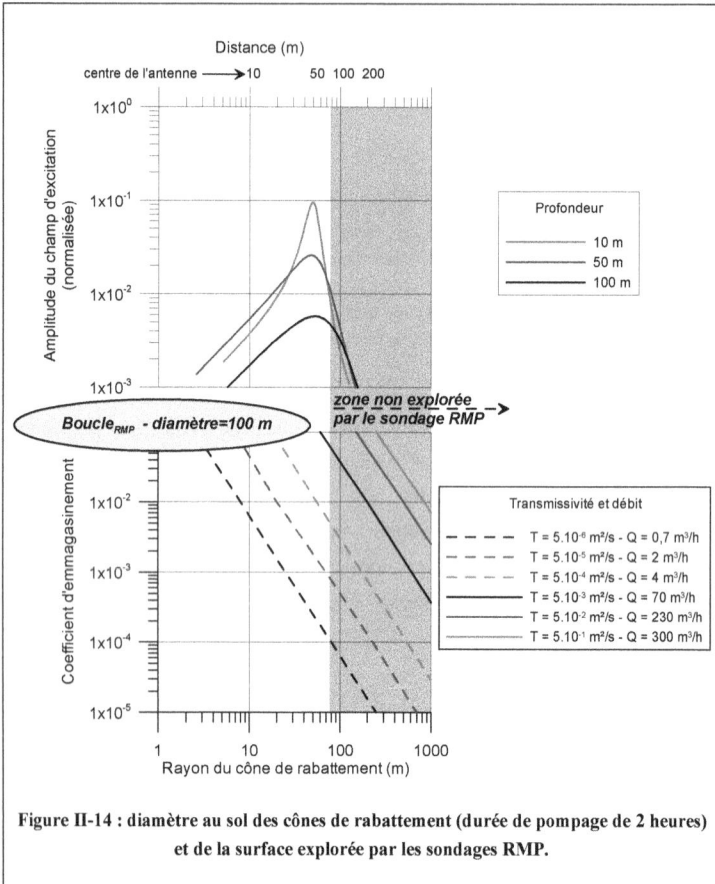

**Figure II-14 : diamètre au sol des cônes de rabattement (durée de pompage de 2 heures) et de la surface explorée par les sondages RMP.**

Dans les milieux hétérogènes, cette différence dans la représentativité des volumes explorés introduit inévitablement une différence entre les paramètres hydrogéologiques estimés par les sondages RMP et ceux définis par les pompages d'essai. Cette différence est ensuite analysée comme une erreur commise par les sondages RMP pour caractériser les aquifères.

o *Les incertitudes sur les paramètres RMP*

Les incertitudes sur les paramètres RMP, calculées suivant la méthodologie présentée, sont synthétisées Tableau II-7, et détaillées en annexe. Conformément aux prédictions de la modélisation (Figure II-7), le produit de l'épaisseur du réservoir par sa teneur en eau est le paramètre le mieux défini par les sondages RMP.

| Teneur en eau $w$ | Toit de l'aquifère | Epaisseur aquifère $\Delta z$ | Produit $w. \Delta z$ | Constante $T_l$ | Transmissivité $T_{RMP}$ |
|---|---|---|---|---|---|
| 42 % | 79 % | 39 % | 20 % | 42 % | 64% |

Tableau II-7 : incertitudes relatives moyennes sur les paramètres RMP (population de 30 points)

o *Les incertitudes sur les paramètres hydrogéologiques*

Le Tableau II-8 présente l'incertitude moyenne sur les paramètres estimés par pompages d'essai. Ces valeurs concernent un échantillon de 40 points pour la transmissivité et le débit spécifique, et seulement 11 points pour le coefficient d'emmagasinement (échantillon limité par la nécessité d'avoir un piézomètre d'observation).

| Transmissivité $T$ | Coefficient d'emmagasinement $S$ | Débit spécifique $Q/s$ |
|---|---|---|
| 77 % | 75% | 55 % |

Tableau II-8 : incertitudes relatives moyennes sur les paramètres hydrogéologiques (population de 40 points pour $T$ et $Q/s$ et 11 points pour $S$).

La faible incertitude sur les débits spécifiques s'explique par le mode de calcul retenu. Ils sont, en effet, estimés de façon à éliminer ou à minimiser la part des pertes de charges quadratiques dans les rabattements.

Lorsque l'équation du forage est disponible (équation de Jacob de la forme $s = B \cdot Q + C \cdot Q^2$ où $s$ est le rabattement provoqué par le pompage $Q$, $B$ les pertes de charge linéaires et $C$ les pertes de charge quadratiques) le débit spécifique est calculé à partir du terme $s = B \cdot Q$. Si l'équation du forage n'est pas disponible, la valeur du débit spécifique est extrapolée pour un rabattement de 1 mètre qui correspond généralement à un débit de pompage faible et à des pertes de charge quadratiques négligeables.

○ *La comparaison des incertitudes*

La distribution des incertitudes relatives dans l'estimation des transmissivités par sondage RMP montre que 80 % des valeurs sont définies dans un intervalle de $\pm 2$ fois la valeur de référence (Figure II-16), contre 75% pour les valeurs estimées par les essais de pompage.

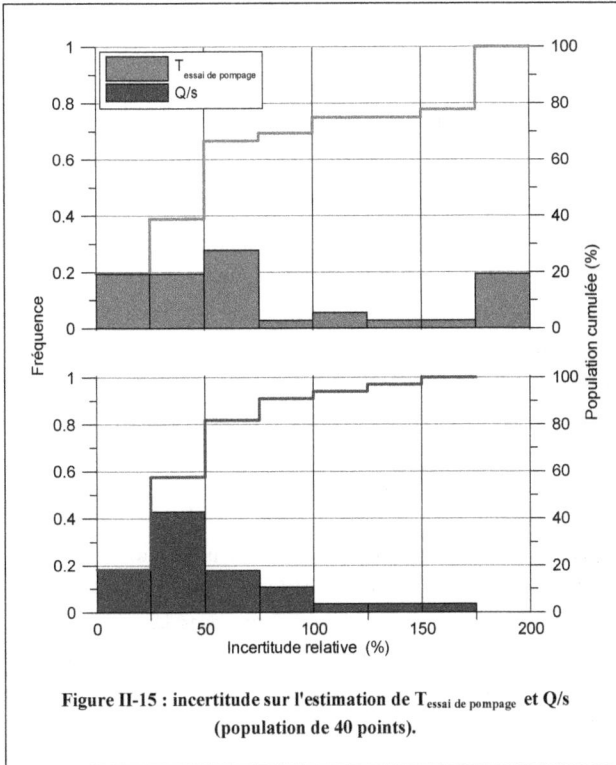

Figure II-15 : incertitude sur l'estimation de $T_{essai\ de\ pompage}$ et Q/s
(population de 40 points).

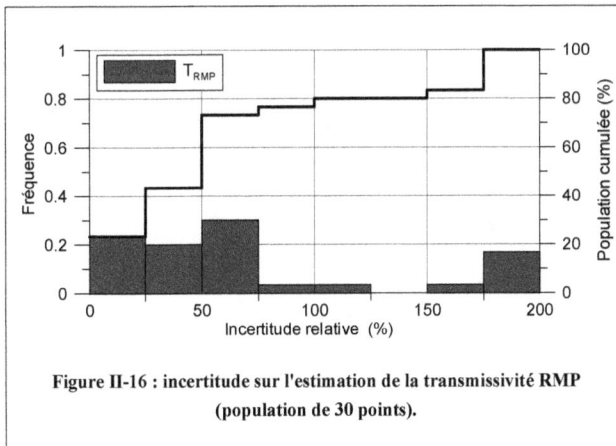

Figure II-16 : incertitude sur l'estimation de la transmissivité RMP
(population de 30 points).

## 2.3.2. La typologie des aquifères

Pour l'hydrogéologue, il s'agit dans un premier temps de savoir si les paramètres RMP portent des informations sur la présence d'eau souterraine et la nature des réservoirs.

- **Un signal indicateur de la présence d'eau**

Le Tableau II-9 résume les propriétés nucléaires importantes dans le phénomène RMN pour les noyaux les plus courants. Des éléments abondants, comme l'oxygène 16 ou le carbone 12, ne sont pas mentionnés car leur nombre quantique de spin nul ne les rend pas sujets au phénomène RMN.

La sensibilité relative à la mesure RMN est exprimée par rapport à celle de l'hydrogène, et dépend du moment magnétique du noyau considéré (ou, pour la description quantique, du déséquilibre nécessaire dans la répartition des populations entre les différents états énergétiques du noyau considéré; Chapitre I, paragraphe 1.3.2).

L'isotope dont le comportement magnétique se rapproche le plus de celui de l'hydrogène est le fluor, tant au niveau de sa fréquence de Larmor que de sa sensibilité à la mesure RMN. Cependant, même à des concentrations fortes dans les eaux souterraines (2 à 4 mg/l), le fluor reste un élément trace dont les signaux RMN de très faible amplitude ne peuvent pas être mesurés par les équipements RMP actuels. Lorsqu'un signal de relaxation magnétique nucléaire est enregistré sur le terrain, il ne peut donc s'agir que d'un signal protonique (noyaux $^1H^+$).

| Noyau | Rapport gyromagnétique (Hz/nT) | Fréquence de Larmor à 47000 nT (Hz) | Sensibilité relative (%) | Abondance naturelle (%) |
|---|---|---|---|---|
| $^1H$ | 0,0426 | 2000 | 100 | 99,9 |
| $^2H$ | 0,0065 | 307,5 | 0,9 | 0,01 |
| $^{13}C$ | 0,01 | 503,4 | 1,6 | 1,1 |
| $^{14}N$ | 0,003 | 144,4 | 0,1 | 99,6 |
| $^{17}O$ | 0,006 | 271,5 | 2,9 | 3,7 |
| $^{19}F$ | 0,0418 | 1965 | 83,4 | 100 |
| $^{29}Si$ | 0,03 | 1408 | 7,9 | 4,7 |
| $^{31}P$ | 0,017 | 810 | 6,6 | 100 |

**Tableau II-9 : propriétés RMN des isotopes les plus courants (modifié d'après Gunther 1998).**

L'hydrogène est présent dans le sous-sol sous différentes formes. Il est associé à de nombreux minéraux (notamment les hydroxydes et les minéraux hydratés) mais les constantes de temps de relaxation $T_2^*$ de ces noyaux $^1H^+$ dans les réseaux cristallins sont très courtes et ne sont pas mesurées sur le terrain.

L'hydrogène est également présent dans les hydrocarbures, dans la matière organique, et sous forme gazeuse. Des quantités importantes de ces formes d'hydrogène sont cependant exceptionnelles dans les profondeurs explorées par les sondages RMP (de 0 à 150 mètres) et leur présence, en quantité suffisante pour être mesurée, est généralement supposée par des a priori géologiques.

Aussi, il est possible d'affirmer que les signaux RMP enregistrés dans les conditions de mesures communes proviennent uniquement de la molécule d'eau. L'hydrogéologue accède ainsi à une information qualitative unique en géophysique : un signal RMP indique sans ambiguïté la présence d'eau souterraine.

Par contre, le signal RMP est peu sensible à la minéralisation de l'eau. Par rapport à une eau déminéralisée, le signal provenant d'une saumure de 125 g/l de NaCl n'est en effet diminué que de 5 % car une partie du volume d'eau est occupée par le sel (Dunn et al. 2002). L'hydrogéologue n'a donc pas d'information relative à la qualité de l'eau par sondages RMP.

- **La nature des réservoirs**

La Figure II-17 et le Tableau II-10 présentent les valeurs des paramètres RMP en fonction de la géologie des aquifères, et font apparaître des domaines individualisés :

- Dans le contexte de socle, les réservoirs d'altération présentent des teneurs en eau plus importantes et des temps de relaxation $T_1$ plus courts que les niveaux fissurés.
- Les teneurs en eau des réservoirs de craie sont nettement supérieures à celles rencontrées dans le socle, pour des valeurs de $T_1$ à mi chemin entre celles des altérites et celles des zones fissurées.
- Les teneurs en eau mesurées dans les karsts sont les plus faibles, et les temps $T_1$ sont nettement plus longs dans les zones de dissolution que dans la matrice calcaire.
- Les aquifères sableux présentent les teneurs en eau les plus importantes, avec la gamme de $T_1$ la plus large.
- Les domaines sont définis avec $T_2^*$ et avec $T_1$.

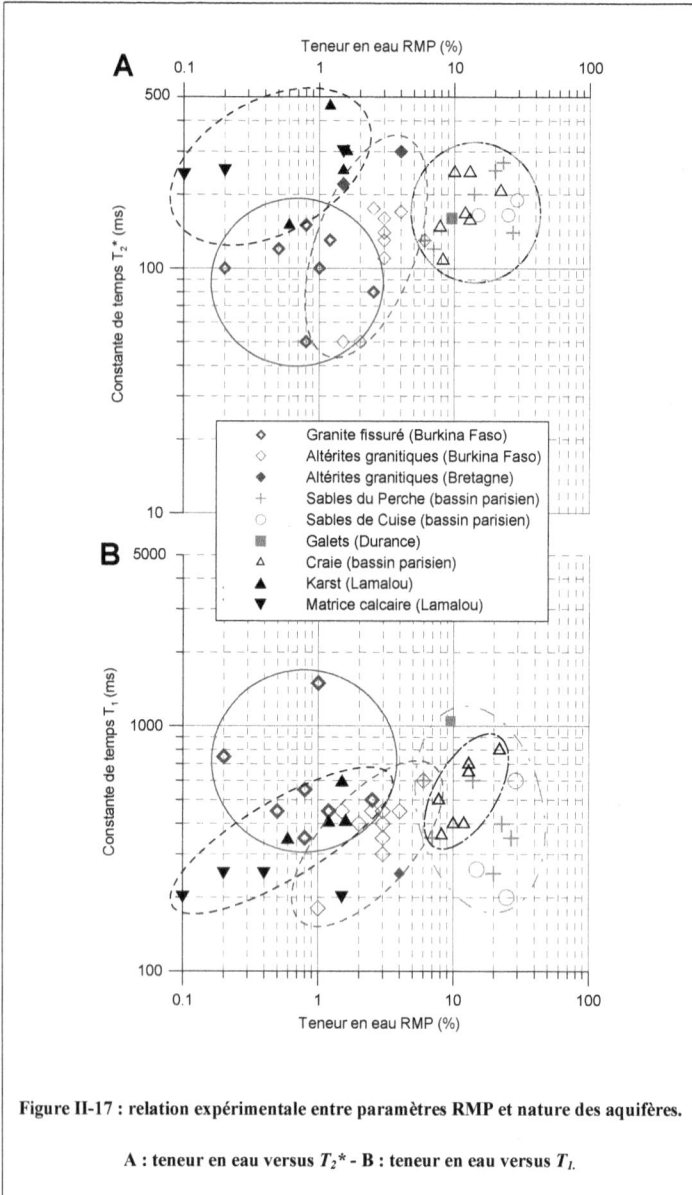

Figure II-17 : relation expérimentale entre paramètres RMP et nature des aquifères.

A : teneur en eau versus $T_2$* - B : teneur en eau versus $T_1$.

A l'image des a priori hydrogéologiques sur les caractéristiques des aquifères, les valeurs de teneur en eau RMP et de constante de temps laissent imaginer la nature des réservoirs : aux fortes valeurs de teneur en eau correspondent des réservoirs à forte porosité matricielle (sables et craie), et aux grandes valeurs de $T_1$ des perméabilités importantes (galets, zones fissurées et figures de dissolution karstique).

Le chevauchement des domaines mis en évidence sur la Figure II-17 exprime une réalité hydrogéologique : des natures de réservoir différentes peuvent présenter des caractéristiques hydrauliques proches. Cette similitude peut exister au sein d'un même ensemble ou entre des domaines différents. Dans la craie étudiée par exemple, la matrice carbonatée possède une forte porosité qui gouverne des caractéristiques hydrauliques parfois proches de celles d'un milieu continu sableux. Un autre exemple concerne les aquifères de socle, dans lesquels des altérites sableuses propres (sans argile) et la zone fissurée peuvent présenter des teneurs en eau et des perméabilités peu différentes, même si leur géométrie respective est bien différenciée.

| Aquifère | Teneur en eau (%) | | | $T_2^*$ en ms | | | $T_1$ en ms | | |
|---|---|---|---|---|---|---|---|---|---|
| | Max. | Moyenne | Min. | Max. | Moyenne | Min. | Max. | Moyenne | Min. |
| Altération granitique | 6 | 3 | 1 | 175 | 120 | 50 | 600 | 400 | 180 |
| Granite fissuré | 2,5 | 1 | 0,2 | 150 | 100 | 50 | 1500 | 650 | 350 |
| Craie | 22 | 12 | 8 | 250 | 190 | 110 | 800 | 550 | 360 |
| Matrice calcaire | 1,5 | 0,6 | 0,1 | 300 | 263 | 240 | 250 | 225 | 200 |
| Karst | 1,6 | 1,2 | 0,6 | 460 | 290 | 150 | 600 | 440 | 350 |
| Sables fins à moyens | 29 | 18 | 15 | 270 | 180 | 165 | 850 | 440 | 200 |
| Galets et sables | | 9,5 | | | 160 | | | 1050 | |

Tableau II-10 : synthèse des données sur la nature des aquifères et les paramètres RMP.

Malgré la similitude entre les constantes $T_2^*$ et $T_1$ pour différencier les grands domaines hydrogéologiques, il n'est pas possible d'établir une relation certaine entre ces paramètres (Figure II-18) : le rapport $T_1/T_2^*$ varie de 3,3 pour les altérites granitiques à 2,9 et 2,4 pour la craie et les sables, avec un maximum de 6,5 pour le granite fissuré. Cette difficulté s'explique sans doute par l'influence de l'hétérogénéité du champ géomagnétique sur la valeur de $T_2^*$, et par l'incertitude dans les mesures quand le rapport signal sur bruit est défavorable.

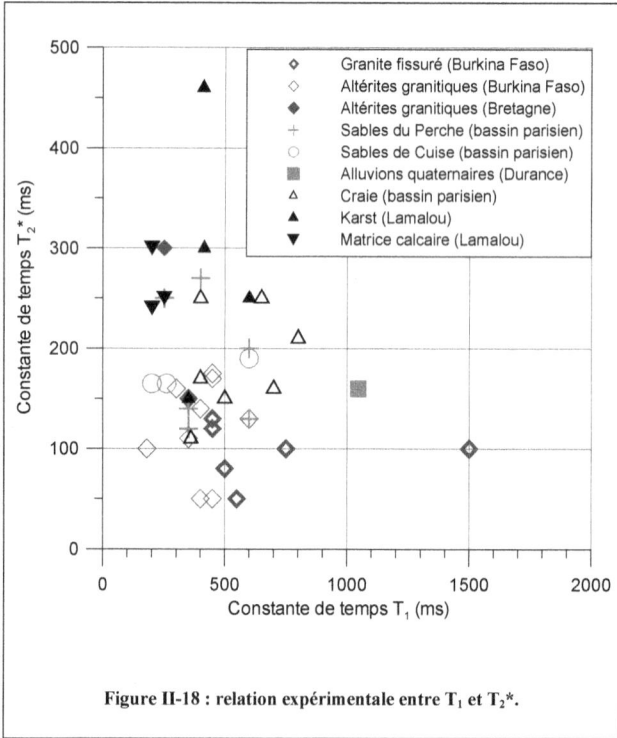

**Figure II-18 : relation expérimentale entre $T_1$ et $T_2^*$.**

Pour construire les figures précédentes, aucun point des aquifères de zones volcaniques n'a été exploité car les 9 sondages effectués dans un contexte d'ignimbrite et de basalte au Honduras n'ont pas permis de mesurer de signaux RMP (paragraphe précédent). Cependant, des méthodes géophysiques traditionnelles peuvent avantageusement être mises en oeuvre dans ces contextes, et notamment les mesures de résistivité électrique en 2 dimensions qui permettent de souligner les structures géologiques de ces milieux complexes.

### 2.3.3. La géométrie des aquifères

Le sondage RMP est une mesure en une dimension, et la description de la géométrie des réservoirs doit être considérée dans ce cadre : estimation des profondeurs des niveaux aquifères et du substratum.

- **La géométrie RMP**

Les profondeurs RMP sont interprétées à partir de la géométrie déterminée par l'inversion. L'interprétation consiste à définir l'aquifère comme l'ensemble des couches perméables qui contiennent de l'eau. La présence d'eau est donnée par les teneurs en eau supérieures à zéro, et la perméabilité est estimée par la constante $T_1$ qui est fonction de la taille moyenne des pores équivalents (paragraphe 2.1.2).

Le toit de l'aquifère est ainsi donné par le premier niveau dont la teneur en eau correspond à une constante de temps susceptible de décrire une taille de pores équivalents assez importante pour être perméable. La profondeur du substratum est définie par le niveau dont la teneur en eau redevient nulle, ou dont la constante $T_1$ redescend sous une valeur indicatrice de milieu non perméable (taille moyenne de pore équivalent trop petite).
Cette valeur de $T_1$ doit être définie pour chaque contexte géologique à partir d'un sondage d'étalonnage réalisé autour d'un forage, mais 50 ms est la valeur récurrente trouvée pour l'ensemble des contextes étudiés dans cette étude. L'existence de cette valeur commune n'est pas justifiable par des arguments géologiques, mais peut être expliquée par la procédure de mesure du signal RMP utilisée. En effet, l'équipement $Numis^{Plus}$ ne permet pas d'enregistrer les signaux de trop courte durée (durée de l'impulsion + temps mort instrumental $\approx$ 70 ms); de même, la durée de 330 ms choisie pour séparer les deux impulsions nécessaires à la mesure de $T_1$ n'autorise pas la mesure des courtes valeurs du temps de décroissance longitudinal. Aussi, la valeur $T_1 = 50ms$, qui est choisie par le logiciel *Samovar* lorsque les constantes de temps sont courtes, ne doit alors être comprise comme une grandeur absolue (50 ms) mais comme une limite (l'ensemble des valeurs inférieures à environ 100 ms).

La Figure II-19 illustre la démarche utilisée pour définir la géométrie, à partir de l'exemple du forage d'Autheuil Fe1. Le sondage RMP identifie 2 réservoirs. Le premier est situé entre 5 et 20 mètres de profondeur et correspond à un milieu argilo-marneux; il surmonte un ensemble multi-couches argileux dans sa partie superficielle et crayeux en profondeur. L'interprétation conjointe de la teneur en eau et de la constante $T_1$ permet de définir la

---

géométrie du réservoir capté par le forage comme l'ensemble argilo-crayeux en profondeur. Ce réservoir est surmonté par un niveau argileux peu perméable ($T_1 = 50ms$) qui le sépare certainement d'une nappe perchée.

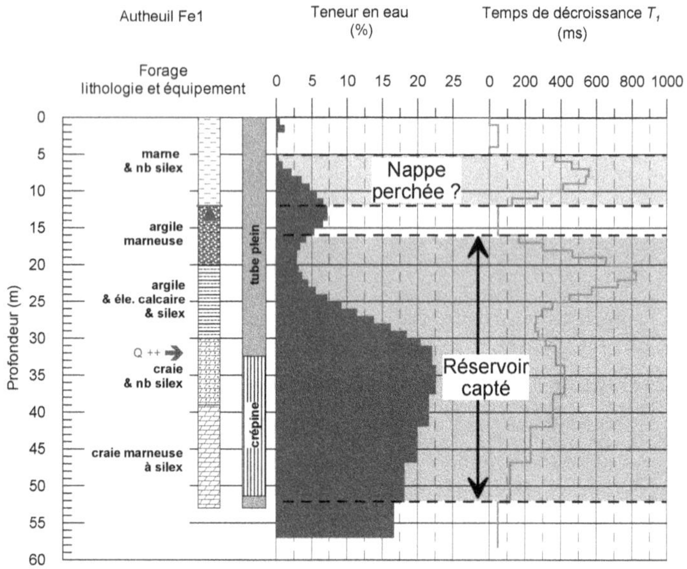

**Figure II-19 : recherche de la géométrie de l'aquifère,**

**exemple du site d'Autheuil Fe1 (France 2001).**

- **La géométrie estimée par les coupes de forages**

Dans les nappes libres, le toit de la zone saturée est défini par le niveau piézométrique mesuré en forage. Pour les nappes captives, l'interprétation de la coupe de forage ne permet pas toujours de définir avec certitude la profondeur du réservoir, notamment pour les systèmes multicouches ou lorsque la lithologie n'est pas très contrastée. Aussi, il est parfois difficile de savoir si la nappe est libre ou captive.

La Figure II-20 illustre cette difficulté sur le site d'Autheuil Fe2 où la nappe peut être perçue comme libre et constituée de deux réservoirs principaux (argile à silex et craie) ou comme captive dont le réservoir crayeux est surmonté d'un imperméable argileux. Sans informations supplémentaires, il est difficile de déterminer la réalité.

Comme pour le forage voisin Fe1 (Figure II-19), le sondage RMP indique que l'aquifère est multi-couches et que le réservoir capté est certainement semi-captif (réservoir de craie surmonté d'un niveau à silex argileux, mais constantes $T_1$ longues).

Devant cette difficulté, le niveau statique mesuré en forage est retenu comme la profondeur minimale du toit du réservoir. Le niveau du substratum est choisi à partir de la lithologie, et en cas d'indétermination il est fixé comme étant égale à la profondeur du forage.

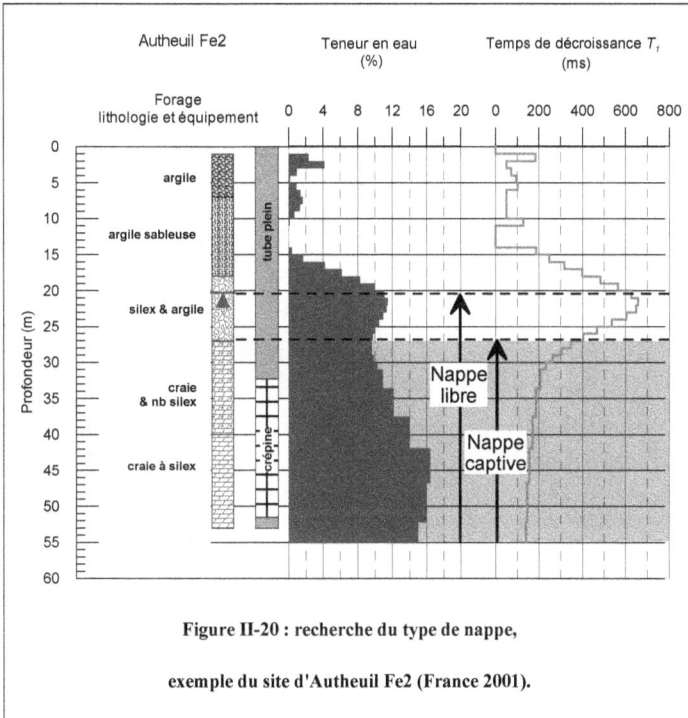

**Figure II-20 : recherche du type de nappe,**

**exemple du site d'Autheuil Fe2 (France 2001).**

- **Les résultats**

La Figure II-21 présente les profondeurs du toit du réservoir et du substratum imperméable estimées par sondages RMP, en fonction des niveaux statiques et des profondeurs des substratums révélés par les forages.

La profondeur des niveaux aquifères est définie avec plus de précision (erreur moyenne de + 3,9 mètres) que celle du substratum (erreur moyenne de ± 11,4 mètres, Tableau II-11).

L'erreur sur la profondeur du réservoir est positive car elle n'est calculée que lorsque le niveau piézométrique est inférieur au niveau RMP, puisqu'en nappe captive le niveau statique est situé au dessus du toit du réservoir.

Il n'est pas possible de faire la part des différences négatives provoquées par l'imprécision des mesures RMP, de celles dues à la présence de nappes captives. Aussi, si les niveaux RMP sont assimilés à des niveaux statiques, les sondages RMP définissent ces niveaux avec une erreur moyenne de ± 3 mètres (Figure II-22).

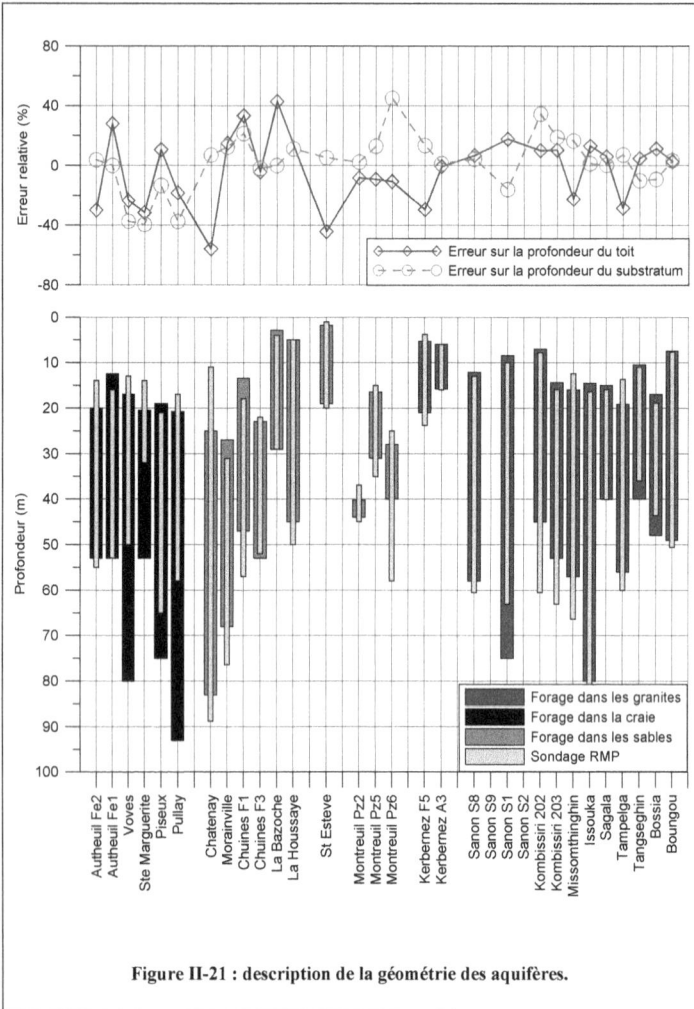

Figure II-21 : description de la géométrie des aquifères.

| Valeur | Différence entre le niveau statique du forage et le toit de l'aquifère RMP | | Différence entre les profondeurs du substratum forage et RMP | |
|---|---|---|---|---|
| | mètre | % | mètre | % |
| Maximale | + 14 | 56 | + 18 | 45 |
| Moyenne | + 3,9 | 24 | ± 11,4 | 13 |
| Minimale | + 0,04 | 1 | - 35 | 1 |

Tableau II-11 : erreur sur la géométrie RMP des aquifères (population de 30 points).

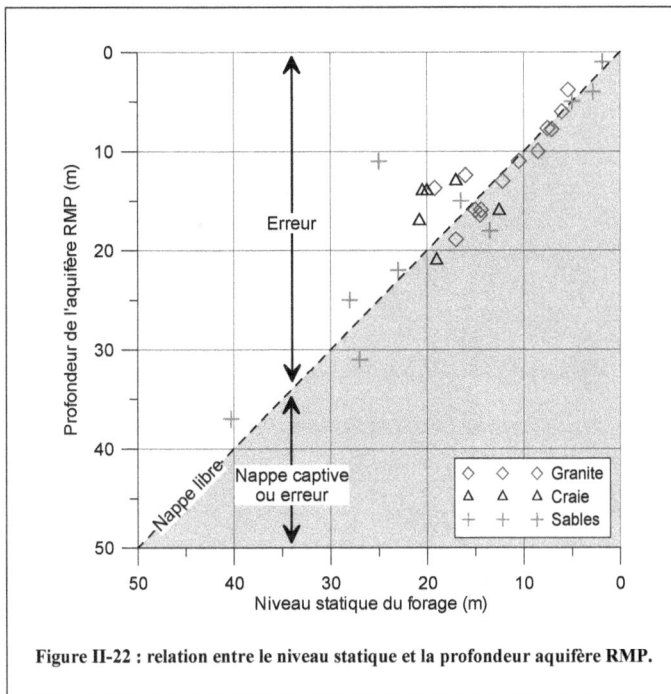

Figure II-22 : relation entre le niveau statique et la profondeur aquifère RMP.

L'erreur la plus importante dans l'estimation de la géométrie concerne le forage Chatenay (Figure II-21 et Figure II-22). La lithologie de ce site du bassin parisien est présentée Figure II-23. Le forage exploite l'aquifère captif des sables situés entre 45 et 80 mètres de profondeur, dont le niveau piézométrique est mesuré à 25 mètres sous la surface du sol. Une nappe perchée, probablement libre, contenue dans le réservoir calcaire, est mise en évidence par le sondage RMP entre 10 et 24 mètres, ou peut-être jusqu'à la base des calcaires à 35 mètres de profondeur.

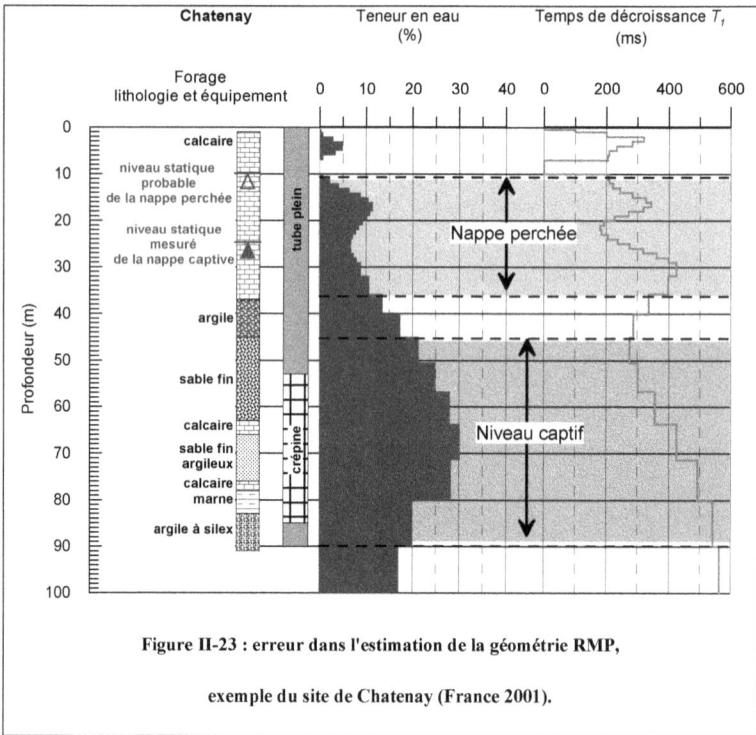

Figure II-23 : erreur dans l'estimation de la géométrie RMP,

exemple du site de Chatenay (France 2001).

L'interprétation du sondage RMP conduit à proposer la présence d'un aquifère multicouche dont la profondeur du toit est située à 11 mètres sous la surface du sol. La résolution du sondage RMP ne permet pas de décrire assez précisément les deux réservoirs pour montrer leur déconnection hydraulique. L'horizon argileux imperméable qui les sépare est en effet peu épais (moins de 10 mètres) et est situé à une profondeur importante puisqu'elle est égale à la moitié de la taille de la boucle Tx-Rx utilisée (75 x 75 m). Le niveau statique mesuré en forage correspond au niveau de la nappe captive, alors que le sondage RMP identifie le toit de la nappe perchée.

La diminution de la résolution avec la profondeur ne permet également pas de définir précisément le niveau du substratum; la taille de la boucle utilisée est trop petite pour caractériser correctement la cible recherchée.

## 2.3.4. La fonction de stockage de l'eau

La capacité d'un réservoir à stocker de l'eau est quantifiée par son coefficient d'emmagasinement ou sa porosité de drainage. Ces paramètres sont donc importants pour l'hydrogéologue et il s'agit de vérifier si les sondages RMP permettent d'y accéder.

- **Les paramètres hydrogéologiques**

Les paramètres de l'emmagasinement de l'eau souterraine sont mesurés in situ par des pompages d'essai.

Dans le cas de nappe captive, le volume d'eau libéré par la variation de charge créée par le pompage $Q$ est fonction des coefficients de compressibilité de l'eau, du réservoir et de la porosité totale du milieu (Chapitre I, paragraphe 1). Il est mesuré par le coefficient d'emmagasinement $S$ (Figure II-24, graphe A). Si en cours de pompage, le niveau dynamique est rabattu sous le niveau du toit imperméable, la nappe devient localement libre et le volume d'eau délivré est une fonction mixte du coefficient d'emmagasinement $S$ et de la porosité de drainage $n_e$ du réservoir (Figure II-24, graphe B).

Lorsque la nappe est libre, les phénomènes de décompression et de compaction sont négligeables devant le rôle joué par la gravité. Aussi, le volume d'eau libéré par le réservoir est essentiellement fonction de sa porosité de drainage (Figure II-24, graphe C).

Enfin, dans les systèmes semi-captifs, l'emmagasinement mesuré pendant les pompages d'essai est fonction de la contribution des différents niveaux sollicités : le coefficient d'emmagasinement du réservoir captif et les propriétés du ou des niveaux semi-perméables (Figure II-24, graphe D).

Le Tableau II-12 résume les paramètres de stockage mesurés par les pompages d'essai en fonction du type de milieu et des conditions de mesures.

| Domaine | Paramètres mesurés par les pompages d'essai | Ordre de grandeur |
|---|---|---|
| Nappe captive | Coefficient d'emmagasinement $S$ | $10^{-6} < S < 10^{-3}$ |
| Nappe captive (semi-captive) dénoyée par le pompage | Coefficient d'emmagasinement $S$ et Porosité de drainage $n_e$ | $10^{-3} < S$ et $n_e < 10^{-2}$ |
| Nappe libre | Porosité de drainage $n_e$ | $10^{-3} < n_e < 10^{-1}$ |

Tableau II-12 : paramètres d'emmagasinement de l'eau mesurés par les pompages d'essai.

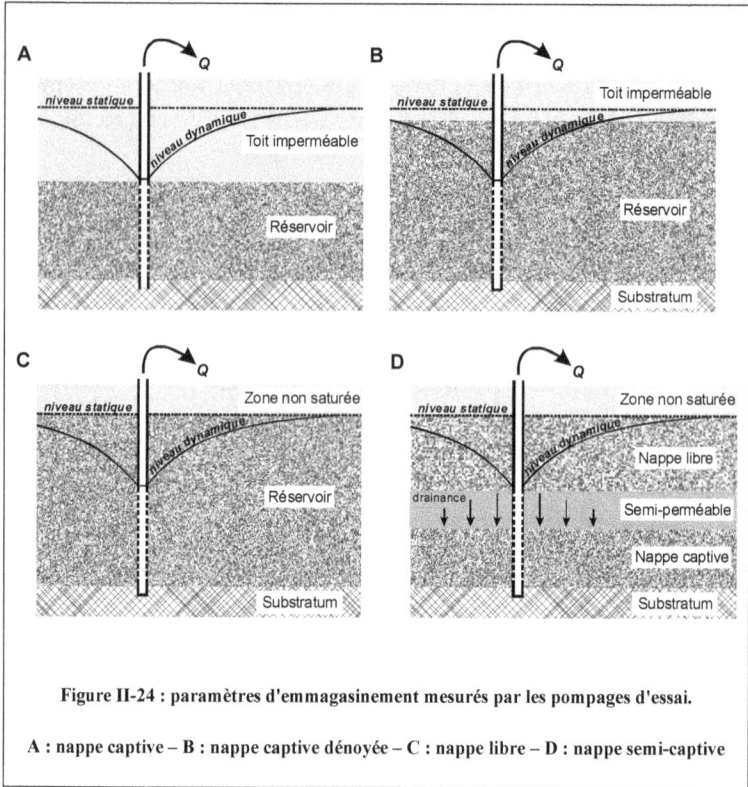

**Figure II-24 : paramètres d'emmagasinement mesurés par les pompages d'essai.**

**A : nappe captive – B : nappe captive dénoyée – C : nappe libre – D : nappe semi-captive**

- **La teneur en eau RMP : une porosité mal définie**

La teneur en eau RMP est calculée selon l'équation (II.15) à partir de l'amplitude initiale du signal (Legchenko *et al.* 2002c) :

$$w_i = \frac{E_{0i-m}}{E_{0i-r}} \qquad (\text{II.15})$$

avec $w_i$ la teneur en eau de la couche $i$, $E_{0i-m}$ l'amplitude initiale du signal mesuré (couche horizontale et infinie) et $E_{0i-r}$ l'amplitude théorique du signal de la même couche contenant 100% d'eau (milieu aquatique).

La définition de la teneur en eau ne tient pas compte des phénomènes de relaxation qui se déroulent pendant le temps mort instrumental de 40 ms. Les signaux RMP dont le temps de relaxation $T_2^*$ est inférieur à cette durée ne sont pas enregistrés par *Numis*$^{Plus}$ : la teneur en eau RMP est donc inférieure à la porosité totale. D'après Schirov (1991) ces constantes de temps inférieures à 30 ms correspondent généralement à l'eau de rétention : la teneur en eau RMP serait donc une mesure proche de la porosité de drainage (Tableau II-13).

| Matériaux | $T_2^*$ en ms |
|---|---|
| Argile sableuse | < 30ms |
| Sable argileux | 30 à 60 |
| Sable fin | 60 à 120 |
| Sable moyen | 120 à 180 |
| Sable grossier | 180 à 300 |
| Gravier | 300 à 600 |
| Eau de surface | 600 à 1500 |

**Tableau II-13 : constante de temps $T_2^*$ (d'après Schirov *et al.* 1991).**

Cependant, il est fréquent d'enregistrer des signaux RMP au sein de lithologies décrites comme argileuses ou situées au dessus du niveau statique dans des aquifères libres : l'exemple de la Figure II-25, enregistré dans un contexte de granite altéré au Burkina Faso, montre un niveau argilo-silteux situé au dessus du niveau statique qui présente un temps de décroissance $T_2^*$ de 100 à 150 ms. Les essais de pompage conduits sur ce site proposent des valeurs de porosité efficace de 1 à 3%, et des mesures réalisées sur échantillons des porosités totales de 30 à 40% (Compaore 1997).

La teneur en eau moyenne de 4% indique que les signaux RMP enregistrés avec l'équipement *Numis*$^{Plus}$ ne proviennent pas de la totalité des noyaux d'hydrogène présents car cette valeur est nettement inférieure à la porosité totale. Les signaux proviennent essentiellement de l'eau gravitaire, et peut être en partie de l'eau liée pour la zone saturée ou de l'eau de rétention pour la zone non saturée, car la teneur en eau est légèrement supérieure à la porosité de drainage. Il serait donc possible de mesurer des signaux provenant de l'eau rétention avec l'équipement *Numis*$^{Plus}$, sans savoir si il s'agit d'eau capillaire ou d'eau liée.

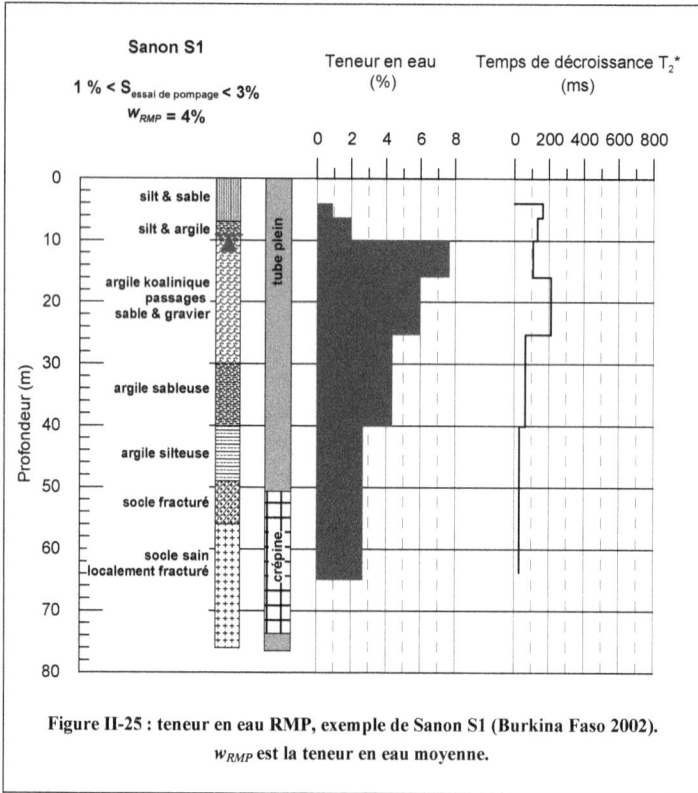

**Figure II-25 : teneur en eau RMP, exemple de Sanon S1 (Burkina Faso 2002).** $w_{RMP}$ **est la teneur en eau moyenne.**

Des constantes $T_2^*$ de 70 à 80 ms correspondant à de l'eau de rétention dans des matrices calcaires ont été mesurées par Legchenko *et al.* (en cours), et le temps de coupure $T_{2-c}^* \approx 30ms$ en dessous duquel les signaux RMP sont émis par de l'eau de rétention ne peut être qu'approximatif : $T_2^*$ est en effet influencé par les propriétés magnétiques du milieu et varie donc d'un contexte géologique à l'autre, ou même en fonction de la profondeur sur un même site.

Une formation argilo-silteuse comme celle de l'exemple de la Figure II-25 peut donc certainement contenir de l'eau dont les temps de relaxation $T_2^*$ sont de l'ordre de 100 ms. Cette eau peut être liée dans la zone non saturée, ou constituée la frange capillaire.

- **Le temps de coupure** $T_{1-c}$ **: une approche de la porosité de drainage**

La sensibilité de $T_2^*$ à l'hétérogénéité du champ statique conduit à proposer l'utilisation de $T_1$ pour différencier l'eau gravitaire de l'eau de rétention. Cette constante est en effet fonction de la taille moyenne des pores, qui d'une part détermine la capacité de rétention capillaire du milieu, et qui d'autre part conditionne la surface spécifique et donc la quantité d'eau liée sur la surface des grains du réservoir.

Il est ainsi possible de définir $T_{1-c}$, une valeur de coupure de $T_1$ en dessous de laquelle les signaux RMP sont émis par de l'eau de rétention, telle que :

$$n_{e\,RMP\_T1} = w \ \ \text{pour} \ \ T_1 > T_{1-c} \tag{II.16}$$

avec $n_{e\,RMP\_T1}$ la porosité gravitaire estimée par le sondage RMP et $w$ la teneur en eau RMP.

La Figure II-26 présente un exemple de calibration réalisée sur le forage de Sanon S1. Il s'agit de rechercher une valeur de $T_1$ telle que la géométrie de l'aquifère décrite par le sondage RMP soit cohérente avec celle révélée par forage, puis de valider cette valeur de $T_{1-c}$ en comparant la porosité de drainage RMP ainsi obtenue avec celle donnée par les pompages d'essai. La valeur $T_{1-c} = 50ms$ appliquée à cet exemple permet de définir un niveau statique de nappe libre (a priori donné par la valeur de porosité de drainage estimée par les essais de pompage) qui correspond au niveau statique mesuré. La porosité de drainage moyenne calculée à partir de (II.16) est de 2,5 %; elle correspond à celle estimée par les pompages d'essai (Figure II-25). La teneur moyenne en eau de rétention qui conduit à l'estimation de la porosité de drainage s'entend comme l'eau de rétention du milieu entièrement drainé, et donc non saturé (l'eau de rétention n'est pas définie en zone saturée).

Cet estimateur $n_{e\,RMP\_T1}$ reste cependant qualitatif et ne peut pas être généralisé car il s'appuie sur plusieurs simplifications :

- Le signal mesuré en zone non saturée est supposé provenir uniquement d'eau de rétention, alors que le milieu n'est pas nécessairement à l'équilibre de saturation (Chapitre I, Figure I-3).

– L'eau gravitaire est assimilée à l'eau qui n'est pas l'eau de rétention, sans considérer que de l'eau insensible à la gravité peut être présente (porosité close).

– La constante $T_1$ est liée à la nature du réservoir par la valeur de l'indice de relaxation de surface longitudinal (équation II.3). Cette approche n'est donc justifiable que si la lithologie est uniforme sur la totalité de l'épaisseur de l'aquifère, ce qui est rarement le cas dans la nature.

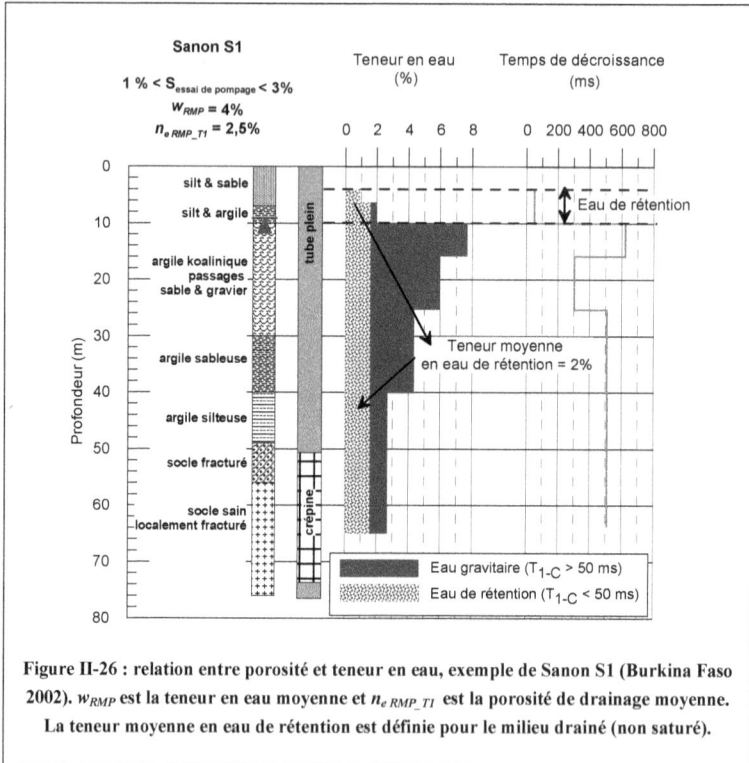

**Figure II-26 : relation entre porosité et teneur en eau, exemple de Sanon S1 (Burkina Faso 2002).** $w_{RMP}$ **est la teneur en eau moyenne et** $n_{e\,RMP\_T1}$ **est la porosité de drainage moyenne. La teneur moyenne en eau de rétention est définie pour le milieu drainé (non saturé).**

• **La signification hydrogéologique de la teneur en eau RMP**

En définitive, la teneur en eau RMP est une estimation qualitative de la porosité cinématique (Figure II-27) :

– Augmentée en fonction de la nature pétrographique des roches qui influe sur la valeur de $T_{2-c}^{*}$ et peut autoriser la mesure d'une partie de l'eau de rétention.

- Augmentée de la fraction d'eau éventuellement contenue dans les pores non communicants.
- Diminuée en fonction des propriétés magnétiques du réservoir qui peuvent réduire $T_2^*$ jusqu'à rendre une partie, voir tout le signal, impossible à mesurer ($T_2^* < 30ms$).

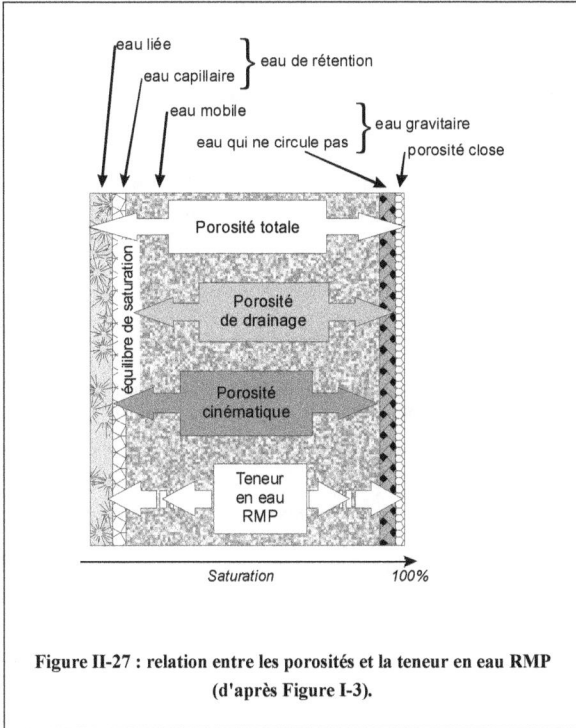

**Figure II-27 : relation entre les porosités et la teneur en eau RMP (d'après Figure I-3).**

- **Le coefficient d'emmagasinement RMP**

D'après l'équation (I.2), le coefficient d'emmagasinement en nappe captive est un paramètre intégrateur défini par $S = n \cdot e \cdot (\rho \cdot g \cdot \alpha / n + \rho \cdot g \cdot \beta_l)$ où $n$ est la porosité totale de l'aquifère et $e$ son épaisseur. Le sondage RMP est également une mesure intégrative et par similitude avec la formulation du coefficient d'emmagasinement hydrogéologique, il est possible de définir un coefficient d'emmagasinement RMP, tel que :

$$S_{RMP} = (w \cdot \Delta z) \cdot C_1 \tag{II.17}$$

où $w$ est la teneur en eau moyenne de l'aquifère d'épaisseur $\Delta z$, et $C_1$ un facteur de calibration.

La Figure II-28 présente la relation entre le coefficient d'emmagasinement mesuré par les pompages d'essai et les paramètres RMP $(w \cdot \Delta z)$ et $(w)$ pour les aquifères de socle du Burkina Faso. Les points sont pour la plupart situés entre les deux domaines d'application stricte de ces relations : les milieux libres dont la porosité de drainage est liée à la teneur en eau $(w)$, et les milieux captifs dont le coefficient d'emmagasinement est relié au produit $(w \cdot \Delta z)$. Les estimateurs intègrent ainsi à la fois le phénomène qui contrôle le coefficient d'emmagasinement et celui qui gouverne la porosité efficace. La part de l'un et de l'autre dans le paramètre mesuré par les essais de pompage dépend du milieu et des conditions de pompage, et varie donc d'un site à l'autre. Cependant, des corrélations illustrées sur la Figure II-29 se dessinent pour chacun des paramètres.

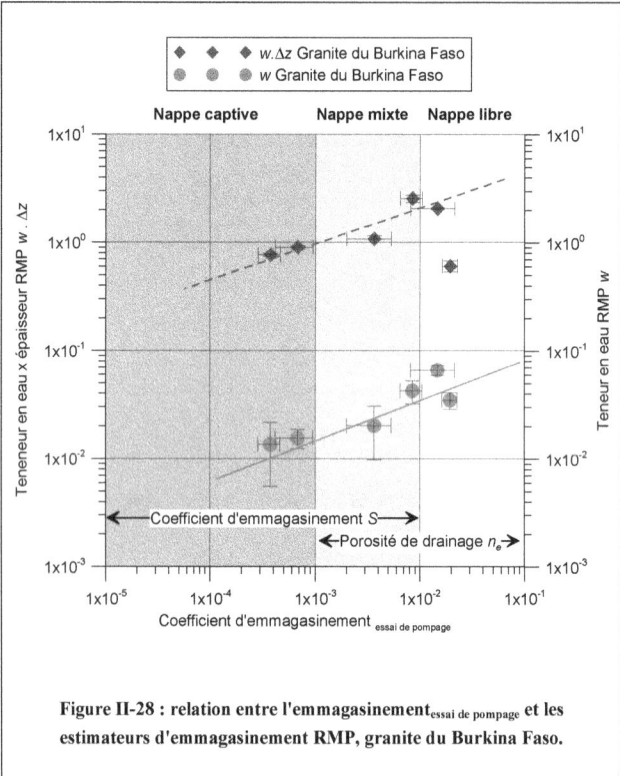

**Figure II-28 : relation entre l'emmagasinement**$_{\text{essai de pompage}}$ **et les estimateurs d'emmagasinement RMP, granite du Burkina Faso.**

Il est donc possible de proposer deux relations qui s'appuient sur l'utilisation du coefficient d'emmagasinement en milieu captif, et sur la porosité gravitaire en nappe libre, tel que :

$$S_{RMP} = (w \cdot \Delta z) \cdot C_1$$
$$n_{e\_RMP} = w \cdot C_2$$

$$(II.18)$$

Les facteurs $C_1$ et $C_2$ expriment le lien entre le coefficient d'emmagasinement du milieu et la teneur en eau RMP; les différentes natures de réservoir devraient donc chacune proposer leur propre facteur de proportionnalité.

La Figure II-29 présente les emmagasinements calculés à partir de ces relations en fonction de ceux mesurés par pompage. Les facteurs utilisés et les erreurs relatives sont résumés Tableau II-14.

| Estimateur RMP | $C_1$ et $C_2$ | Erreur relative | | |
|:---:|:---:|:---:|:---:|:---:|
| | | Max. | Moyenne | Min. |
| $S_{RMP}$ | $4,3.10^{-3}$ | 88% | 93% | -98% |
| $n_{e\_RMP}$ | $2,8.10^{-1}$ | 90% | 79% | -68% |

Tableau II-14 : calibration des estimateurs d'emmagasinement RMP
pour les granites du Burkina Faso.

L'estimateur $n_{e\_RMP}$ est légèrement meilleur que $S_{RMP}$, comme si les emmagasinements estimés par les pompages d'essai étaient dominés par la porosité efficace. Cette hypothèse semble confirmée par l'étude des données de pompages qui montre que les rabattements maximaux se situent nettement sous le niveau des horizons peu perméables susceptibles de représenter le toit des nappes captives (Tableau II-15).

| Site | Niveau statique (m) | Epaisseur mouillée (m) | Rabattement max. (m) | Niveau du toit potentiel (m) | Niveau du rabattement max. (m) |
|:---:|:---:|:---:|:---:|:---:|:---:|
| KB 202 | 16,7 | 57,4 | 7,64 | 12 | 23,95 |
| KB 203 | 8,47 | 51,6 | 11,78 | 13 | 20,25 |
| S1 | 5,7 | 66,3 | 19,8 | 10 | 25,5 |
| S2 | 7,8 | 27,2 | 2,7 | 10 | 10,5 |
| S9 | 10,4 | 14,7 | 12,12 | 15 | 22,6 |
| S8 | 11,1 | 46,9 | 20 | 22 | 31,1 |

Tableau II-15 : rabattement et lithologie, forages du Burkina Faso.

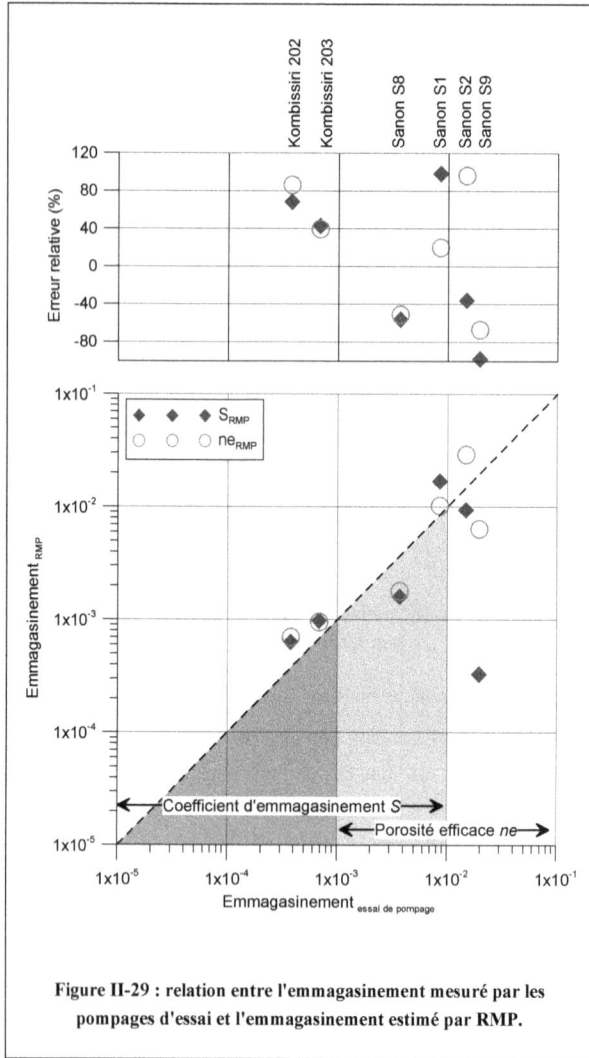

**Figure II-29 : relation entre l'emmagasinement mesuré par les pompages d'essai et l'emmagasinement estimé par RMP.**

Les erreurs les plus importantes dans l'estimation du coefficient d'emmagasinement sont commises sur les forages S2 et S9 (Figure II-29). Ces forages sont des ouvrages particuliers construits pour étudier les propriétés des altérites (Compaore 1997), et plusieurs raisons peuvent être avancées pour expliquer cette observation :

- Ces forages sont peu profonds (25 et 30 mètres) alors que les sondages RMP n'ont pas été optimisés pour focaliser les mesures sur ces faibles niveaux; 13 moments d'excitation ont été répartis entre 210 et 7500 A.ms pour décrire au mieux les profondeurs de 0 à 80 mètres, sans chercher une description fine des faibles profondeurs.

- Les débits utilisés pendant les essais sont faibles ($100 < Q < 500 \; l/h$), et les rayons des cônes de rabattement provoqués par ces pompages sont d'extension limitée; par exemple, ce rayon est d'environ 20 mètres au niveau du sol pour le forage S9 alors que la boucle Tx-Rx utilisée pour le sondage RMP est de forme carrée de 125 mètres de côté. L'échelle des volumes intégrés par les deux mesures (sondages RMP et essai de pompage) est donc très différente et peut expliquer la disparité dans les valeurs d'emmagasinement de ce milieu d'altération hétérogène.

Sur l'exemple particulier des granites du Burkina Faso, le coefficient d'emmagasinement RMP reproduit légèrement moins bien les valeurs estimées par pompage que l'estimateur de la porosité de drainage. Cependant cet estimateur est connu avec une incertitude plus faible que celle relative à la teneur en eau RMP, car le paramètre $w \cdot \Delta z$ est celui qui est le mieux défini par les sondages (paragraphe 2.3.1). Pour la population concernée, la teneur en eau RMP est ainsi définie avec une incertitude 2,5 fois plus importante.

| Paramètre | Incertitude relative moyenne (%) |
|---|---|
| $S_{essai\ de\ pompage}$ | 77 |
| $S_{RMP}$ | 16 |
| $w_{RMP}$ | 43,5 |

Tableau II-16 : incertitude relative moyenne sur les paramètres de stockage pour les forages du Burkina Faso (population de 11 individus).

### 2.3.5. La transmissivité et la productivité des aquifères

La productivité d'un aquifère se mesure in situ par des pompages d'essai qui permettent de quantifier la transmissivité et le débit spécifique. La transmissivité se défini comme le produit du coefficient de perméabilité et de l'épaisseur saturée de l'aquifère.

- **La transmissivité RMP**

Comme pour la transmissivité hydrogéologique, la transmissivité RMP s'écrit :

$$T_{RMP} = K_{RMP} \cdot \Delta z = \frac{g}{\nu} \cdot k_{RMP} \cdot \Delta z = \frac{g}{\nu} \cdot \left( C \cdot T_1^a \cdot w^b \right) \cdot \Delta z = C' \cdot k_{RMP} \cdot \Delta z \qquad \text{(II.19)}$$

avec $K_{RMP}$ le coefficient de perméabilité, $\Delta z$ l'épaisseur de l'aquifère, $g$ l'accélération de la pesanteur, $\nu$ la viscosité cinématique de l'eau et $k_{RMP}$ la perméabilité intrinsèque du réservoir calculée par $k_{RMP} = C \cdot T_1^a \cdot w^b$ (paragraphe 2.1.2). Le coefficient de perméabilité et la transmissivité ainsi définis n'ont de sens que pour la zone saturée.

L'équation (II.19) établit une relation entre un paramètre hydrogéologique dynamique et des paramètres physiques statiques du point de vue de la circulation de l'eau. Il n'y a en effet pas de mise en circulation des molécules d'eau pour accéder à une valeur de $T_1$, alors que la perméabilité est une propriété appréhendée par la mise en circulation de l'eau dans la roche (pompage).

Cette différence se révèle au travers des grandeurs qui contrôlent ces paramètres (Figure II-30) : la perméabilité est donnée par la géométrie des canaux qui relient les pores et dans lesquels circule l'eau ( $k = d^2 \cdot N$ ), alors que $T_1$ est dominé par la géométrie des pores qui contiennent l'eau (dans l'hypothèse de la diffusion rapide $T_1 \approx V_p / \rho_{s\_1} \cdot S_p = L / \rho_{s\_1}$ ). Comment alors comprendre la relation entre la géométrie des canaux et celle des pores ?

○ *L'influence de la géométrie des pores*

Les roches non consolidées présentent presque toujours une granulométrie étagée : les pores de grandes tailles sont remplis de matériaux plus fins et la taille moyenne des pores ainsi formés est proche de celle des canaux de circulation. Ainsi, lorsque $L_{pores} / L_{canaux} \approx 1$, la mesure de $T_1$ décrit un paramètre contrôlé par le volume et la surface des connexions de circulation.

---

Dans les roches consolidées dont la perméabilité est souvent acquise ou mixte (double porosité), les fissures et fractures sont généralement comblées de matériaux d'altération et, à l'échelle de $T_1$, le milieu est assimilable à un milieu continu : la mesure de $T_1$ est donc représentative de l'ensemble pores/canaux de circulation.

Au contraire, lorsque la taille des pores est grande au regard de la taille des canaux de circulation comme dans certains milieux carbonatés ou fracturés, $L_{pores}/L_{canaux} \gg 1$, la constante de temps porte différents signaux correspondant chacun à un rapport $V_p/\rho_{s\_1} \cdot S_p$ différent. A la limite, dans le cas de pores ou de cavités en cul de sac qui ne participent pas à l'écoulement mais qui contiennent de l'eau, $T_1$ n'exprime plus la géométrie des canaux de circulation et n'est plus en relation simple avec la perméabilité (Figure II-31). De plus, le domaine n'est plus à "diffusion rapide" et l'équation (II.3) n'est plus valide.

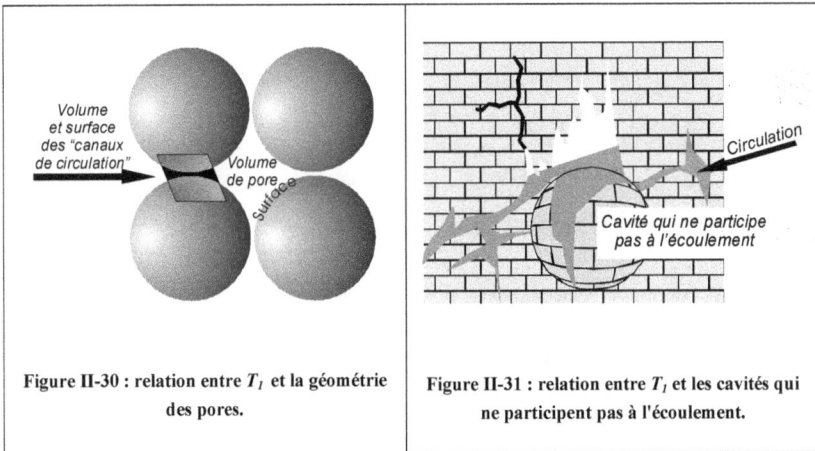

Figure II-30 : relation entre $T_1$ et la géométrie des pores.

Figure II-31 : relation entre $T_1$ et les cavités qui ne participent pas à l'écoulement.

Dans les réservoirs à double porosité comme certains carbonates par exemple, il est possible d'utiliser la relation (II.7) pour estimer la perméabilité de la matrice si les signaux longs qui correspondent à l'eau contenue dans les cavités sont éliminés. Dunn *et al.* (2002) propose ainsi le seuil de coupure $T_{2-c} = 750$ ms qui permet de ne considérer que les signaux provenant de l'eau dans la matrice carbonatée pour le calcul de la perméabilité. Suivant la même logique, les constantes $T_1$ de plus de 400 ms ont été utilisées en RMP pour mettre en évidence des figures de dissolution aquifères dans des calcaires karstifiés (Vouillamoz *et al.* en cours).

○ *L'indice de relaxation de surface*

Les équations (II.6) et (II.7) montrent que la perméabilité est inversement proportionnelle à l'indice de relaxation de surface $\rho_s$. Il existe peu de données sur ce paramètre dont la quantification nécessite de mesurer simultanément le volume et la surface des pores de l'échantillon. Les différences de sensibilité des méthodes de mesure utilisées ne permettent pas de comparer réellement les valeurs obtenues qui varient de plusieurs décades d'une méthode à l'autre. De plus, les valeurs des indices transversaux $\rho_{s\_2}$ et longitudinaux $\rho_{s\_1}$ ne peuvent pas être comparés (Tableau II-17).

| Matériaux | $\rho_s$ en $\mu m/s$ |
|---|---|
| Sable de quartz $\left(\rho_{s\_1}\right)$ | 0,013 à 3 |
| Grès $\left(\rho_{s\_1}\right)$ | 0,37 à 46 |
| Carbonates $\left(\rho_{s\_1}\right)$ | 5 |
| Montmorillonite $\left(\rho_{s\_2}\right)$ | 0,9 à 1 |
| Illite $\left(\rho_{s\_2}\right)$ | 0,8 à 0,9 |
| Kaolinite $\left(\rho_{s\_2}\right)$ | 0,7 à 0,8 |
| Chlorite $\left(\rho_{s\_2}\right)$ | 0,4 |

**Tableau II-17 : valeurs de l'indice de relaxation de surface longitudinal $\left(\rho_{s\_1}\right)$ et transversal $\left(\rho_{s\_2}\right)$**

**(d'après Dunn *et al.* 2002 et Chang *et al.* 1997)**

- **La calibration de $T_{RMP}$**

Pour estimer la transmissivité RMP, il convient de calibrer l'équation (II.19) en choisissant les paramètres $a$, $b$ et $C'$.

Une étude réalisée par Kenyon sur des échantillons de grès propose les valeurs $a=2$ et $b=4$ pour obtenir le meilleur ajustement entre les valeurs de perméabilité de référence et celles estimées par RMN. Cet ajustement permet d'obtenir des valeurs de perméabilité intrinsèques RMN telles que $k_{RMN} = \pm 3 \cdot k_{référence}$ (Kenyon 1992).

Concernant la RMP, une étude menée par Legchenko *et al.* (en cours) montre que les valeurs $a = 2$ et $b = 1$ proposées par Seevers (1966) permettent de mieux représenter la transmissivité de référence (estimée par essai de pompage) que les valeurs proposées par Kenyon. Il explique cette divergence par des différences sur :

- L'échelle de mesure (échantillons de 8 cm$^3$ pour les mesures RMN en laboratoire contre volume de plusieurs milliers de m$^3$ pour la RMP).
- Les fréquences de Larmor (10 MHz en laboratoire contre 2 KHz pour la RMP).
- La nature des réservoirs et donc le rapport $L_{pores}/L_{canaux}$.
- Les méthodes de mesures des signaux qui s'effectuent souvent dans des gradients de champ statique en RMN (champ homogène en RMP).
- La question des équivalences RMP (Chapitre II, paragraphe 2.2.2).

La formulation de Legchenko avec $a = 2$ et $b = 1$ présente des intérêts théoriques.

Elle permet tout d'abord de résoudre le problème posé par les équivalences RMP (les couches 1 et 2 sont équivalentes si $w_1 \cdot \Delta z_1 = w_2 \cdot \Delta z_2$, avec $w$ la teneur en eau de la couche d'épaisseur $\Delta z$). En effet, la valeur calculée par $T = C' \cdot (T_1)^2 \cdot w \cdot \Delta z$ est identique quelles que soient les équivalences $w \cdot \Delta z$, alors que la transmissivité calculée à partir de $T = C' \cdot (T_1)^2 \cdot w^4 \cdot \Delta z$ est différente pour chaque solution équivalente $w \cdot \Delta z$.

De plus, cette formulation porte le terme $w \cdot \Delta z$ qui permet l'estimation du coefficient d'emmagasinement (paragraphe précédent); la méthodologie utilisée pour estimer les paramètres hydrogéologiques à partir des données RMP devient ainsi logique :

$$S_{RMP} = C_1 \cdot \left( w \cdot \Delta z \right) \Rightarrow T_{RMP} = S_{RMP} \cdot C' \cdot T_1^2 \qquad \text{(II.20)}$$

La Figure II-32 et le Tableau II-18 présentent les relations entre les transmissivités estimées par les pompages d'essai et les deux formulations proposées pour la transmissivité RMP, chacune calculées avec la constante de temps $T_1$ et la constante $T_2^*$. Les valeurs de transmissivités RMP ont été calculées avec un pré-facteur $C'$ ajusté pour chacun des contextes géologique (Tableau II-18 et exemple paragraphe suivant).

| Formulation de $T_{RMP}$ | Milieu | population | Pré-facteur $C'$ | Erreur relative moyenne (%) | Ajustement RMS (%) | SCE |
|---|---|---|---|---|---|---|
| $C' \cdot (w \cdot \Delta z) \cdot T_1^2$ | Granite | 13 | $1{,}3.\ 10^{-9}$ | | | |
| | Sable | 11 | $4{,}9.\ 10^{-9}$ | 40 | 0,3 | 8,8 |
| | Craie | 6 | $3{,}5.\ 10^{-8}$ | | | |
| $C' \cdot w^4 \cdot T_1^2 \cdot \Delta z$ | Granite | 13 | $1.\ 10^{-5}$ | | | |
| | Sable | 11 | $4.\ 10^{-7}$ | 93 | 2,5 | 71 |
| | Craie | 6 | $3{,}1.\ 10^{-6}$ | | | |
| $C' \cdot (w \cdot \Delta z) \cdot (T_2^*)^2$ | Granite | 13 | $1{,}1.\ 10^{-8}$ | | | |
| | Sable | 11 | $2.\ 10^{-8}$ | 200 | 4,6 | 134 |
| | Craie | 6 | $6{,}2.\ 10^{-8}$ | | | |
| $C' \cdot w^4 \cdot (T_2^*)^2 \cdot \Delta z$ | Granite | 13 | $6{,}5.\ 10^{-5}$ | | | |
| | Sable | 11 | $1{,}6.\ 10^{-6}$ | 118 | 5,8 | 139 |
| | Craie | 6 | $2{,}2.\ 10^{-5}$ | | | |

**Tableau II-18 : statistique d'ajustement des données de transmissivité RMP.**

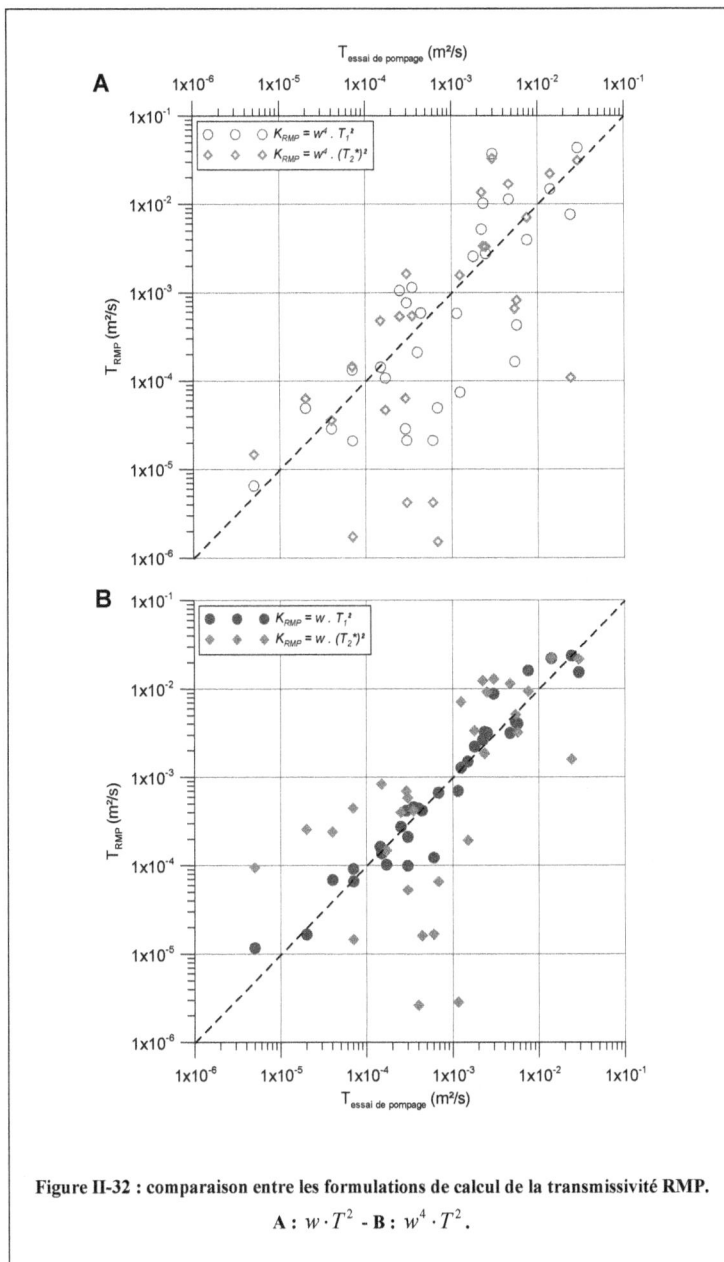

**Figure II-32 : comparaison entre les formulations de calcul de la transmissivité RMP.**
$$\textbf{A} : w \cdot T^2 \textbf{ - B} : w^4 \cdot T^2 .$$

La formulation proposée par Legchenko est effectivement celle qui reproduit le mieux les valeurs de transmissivité, avec une erreur relative moyenne de 40%. L'utilisation de la constante $T_2^*$ dégrade les estimations et confirme ainsi l'intérêt de $T_1$ pour les applications hydrogéologiques. Si cette valeur de $T_1$ n'est pas disponible, la formulation $T_{RMP} = C' \cdot w^4 \cdot (T_2^*)^2 \cdot \Delta z$ propose des valeurs plus proches de celles de références et confirme les expériences déjà conduites (Kenyon 1997, Vouillamoz et al. 2002a).

A partir de l'analyse des données utilisées pour ce travail, la formulation la plus adaptée pour estimer la transmissivité avec les paramètres RMP est donc :

$$T_{RMP} = C' \cdot (w \cdot \Delta z) \cdot T_1^2 \qquad (II.21)$$

- **La relation expérimentale entre** $T_{RMP}$ **et** $T_{essai\ de\ pompage}$

La Figure II-33 a été préparée avec la formule de transmissivité non calibrée $T_{RMP} = w \cdot \Delta z \cdot T_1^2$. Trois ensembles de points se différencient; ils correspondent chacun à une famille hydrogéologique.

Les granites du Burkina Faso se distinguent nettement mais les transmissivités estimées par les essais de pompage doivent être diminuées de 40% pour être comparables aux valeurs obtenues dans les zones tempérées (différence de température de l'eau d'environ 20°C). La craie du bassin parisien forme un second groupe, et un ensemble homogène du point de vue de la lithologie (sables) forme une troisième communauté.

Pour chacun de ces ensembles, il est possible de calculer un pré-facteur $C'$ normalisé pour la température de 12°C, tel que $C' = \dfrac{\sum T_{RMP}}{\sum T_Q}$. Si $T_{RMP}$ est en m²/s, $\Delta z$ en m, $w$ en % et $T_1$ en ms, les valeurs obtenues sont présentées dans le Tableau II-19.

| Lithologie | $C'$ normalisé |
|---|---|
| Granite | $1,3 \cdot 10^{-9}$ |
| Sables | $4,9 \cdot 10^{-9}$ |
| Craie | $3,5 \cdot 10^{-8}$ |

**Tableau II-19 : valeur de C'**

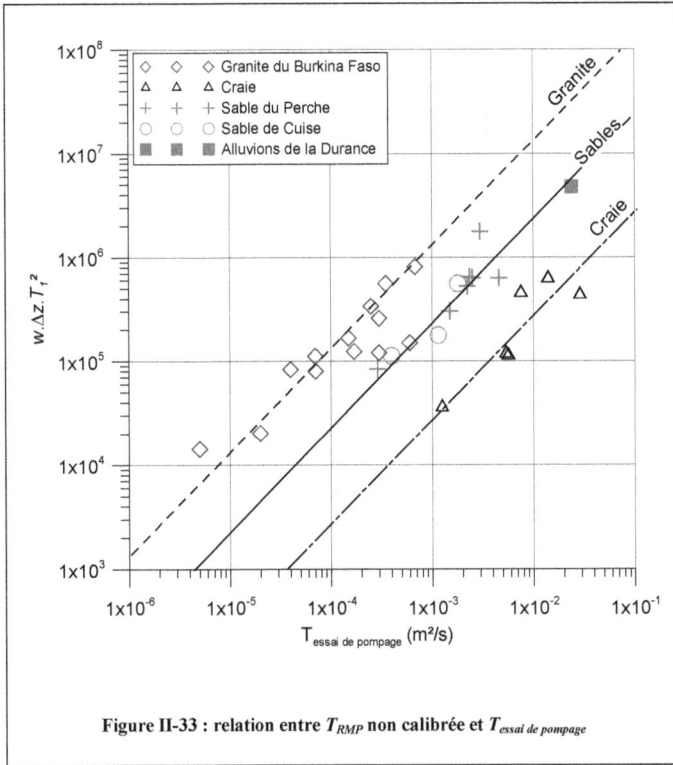

Figure II-33 : relation entre $T_{RMP}$ non calibrée et $T_{essai\ de\ pompage}$

A partir des connaissances géologiques de la zone de travail, il est ainsi possible de choisir un pré-facteur $C'$ pour estimer la transmissivité de l'aquifère au droit du sondage RMP. La Figure II-34 présente la relation entre les transmissivités estimées par essais de pompage et les transmissivités calculées à partir de sondages RMP suivant l'équation (II.21) dans laquelle $C'$ est choisi dans le Tableau II-19.

La pertinence de la valeur de $C'$ est fonction du nombre et de la qualité des données utilisées pour son calcul. Les valeurs proposées pour le granite du Burkina Faso et les sables du bassin parisien paraissent robustes, alors que celle de la craie qui concernent un petit nombre de données assez dispersées reste à confirmer. Les réservoirs de craie étudiés sont de plus très hétérogènes avec une double porosité bien marquée (Annexe). Les différentes valeurs de $C'$ proposées s'expliquent par les variations de l'indice de relaxation $\rho_{s\_1}$ et du rapport $L_{pores}/L_{canaux}$ en fonction du type de roches.

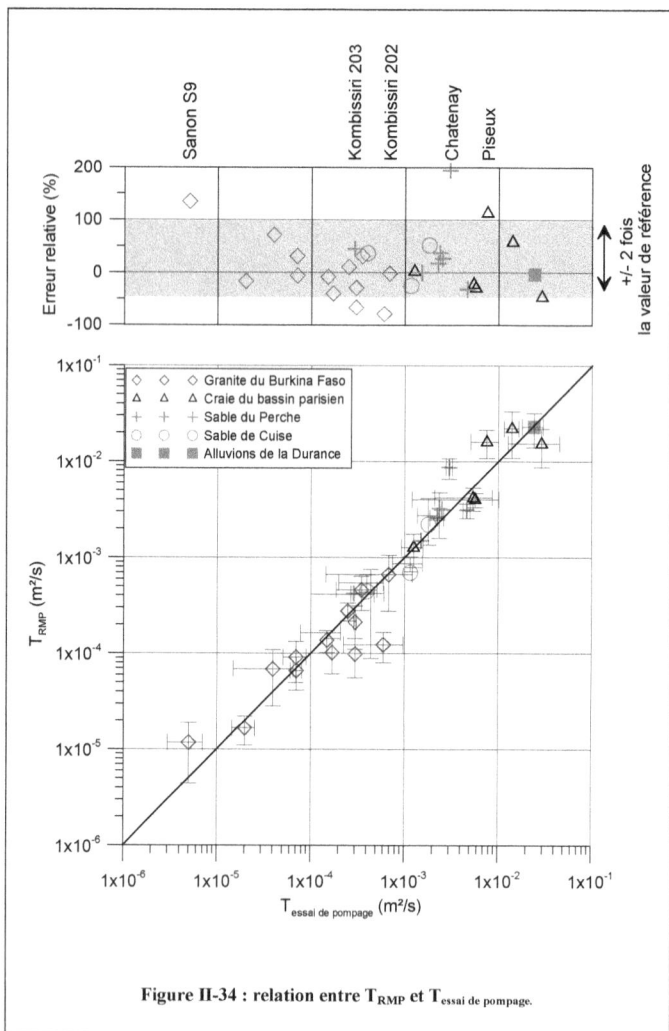

**Figure II-34 : relation entre $T_{RMP}$ et $T_{essai\ de\ pompage}$.**

L'erreur relative sur la transmissivité ainsi calculée est en moyenne de 40% (Tableau II-20). Le calcul de la transmissivité par la formule (II.21) permet d'obtenir une valeur de +/- 2 fois la valeur de référence définie par essai de pompage dans 83% des cas (5 points sont situés en dehors de cet intervalle sur une population de 30 individus). Ce résultat est à comparer à celui obtenu par Kenyon de +/- 3 fois la valeur de référence pour ses essais sur la perméabilité intrinsèque dans les grès.

| Erreur relative absolue (%) | | | Erreur relative négative (%) | | | Erreur relative positive (%) | | |
|---|---|---|---|---|---|---|---|---|
| Min. | Moyenne | Max. | Min. | Moyenne | Max. | Min. | Moyenne | Max. |
| 0,2 | 40,4 | 194 | -0,2 | -26,5 | -79,5 | 1,9 | 57,1 | 194 |

Tableau II-20 : erreur relative sur l'estimation des transmissivités (population de 30 individus).

Les limites de la méthode RMP (dans son domaine de résolution) définies par sa représentativité spatiale, l'effet 1D et les phénomènes de suppressions expliquent logiquement les erreurs commises dans l'estimation de la transmissivité.

Les cinq points situés au-delà de l'intervalle de +/- 2 fois la valeur de référence sont :

- Le forage de Chatenay dont la géométrie est mal définie (paragraphe 2.3.3, figure II.23) avec une erreur de 194%.

- Le forage de Sanon S9 dont la représentativité des mesures RMP et celles des essais de pompage sont différentes (paragraphe 2.3.4). Il présente une erreur relative de 134%.

- Le forage de Piseux exploite un réservoir crayeux très hétérogène (perte totale du fluide de circulation au cours du forage) pour lequel l'estimation de paramètres hydrodynamiques avec les méthodes classiques n'est pas réellement justifiable (erreur relative de 113%, figure II.26).

- Les forages de Kombissiri sont sujets aux phénomènes de suppression (paragraphe 2.2.2 et figure II.8) et sont situés dans un environnement magnétique susceptible de perturber les mesures (paragraphe 2.2.3 et figure II.9)

- **L'estimation d'un débit théorique à partir de** $T_{RMP}$

La Figure II-35 montre une bonne corrélation entre la transmissivité et le débit spécifique des aquifères. Aussi, lorsque les données de transmissivités ne sont pas disponibles, la calibration des sondages RMP peut raisonnablement être réalisée avec les valeurs de débit spécifique qui sont parfois plus faciles à obtenir sur le terrain

Il faut cependant s'assurer de leur représentativité. 90% des points utilisés pour construire la Figure II-35 sont définis avec une incertitude sur la mesure inférieure à 75% (Figure II-15), car ils correspondent à des valeurs calculées de façon à éliminer ou à minimiser la part des pertes de charges dans les rabattements.

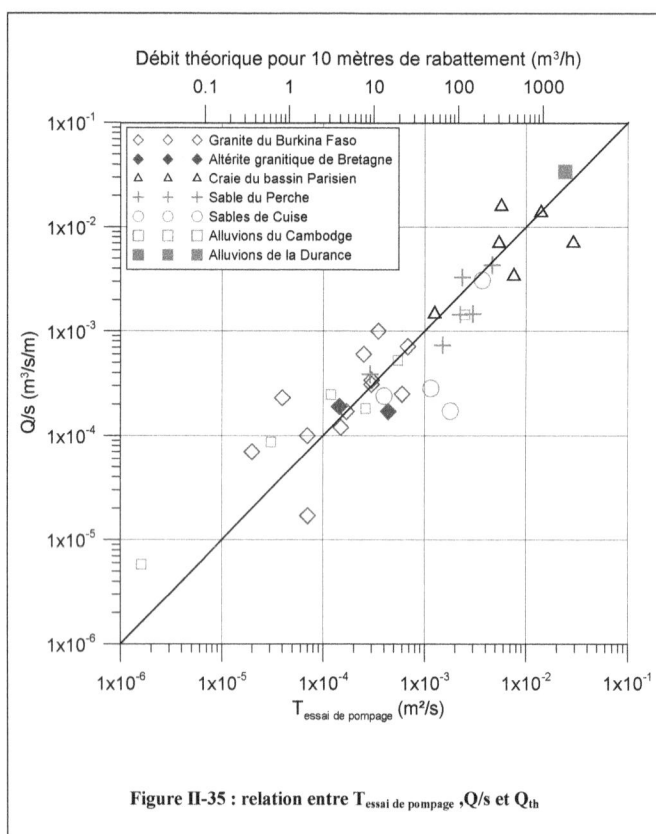

Figure II-35 : relation entre $T_{essai\ de\ pompage}$ ,Q/s et $Q_{th}$

## 2.4. Conclusion du chapitre

Au regard des données utilisées pour ce travail, les sondages RMP apportent à l'hydrogéologue des informations originales lorsque les cibles sont situées dans le domaine de résolution de la méthode :

- La présence de l'eau souterraine est détectée sans ambiguïté, sauf en cas de problème de suppression ou de présence de roches magnétiques.

- La géométrie en une dimension de la zone saturée des réservoirs est définie avec une bonne précision. Le toit des réservoirs est estimé avec une erreur moyenne de 24% dans la gamme de profondeurs de 1 à 40 mètres, et la profondeur des substratums avec une erreur moyenne de 13% dans la gamme de 20 à 90 mètres.

- La fonction de stockage des réservoirs est estimée qualitativement au travers de la teneur en eau RMP, et des formulations qui permettent de quantifier la porosité efficace et le coefficient d'emmagasinement sont proposées. Elles sont calibrées pour les granites du Burkina Faso mais restent à valider avec une population plus importante, et dans d'autres contextes géologiques.

- La transmissivité estimée par les sondages RMP est comparable à celle mesurée par les pompages d'essai dans 83% des cas. La formulation proposée pour quantifier ce paramètre semble robuste pour l'ensemble des contextes géologiques étudiés, même si une calibration est toujours nécessaire. Ce résultat permet à l'hydrogéologue d'obtenir une information fiable sur la productivité potentielle de l'aquifère.

En définitive, les sondages RMP apportent des informations uniques au regard des méthodes traditionnelles. Dans le cadre de son domaine de résolution défini en partie par la taille de la boucle utilisée, ses principales limites concernent l'effet 1D, le fort volume d'intégration, les problèmes de suppression et d'équivalence. Pour réduire les erreurs sur les résultats RMP et préciser la caractérisation des aquifères, cette méthode peut utilement être mise en œuvre conjointement avec d'autres techniques.

# Chapitre 3

# La caractérisation des aquifères précisée par l'utilisation conjointe des sondages RMP et des méthodes traditionnelles

# Chapitre 3

# La caractérisation des aquifères précisée par l'utilisation conjointe des sondages RMP et des méthodes traditionnelles

Les sondages RMP caractérisent les aquifères par la distribution en profondeur de l'emmagasinement et de la perméabilité du milieu. Cependant, la méthode ne renseigne pas sur les structures complexes des réservoirs, ni sur la qualité de l'eau qu'ils renferment. Ces informations peuvent parfois être obtenues par des méthodes traditionnelles, et leur utilisation conjointe avec les sondages RMP permet souvent de préciser les caractéristiques recherchées par l'hydrogéologue.

Ce chapitre introduit la méthode d'élaboration d'une procédure hydro-géophysique destinée à caractériser les aquifères par l'utilisation conjointe de différents outils. Les études des milieux naturels pour répondre à des objectifs d'implantation de forage, de recherche des niveaux saturés dans un karst, et de modélisation hydrodynamique d'une nappe à l'échelle d'un bassin versant sont présentées au travers d'exemples. Enfin, l'apport de l'utilisation conjointe des sondages RMP et des méthodes de mesure de résistivité des terrains pour caractériser les aquifères est synthétisé.

## 3.1. La caractérisation des aquifères pour l'implantation de forage d'eau : exemple d'élaboration d'une procédure hydro-géophysique au Mozambique

*Action contre la Faim* a conduit un programme d'approvisionnement en eau potable dans la province du Sofala au Mozambique de 1994 à 2001. En décembre 2000, 178 points d'eau avaient été réalisés (143 forages et 35 puits) avec un taux de succès moyen de 44,5%. Le nombre important de forages négatifs est représenté par des ouvrages secs ou dont le débit est insuffisant (Q < 500 l/h), mais également par des forages qui délivrent une eau trop minéralisée pour la consommation humaine (12% des forages).

Une étude a été conduite d'octobre à décembre 2000 pour améliorer la connaissance des aquifères et tenter d'augmenter le taux de succès des campagne de forages.

### 3.1.1. Les questions hydrogéologiques

- **Le contexte général de l'étude**

Les districts de Caia et Chemba sont localisés dans la partie nord de la province du Sofala, sur la rive ouest du fleuve Zambèze (Figure III-1).

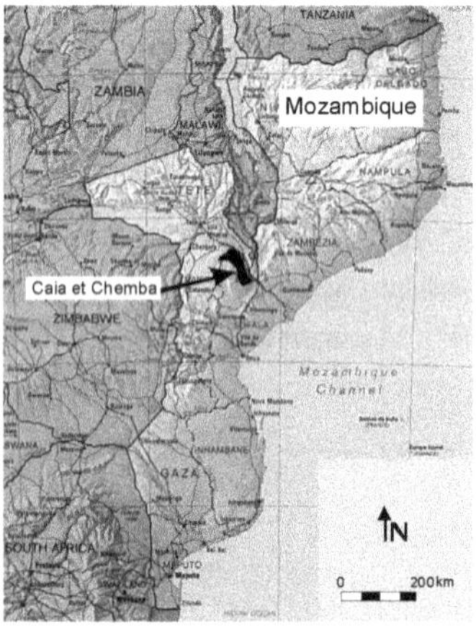

Figure III-1 : situation de la zone d'étude au Mozambique.

La région appartient au bassin sédimentaire "Nord de Save". Les formations géologiques dites de Sena sont datées du Crétacé supérieur et sont constituées de grès continentaux dont l'épaisseur peut atteindre 2500 m (D.N.A. 1987, Figure III-2). Des lames minces réalisées à partir d'échantillons de grès montrent une formation siliceuse à ciment calcique, dont la porosité semble très faible à nulle. Cette observation est confirmée par le taux d'échec élevé des forages réalisés dans les grès.

La région est recoupée par des rivières temporaires suivant la direction ouest/sud-ouest est/nord-est; elle est limitée à l'est par le fleuve Zambèze. Les sédiments déposés par ces eaux de surface sont des réservoirs très inégaux. Les alluvions du Zambèze sont par endroit argileux mais produisent généralement une eau peu minéralisée; les sédiments déposés par les rivières temporaires sont plus grossiers mais peuvent produire des eaux très concentrées au nord, alors que dans le sud les milieux sont moins perméables et l'eau souvent moins minéralisée.

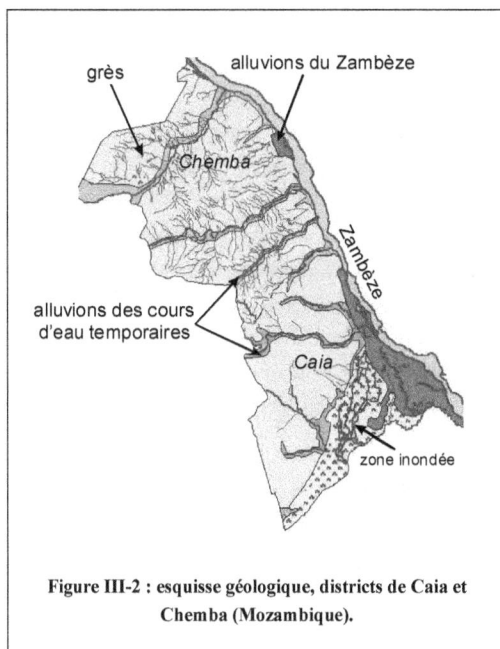

**Figure III-2 : esquisse géologique, districts de Caia et Chemba (Mozambique).**

L'interprétation d'une analyse hydrochimique réalisée avec le modèle *Nommo* (Wackermann 1989) montre que la forte minéralisation des eaux souterraines (de 1500 à 9000 $\mu S/cm$) est due à la mise en solution par les eaux d'infiltration de minéraux néoformés présents dans les horizons superficiels. Cette interprétation est confirmée par l'observation in situ de précipités carbonatés dans les fissures superficielles des grès, et par la présence de halite dans les zones mortes des rivières temporaires où la reprise par évaporation est intense. Les bilans hydrologiques sont également en cohérence avec ces observations : ils indiquent que la zone nord est le siège d'une importante évapotranspiration et que la conductivité électrique des eaux souterraines y est plus forte (Tableau III-1).

| Zone | Conductivité électrique moyenne des eaux souterraines ($\mu S / cm$) | Précipitation interannuelle moyenne (mm) | Température interannuelle moyenne (°C) | Ecoulement total interannuel moyen (mm) |
|------|------|------|------|------|
| Nord (Chemba) | 3700 | 728 | 34 | 56 |
| Sud (Caia) | 1500 | 954 | 32,3 | 200 |

Tableau III-1 : conductivité électrique des eaux et données hydrologiques

(formule de Thornwaite, pas mensuel, période 1946 à 1955).

Selon les résultats d'une enquête exhaustive conduite par *Action contre la Faim* en 1999 et 2000, les districts de Caia et Chemba comptent respectivement 157 000 et 52 000 habitants pour des taux de couverture en eau potable de 27 et 15%. Dans ce contexte, l'accès à l'eau potable s'entend comme la possibilité pour une famille de s'approvisionner à une infrastructure aménagée, délivrant une eau de qualité potable, située à moins de 1 heure de marche et desservant au maximum 300 utilisateurs (soit une moyenne de 20 litres d'eau disponible par personne et par jour).

L'accès à l'eau est un enjeu majeur pour ces populations rurales, et les seules ressources mobilisables tout au long de l'année sont les eaux souterraines.

- **Les questions hydrogéologiques**

Les aquifères recherchés pour l'implantation de nouveaux ouvrages sont les niveaux perméables des alluvions et les réservoirs de fissures et d'altération des grès, chacun devant contenir une eau dont la minéralisation autorise sa consommation humaine.

Dans le cadre de cette recherche, les questions posées au géophysicien sont les suivantes :

– Les zones sélectionnées par l'hydrogéologue dans un rayon moyen de 1 km autour des villages sont-elles aquifères ?
– Quelle est la géométrie des réservoirs ?

- Quelles sont ses caractéristiques hydrauliques ?
- Quelle est la conductivité électrique de l'eau ?

Pour répondre à ces questions, il s'agit dans un premier temps de sélectionner les méthodes géophysiques qui seront utilisées, puis d'évaluer à partir des expériences de terrain l'apport technique et économique des méthodes utilisées seules ou en combinaison, et enfin de proposer une procédure hydro-géophysique éprouvée.

### 3.1.2. Le choix des méthodes géophysiques

Le choix a priori des méthodes est guidé par la nature des cibles recherchées, la précision souhaitée et l'échelle des zones à prospecter (Chapitre I, paragraphe 1.1.1).

Dans ce contexte de minéralisation très contrastée des eaux, le paramètre physique de la résistivité est susceptible d'apporter des informations pertinentes car il est très réactif à la conductivité électrique de l'eau (Appelo and Postma 1996).
La forte probabilité de rencontrer des niveaux argileux au sein des alluvions, et la connaissance a priori de l'existence de nappes très minéralisées permettent d'imaginer que les milieux sont électriquement très conducteurs. Dans ces conditions, les méthodes de mesures électromagnétiques des résistivités sont plus adaptées que les méthodes à courant continu (Spies and Frischknecht 1991).

La précision recherchée doit permettre d'implanter un forage sans ambiguïté sur l'extension de l'anomalie. Les sondages TDEM, dans leur configuration légère, permettent des mesures jusqu'à des profondeurs d'environ 100 mètres. Par contre, leur pouvoir d'intégration est important (lié à la taille de la boucle utilisée) et n'autorise pas dans des conditions de structures complexes une interprétation suffisamment précise des contrastes latéraux (Descloitres 1998).
La seule méthode qui soit opérationnelle de façon routinière pour effectuer des mesures de résistivité en 2 dimensions susceptibles de décrire des structures géologiques complexes est la méthode des panneaux électriques.
Enfin, les sondages RMP apportent des informations sur la présence de l'eau souterraine et sur les caractéristiques des réservoirs.

Concernant le déploiement des équipements et la réalisation des mesures, 30 à 45 minutes sont nécessaires pour un sondage TDEM, contre 2 à 3 heures pour un panneau électrique conventionnel et 2 à 20 heures pour un sondage RMP.

En définitive, pour ce contexte spécifique du Mozambique les méthodes retenues sont :

- Les sondages TDEM pour décrire les contrastes de résistivités en profondeur et proposer les zones potentiellement aquifères (Figure III-3).
- Les panneaux électriques pour décrire les contrastes de résistivités en deux dimensions et imaginer la géométrie des réservoirs potentiels, et la conductivité électrique de l'eau d'imbibition.
- Les sondages RMP pour confirmer l'existence des réservoirs et décrire leurs caractéristiques hydrauliques.

Figure III-3 : mise en place du matériel TDEM (Mozambique 2000).

Figure III-4 : puits traditionnel de Nhamago (Mozambique 2000).

### 3.1.3. L'apport des méthodes pour caractériser les aquifères

- **La recherche de sites potentiels**

Les zones de prospection géophysique sont sélectionnées au cours de l'étude préliminaire et des reconnaissances de terrain. Lorsque ces zones sont étendues, il est opportun de réaliser des mesures rapides qui permettent de sérier les sites en fonction de leur potentiel aquifère.

Dans la région concernée, les sondages TDEM sont bien adaptés à cet objectif car ils sont simples à mettre en œuvre et permettent de définir les zones sur lesquelles des recherches plus détaillées mais plus contraignantes seront ensuite réalisées.

La Figure III-5 présente l'exemple du village de Nhamago situé dans un environnement monotone de grès. Un sondage d'étalonnage est d'abord effectué autour du puits traditionnel utilisé par la population (Nm puits, Figure III-4), et les valeurs de résistivité calculée sont comparées aux mesures et observations directes dans le puits :

- La résistivité des sables aquifères est mal définie car la méthode TDEM est aveugle sur les premiers mètres de profondeur; ces sables sont cependant marqués comme nettement plus résistants que les terrains qu'ils surmontent.
- La conductivité électrique de l'eau (à 25°C) est de 770 µS/cm, soit 13 ohm.m.
- Un niveau argileux identifié dans le fond du puits présente une résistivité calculée inférieure à 10 ohm.m.
- Le substratum gréseux affleure à proximité du puits. Il est également très conducteur et présente une résistivité calculée inférieure à 15 ohm.m.

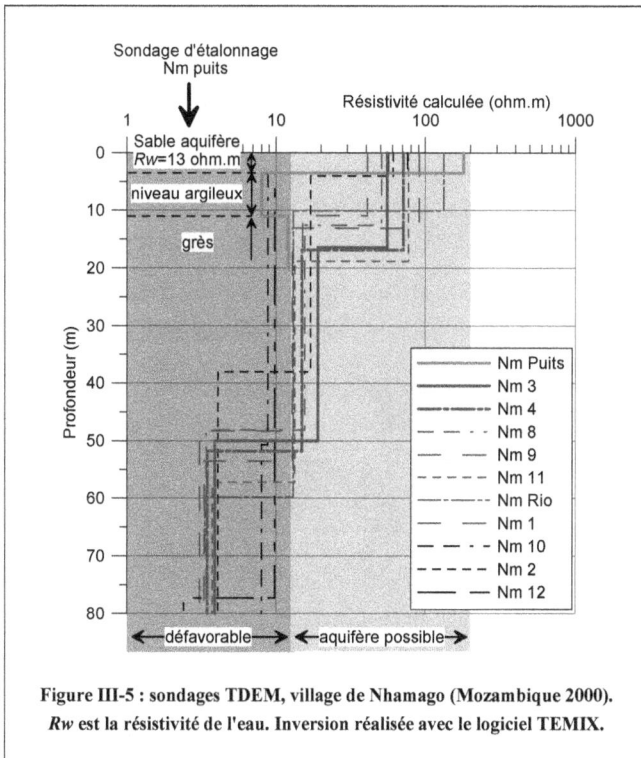

**Figure III-5 : sondages TDEM, village de Nhamago (Mozambique 2000).**
*Rw* **est la résistivité de l'eau. Inversion réalisée avec le logiciel TEMIX.**

La cible géophysique est donc déterminée comme un ensemble résistant qui surmonte un substratum conducteur.

---

Onze sondages TDEM ont été réalisés en deux jours sur des anomalies supposées (photo-interprétation et géomorphologie). Les résultats des inversions sont présentés sur la Figure III-5. Deux groupes de courbes se distinguent : le premier ensemble pour lequel les résistivités calculées restent inférieures à 10 ohm.m est interprété comme argilo-gréseux; le second groupe présente des terrains de surface plus résistants qui surmontent le substratum conducteur. Les sites les plus favorables sont ceux dont les niveaux résistants sont les mieux marqués, tant au niveau de la valeur de résistivité calculée que de l'épaisseur (Nm3 et Nm4 par exemple).

- **La mise en évidence de structures complexes**

Lorsque les valeurs de résistivité calculée sont difficiles à corréler avec des natures de roche, il reste souvent possible de travailler sur les contrastes de résistivité qui soulignent des structures géologiques.

La Figure III-6 présente les valeurs de résistivité calculée obtenues à partir de 43 sondages réalisés au Mozambique. La dispersion des valeurs autour de la moyenne et le chevauchement des différentes gammes (roche sèches, aquifère à eau douce et aquifère à eau salée) ne permettent pas d'attribuer de façon certaine une nature de roche à une valeur de résistivité. La présence d'argile et d'eau dont la minéralisation est très contrastée explique ces résultats.

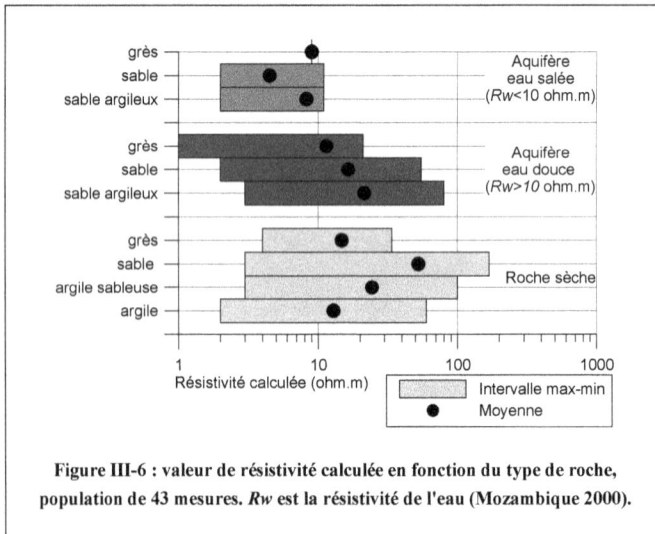

**Figure III-6 : valeur de résistivité calculée en fonction du type de roche, population de 43 mesures. *Rw* est la résistivité de l'eau (Mozambique 2000).**

Dans ce contexte, ce sont les mesures en deux dimensions qui peuvent apporter une information supplémentaire par l'interprétation qualitative des variations de résistivité.

La Figure III-7 présente les mesures de résistivité mises en œuvre dans le village de Chivulivuli situé dans le nord de la zone, à la limite des grès et du recouvrement alluvial du Zambèze distant d'environ 3,5 km. L'ensemble des sondages TDEM réalisé dans le cadre de l'étude préliminaire n'a pas révélé de contraste très marqué, à l'image des résultats des deux sondages présentés sur le graphique A. Un panneau électrique a néanmoins été exécuté pour contrôler si ce faible contraste pouvait malgré tout être significatif.

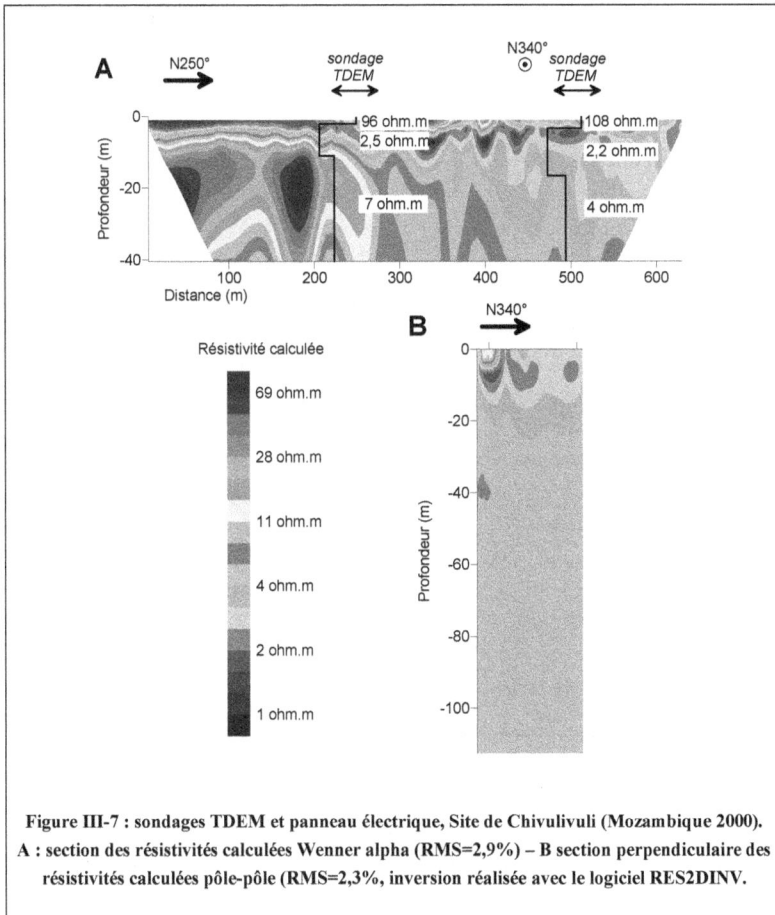

Figure III-7 : sondages TDEM et panneau électrique, Site de Chivulivuli (Mozambique 2000). A : section des résistivités calculées Wenner alpha (RMS=2,9%) – B section perpendiculaire des résistivités calculées pôle-pôle (RMS=2,3%, inversion réalisée avec le logiciel RES2DINV.

Des contrastes de résistivité sont nettement mis en évidence par la mesure 2D; ils permettent d'imaginer les structures suivantes (Figure III-7, graphe A) :

- Le niveau peu profond très conducteur (1 à 5 ohm.m) présent sur l'ensemble de la section est certainement le signe d'une strate argileuse.
- A l'ouest du panneau, les faibles résistivités se poursuivent en profondeur et pourraient marquer un milieu argilo-silteux.
- Enfin, la zone résistante située plus en profondeur à l'est du panneau (30 à 80 ohm.m) est sans doute plus sableuse.

Une seconde mesure perpendiculaire et centrée sur le point 470 mètres du premier panneau a été mise en oeuvre avec un dispositif pôle-pôle qui autorise une plus grande profondeur de pénétration (toutes autres choses étant égales par ailleurs, graphe B). Beaucoup plus monotone, elle confirme que les structures sont 2D (est-ouest) et que le domaine de validité de la méthode est respecté.

Les panneaux électriques apportent dans ce contexte une information supplémentaire sur les structures, et permettent à l'hydrogéologue d'imaginer la géométrie des réservoirs potentiels. Mais l'incertitude sur la présence d'eau souterraine reste entière car les valeurs de résistivités ne signent pas clairement la présence de l'eau.

- **La confirmation de la présence d'eau souterraine**

Sur ce même site de Chivulivuli, des sondages RMP ont été réalisés au droit des deux milieux mis en évidence par la coupe de résistivité calculée. Les interprétations des sondages RMP ont été contrôlées par la réalisation de 2 couples de forages; l'ensemble des résultats est présenté Tableau III-2 et Figure III-8.

| Forage | Profondeur totale (m) | Position des crépines (m) | Niveau statique (m) | Débit air lift (l/h) | Teneur en eau RMP (%) | $T_2^*$ (ms) | Conductivité électrique de l'eau ($\mu$S/cm) | Résistivité de l'aquifère (ohm.m) |
|---|---|---|---|---|---|---|---|---|
| 8/FCH/98 | 28,5 | 22-27 | 2,2 | 1000 | 17 | 230 | 650 | 40 |
| 2/GCH/00 | 36 | 4-9 | 2,2 | 1200 | 8 | 200 | 33000 | 2 |
| 9/FCH/98 | 10,5 | 4-9 | 4,5 | 1000 | 3 | 180 | 11000 | 2 |
| 1/GCH/00 | 37 | 3-8 | 4,5 | 1200 | 3 | 180 | 10000 | 2 |

Tableau III-2 : forages et sondages RMP, site de Chivulivuli (Mozambique 2000).

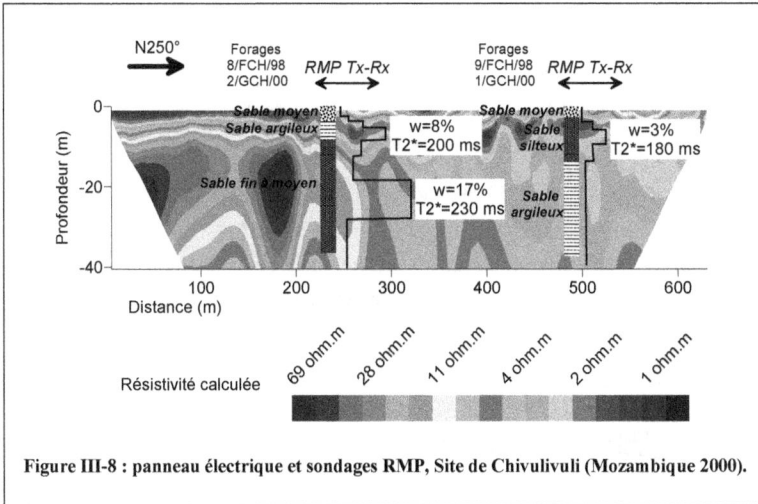

**Figure III-8 : panneau électrique et sondages RMP, Site de Chivulivuli (Mozambique 2000).**

Les sondages RMP mettent en évidence un réservoir présent sur l'ensemble du profil entre 2 et 10 m de profondeur. La résistivité très basse de cet horizon (2 ohm.m) indique clairement une eau très minéralisée (et non pas un niveau argileux comme pouvait le laisser penser l'interprétation isolée du panneau électrique). Les trois forages qui exploitent cet aquifère confirment ces informations : le réservoir existe (débit instantané air lift d'environ 1 m$^3$/h) et l'eau est très minéralisée (10000 à 33000 μS/cm).

Un second réservoir est révélé par le sondage RMP à l'est du profil. La teneur en eau nettement plus importante, pour un temps de décroissance légèrement plus long, indique un milieu plus productif que le réservoir de surface. La résistivité de cet ensemble est nettement plus élevée et permet d'espérer une eau moyennement minéralisée.
Deux forages ont été réalisés pour confirmer ces indications, mais un seul a pu être utilisé car l'ouvrage situé à l'ouest s'est effondré et n'a pas été équipé en profondeur (1/GCH/00). Le forage qui exploite le milieu résistant à l'est du profil confirme les informations géophysiques : l'aquifère existe et délivre une eau peu minéralisée pour ce contexte (650 μS/cm).

- **La caractérisation des aquifères**

A partir des informations complémentaires données par les sondages RMP et le panneau électrique, il est possible de proposer une interprétation hydrogéologique du site (Figure III-9). Cette interprétation reste qualitative car la mesure de la constante de temps intrinsèque $T_1$ n'était pas encore possible lorsque les mesures ont été réalisées. L'information portée par la constante apparente $T_2^*$ sur ces sites n'est pas significative car les contrastes révélés sont faibles. De plus, le sondage RMP réalisé à l'est intègre un volume composé pour partie de l'aquifère sableux mais également de l'ensemble argileux qui le prolonge vers l'ouest; les teneurs en eau et constantes de temps mesurées ne sont donc pas caractéristiques d'un milieu particulier.

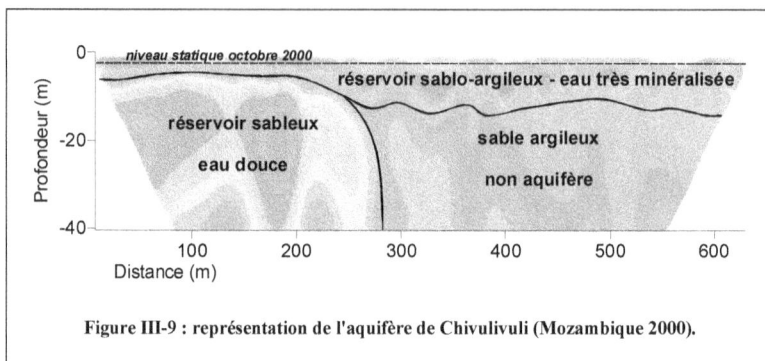

Figure III-9 : représentation de l'aquifère de Chivulivuli (Mozambique 2000).

### 3.1.4. La proposition d'une procédure hydro-géophysique

La proposition d'une procédure géophysique qui s'intègre dans une démarche hydrogéologique (Tableau III-3) s'élabore à partir d'une évaluation technique et d'une analyse économique.

Techniquement, l'intérêt de l'utilisation conjointe de différentes méthodes géophysiques dans cette région est illustré par les exemples précédents :

- Les sondages TDEM autorisent une prospection rapide de vastes zones proposées par l'étude préliminaire. Ils permettent de définir les sites sur lesquels des panneaux électriques sont implantés.

- L'interprétation des mesures de résistivité en 2 dimensions souligne les structures du sous-sol et mettent en évidence des zones potentiellement aquifères sur lesquelles des sondages RMP sont réalisés.
- Les sondages RMP confirment la présence de l'eau souterraine et précisent les paramètres hydrauliques du réservoir.
- Enfin, l'interprétation jointe des paramètres RMP et de la résistivité électrique des aquifères permet d'estimer la conductivité électrique de l'eau.

| Phase de l'étude | Méthode et outil | objectif |
|---|---|---|
| Etude préliminaire | Photo interprétation | Identification des domaines géologiques (grès/alluvions) Identification des linéaments dans les zones de grès |
| Reconnaissance de terrain | Observation géologique et géomorphologique Visite d'ouvrages existants | Confirmation du contexte et des cibles hydrogéologiques |
| Etude géophysique | Sondage TDEM | Identification des aquifères potentiels |
| | Panneau électrique | Définition de la géométrie du réservoir potentiel et de la minéralisation de l'eau |
| | Sondages RMP | Confirmation de la présence d'un aquifère et caractérisation hydraulique |
| Etude complémentaire | Forage de reconnaissance Analyse d'eau Pompage d'essai | Compréhension de la dynamique des eaux souterraines Caractérisation des réservoirs et des nappes |

**Tableau III-3 : procédure hydro-géophysique, Mozambique 2000.**

L'identification et la caractérisation des aquifères sont ainsi améliorées par l'utilisation conjointe des sondages RMP et de méthodes traditionnelles. Une analyse économique est ensuite réalisée pour définir le domaine de rentabilité de chaque méthode. Enfin, l'examen croisé entre l'apport technique et les implications économiques permet de proposer une procédure hydro-géophysique.

L'apport d'une telle procédure peut être quantifié en choisissant des indicateurs liés aux objectifs hydrogéologiques. Dans le cadre de cette étude au Mozambique, la procédure a permis de réduire le nombre de forages qui produisent une eau trop minéralisée pour la consommation humaine de 16 % (échantillon de 47 forages), et d'augmenter le taux de succès des forages dans les zones à fort taux d'échec de 66% (échantillon de 15 forages) (Vouillamoz and Chatenoux 2001).

## 3.2. La caractérisation des aquifères karstiques : exemple du site de Lamalou (France)

"Localization of saturated karst aquifer with Magnetic Resonance Sounding and Resistivity imagery"

Les karsts sont des systèmes complexes dont les caractéristiques et le fonctionnement sont parfois difficiles à appréhender. Dans ces milieux, les méthodes géophysiques sont souvent peu efficaces pour répondre aux questions hydrogéologiques. Aussi, une étude méthodologique a été réalisée sur un site déjà connu pour mesurer la capacité des sondages RMP à localiser un aquifère karstique. La contribution de la méthode RMP est complétée par celle de la traditionnelle mesure des résistivités en 2 dimensions.

Le site retenu de Lamalou (région de Montpellier, France) présente des conduits et un aven karstique explorés et cartographiés en partie par les spéléologues. Dans ce milieu fortement anisotrope, les paramètres d'emmagasinement et de conduite du flux ne se mesurent pas avec les outils classiques : l'interprétation des pompages d'essai ne permet généralement pas de quantifier les paramètres hydrauliques des réservoirs, pour lesquels les notions de porosité ou de perméabilité définies pour les milieux continus ne sont plus valides.

Aussi, les questions adressées au géophysicien ne concernent généralement pas la quantification des paramètres hydrauliques, mais plutôt la description des structures géologiques et des niveaux saturés. Il s'agit alors de réaliser des mesures susceptibles de relever la géométrie et la position des niveaux d'eau.

Le manuscrit présenté synthétise les principaux résultats du travail conduit sur le site de Lamalou. A partir de cet exemple spécifique, une étude théorique définit le domaine d'application de la méthode RMP et des panneaux électriques dans les karsts. L'hydrogéologue peut ainsi estimer a priori si ces méthodes peuvent répondre à ses questions en fonction de l'objet de ses recherches.

Cet article a été accepté à la publication le 10 janvier 2003 par la revue GroundWater.

# Localization of saturated karst aquifer
## with magnetic resonance sounding and resistivity imagery

Vouillamoz J.M.[1][3], Legchenko A.[2], Albouy Y.[3], Bakalowicz M.[4], Baltassat J.M.[2],
and Al-Fares W.[5]

[1] Action contre la faim, 4 rue Niepce, 75014 Paris, France
Corresponding author : jm.vouillamoz@wanadoo.fr.

[2] BRGM, BP 6009, 45060 Orléans Cedex, France
a.legtchenko@brgm.fr, jm.baltassat@brgm.fr.

[3] IRD-R027, 32 avenue H. Varagnat 93143 Bondy Cedex, France
albouy@gravi.bondy.ird.fr

[4] Université Montpellier II, 34095 Montpellier cedex 5, France
baka@msem.univ-montp2.fr

[5] C.E.A.S., BP 6091, Damas, Syria
walfares@voila.fr

- **Abstract**

To answer one of the main questions of hydrogeologists implementing boreholes or working on pollution questions in a karst environment, i.e. where is the groundwater ? numerous tools including geophysics are used. However, the contribution of geophysics differs from one method to the other.

The Magnetic Resonance Sounding (MRS) method has the advantage of direct detection of groundwater over other geophysical methods. Eight MRS were implemented over a known karst conduit explored and mapped by speleologists to estimate the MRS ability to localize groundwater. Two Direct Current resistivity imageries (DC-2D imagery) were also implemented to check their capability to map a known cave.

We found that the MRS is a useful tool to locate groundwater in karst as soon as the quantity of water is enough to be detected. The threshold quantity is a function of depth and it was estimated by forward modeling to propose a support graph to hydrogeologists. The measured MRS's signals could be used to calculate transmissivity and permeability estimators. These estimators were used to map and to draw a cross section of the case-study site which underline accurately the known karst conduit location and depth.

We also found that the DC-2D imagery could underline the karst structures : it was able to detect the known cave through its associated faults. We prepared a computer simulation to check the depth of such a cave to induce resistivity anomaly which could be measured in similar conditions.

- **Keywords**

MRS, NMR, PMR, SNMR, DC-2D imagery, karst, cave, transmissivity, permeability.

- **Introduction**

*Action contre la Faim* is a non-governmental organization fighting against hunger through food security, nutrition, health, water and sanitation assistance to the most vulnerable populations. *Action contre la Faim* intervenes today in 40 countries representing a large diversity of geological contexts including carbonate rocks where karst groundwater is often an important resource. But the exploitation and management of karstic aquifer are often a challenge to hydrogeologists. Whatever the stage is when karstified, the heterogeneous structure of karstic systems leads to a complex hydrodynamic behavior, and this groundwater resource is difficult both to explore for borehole implementation and to protect from pollution. Therefore, specific surveys need to be implemented to develop and protect these resources for the benefit of everyone, and a joint research programme was set up between *Action contre la Faim*, the *Institut de Recherche pour le Dévelopement (IRD)*, the *Bureau de Recherche Géologique et Minière (BRGM)* and the *University of Montpellier*.

As part of the different hydrogeological approaches to study karst systems, geophysical tools are sometimes used to map the karst structures, e.g., ground penetrating radar and electromagnetic methods, Al-Fares 2002 resistivity and seismic methods Sumanovac *et al.* 2001 or gamma ray and resistivity Gautman *et al.* 2000.

The main advantage of the MRS method (regarding other geophysical methods for groundwater prospecting) is that the measured signal is from groundwater molecules : it reduces the problem of ambiguity while interpreting the data since any measured signal means the presence of groundwater Schirov *et al.* 1991. This direct detection of groundwater leads hydrogeologists to consider MRS as a useful tool to estimate the geometry, the permeability (hydraulic conductivity) and the transmissivity of aquifers Legchenko *et al.* 2002a; Vouillamoz *et al.* 2002a.

---

To measure the contribution of the MRS method to locate the saturated part in karst aquifer, a joint survey with the common DC-2D imagery method was conducted in a well known site of France.

This paper presents (1) the main results of the MRS and DC-2D field works in the case-study site of Lamalou, (2) an estimation of the efficiency domain of both methods for groundwater mapping in a karst environment.

- **Background**

o *Physical environment*

The Lamalou site is located on the Hortus karstic area, 40 km north of the Montpellier city (Figure 1). This limestone plateau covers an area of about 50 km², and its elevation ranges from 195 to 512 m ASL. The Mediterranean climate has two rainy seasons (the main one in autumn and the other one in spring) and an air temperature which can reach a daily maximum of 45°C in summer and a minimum on −10°C in winter.

The plateau is basically represented by limestone outcrops and soil only exists in rock fissures. It is covered with Mediterranean shrubby vegetation. There is no regular surface water running on the plateau.

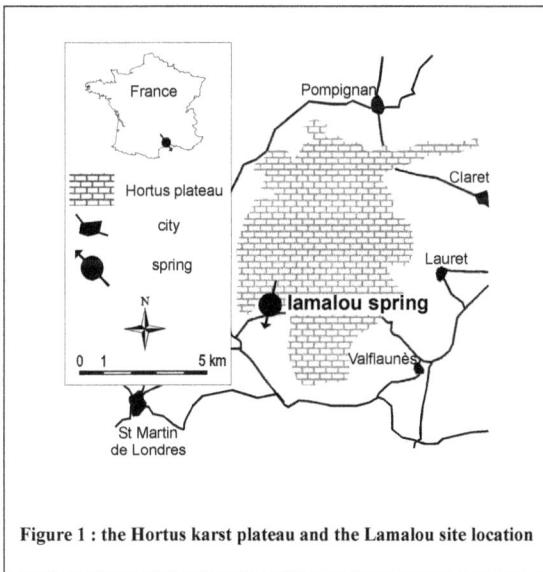

Figure 1 : the Hortus karst plateau and the Lamalou site location

o *Geology and hydrogeology*

The Hortus area consists of Upper Valanginian limestone 80 to 110 meters thick, which lies on Upper Berriassien to Lower Valanginian marl (figure 2). The main recharge area of the Hortus plateau discharges at the Lamalou spring.

The main aquifer is the Upper Valanginian limestone. Its upper part (several meters thick) is highly fissured and weathered : it is the epikarst which could be saturated in places Bakalowicz 1995. Under the epikarst, an infiltration zone of about 20 meters thick drains the water through micro-fissures and joints down to the phreatic karst. The porosity of the limestone is very low (1.8%) and the groundwater mainly flows through fissures, fractures and karst conduits Bonin 1980. Part of the main conduit was explored and mapped by speleologists (figure 3).

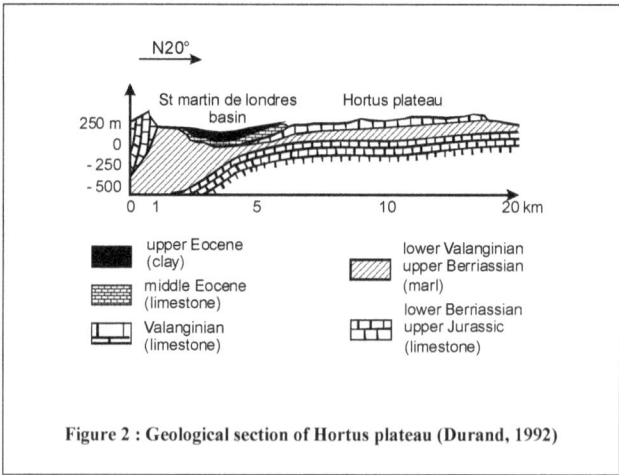

Figure 2 : Geological section of Hortus plateau (Durand, 1992)

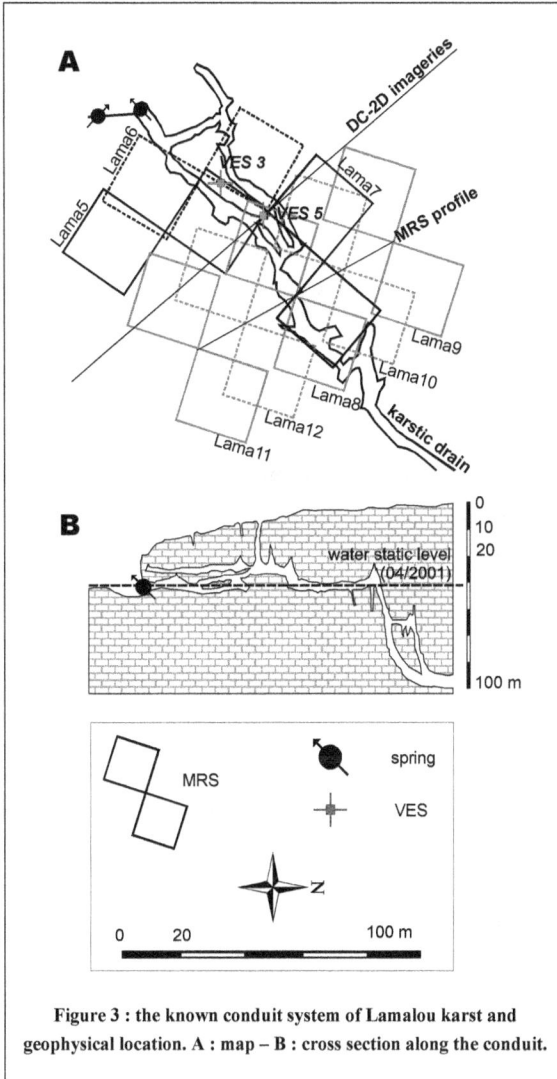

Figure 3 : the known conduit system of Lamalou karst and geophysical location. A : map – B : cross section along the conduit.

o *Survey objective and methodology*

Several surveys were implemented on the Lamalou site to study the structure and the hydrodynamic of the aquifer, including geophysics which was used in 2000 and 2001

(Electromagnetic profiling, Vertical Electrical Sounding and Ground Penetrating Radar Al-Fares *et al.* 2002. To complete these surveys, a test was conducted using jointly the new method of Magnetic Resonance Sounding (MRS) and the common method of Direct Current resistivity imagery (DC-2D imagery). The main objective was to check how MRS and DC-2D imagery could help the hydrogeologist to look for groundwater in karst. The specific objectives were to check if the MRS could measure and differentiate between the water in the epikarst and the water in the saturated karst, and how the DC-2D imagery is sensitive to karstic cave.

Eight MRS and two DC-2D imageries were implemented on a known system where the depth and the geometry of the main conduit and a cave are mapped (figure 3). Two boreholes were used to measure the water static level and the lithology was known through the drilling logs.

- **The Magnetic Resonance Sounding method**

This method is used for hydrogeological purposes as it is only sensitive to groundwater.

o *Basis of MRS*

The MRS aims to energize the protons of the hydrogen of the groundwater molecules and to measure the magnetic resonance signal which is sent out by the protons after the stimulation signal is cut off.

We know from nuclear physics that the proton nucleus possesses an angular momentum S and a magnetic momentum $\mu$. The two quantities are related through the expression $\mu = \gamma$ . S where the gyromagnetic ratio $\gamma$ is a constant characteristic of the proton.

In an homogeneous magnetic field $B_0$, the proton acts as a magnetic dipole and experiences a torsional momentum that attempts to align it with the direction of the field. Therefore the angular momentum of the proton causes a precessional motion of $\mu$ around $B_0$ with an angular velocity, known as Larmor frequency (figure 4A) :

$$\omega_0 = \gamma \ B_0 / 2\pi \qquad\qquad (1)$$

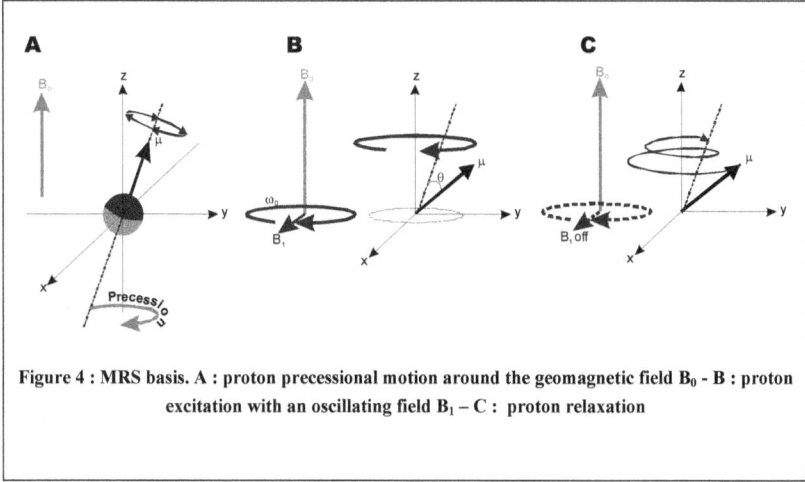

Figure 4 : MRS basis. A : proton precessional motion around the geomagnetic field $B_0$ - B : proton excitation with an oscillating field $B_1$ – C : proton relaxation

To carry out a MRS, an energizing field $B_1$ is created into a transmitter antenna by a pulse of alternating current :

$$i(t) = I_0 \cos(\omega_0 t), \ 0 < t \leq \tau \tag{2}$$

where $I_0$ and $\tau$ are respectively the pulse amplitude and duration. At resonance, i.e. when the energizing frequency is the local Larmor frequency, an interaction between the nuclear momentum and the excitation field $B_1$ occurs which deflects the magnetic momentum $\mu$ from its equilibrium position (figure 4B). As the excitation field $B_1$ is cut off, the magnetic momentum goes back to its equilibrium position sending out a magnetic resonance signal which is detected into a receiver antenna (figure 4C). This signal is oscillating at the Larmor frequency and has an exponential envelope decaying with time approximated by Legchenko *et al.* 2002b (figure 5A) :

$$e(t,q) = E_0(q) \ \exp(-t/T_2^*(q)) \ \cos(\omega_0 t + \varphi_0(q)) \tag{3}$$

where $q = I_0 \tau$ is the energizing pulse parameter, $\varphi_0$ is the phase, $T_2^*$ is the signal decay time denoted as transverse relaxation time in the usual terminology, and $E_0(q)$ is the initial signal amplitude :

$$E_0(q) = \omega_0 M_0 \int_V B_{1\perp} \sin\left(\frac{1}{2}\gamma_p B_{1\perp} q\right) w(\mathbf{r}) dV(\mathbf{r}) \tag{4}$$

where $M_0$ is the nuclear magnetization for the protons, $B_{1\perp}$ is the transmitting magnetic field component (normalized to 1A) perpendicular to the static field $B_0$, $\mathbf{r}$ is the coordinate vector and $w(\mathbf{r})$ the water content.

From the equations (3) and (4) one can understand that :
- The initial amplitude of the signal $E_0$ is related to the water content $w(\mathbf{r})$. Resolving equation (4) leads to the direct estimation of the water content of the investigated volume.
- The spatial contribution of the signal is determined by $q$, i.e. the depth of investigation is controlled by the pulse intensity $I_0$ (maintaining the pulse duration constant).
- The signal decays with time according to the $T_2^*$ constant. This constant is linked to the mean pore size containing water Schirov *et al.* 1991 but it is also influenced by the local inhomogeneities of the static field (often induced by the magnetic properties of rocks Legchenko *et al.* 2002b.

To access to a more reliable parameter linked to the pore size, an excitation sequence of two pulses known as saturation recovery can be used Dunn *et al.* 2002 (figure 5B). It leads to estimate the $T_1$ constant, usually called the longitudinal relaxation time, which is linked to the mean pore size of the aquifer as Kenyon 1997 :

$$T_1 = \frac{V_P}{\rho \cdot S_P} \tag{5}$$

where $Vp$ and $Sp$ are the volume and surface area of the pore, and $\rho$ the surface relaxivity of the rocks.

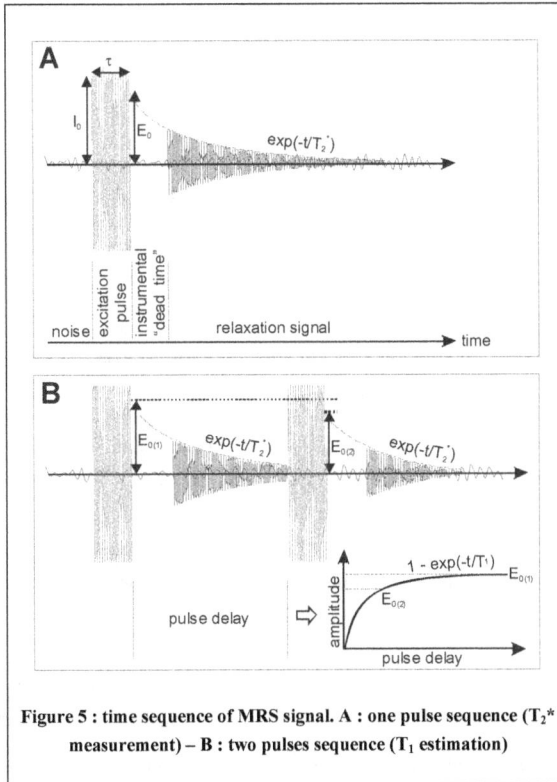

**Figure 5 : time sequence of MRS signal. A : one pulse sequence (T$_2$\* measurement) – B : two pulses sequence (T$_1$ estimation)**

o *Field implementation and data interpretation*

The static field B$_0$ is the geomagnetic field which determines the local Larmor frequency (equation 1). To send the excitation pulses an electrical wire loop is placed on the ground and is energized by a pulse of alternating current at the Larmor frequency (figure 6). To set up a sounding, i.e. to implement measurements at various depths, the amplitude $I_0$ of the excitation current is increased : the higher is its amplitude, the deeper is the investigation. A typical number of 16 $q$ is used to setup a sounding.

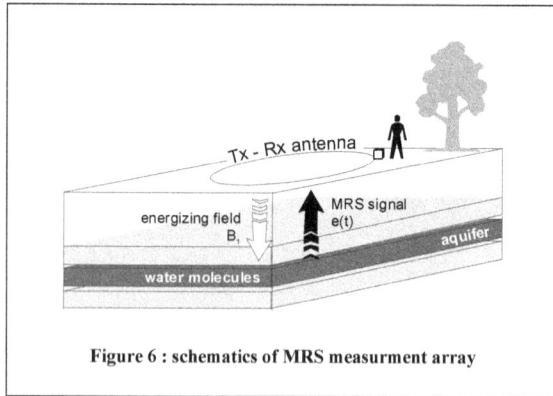

**Figure 6 : schematics of MRS measurment array**

Figure 7 shows the magnitude of the excitation field (normalized to its maximum value) as a function of the lateral distance for several depths. The excitation field decreases dramatically outside the antenna surface area and below a depth corresponding to the antenna diameter : therefore, the maximum investigated volume of a sounding (which corresponds to the maximum $q$) could be approximated by an area of 1.5 times the antenna size for a depth corresponding to the antenna diameter.

When the excitation pulse is switched off, the magnetic resonance signal is recorded through the antenna for each pulse $q$. Assuming an horizontal stratification, a modified form of the equations (3) and (4) is used to invert the recorded signals $E_0(q)$ and $T_2^*(q)$ into water content $w(z)$, decay times $T_2^*(z)$ and $T_1(z)$ versus depth Legchenko *et al.* 1998.

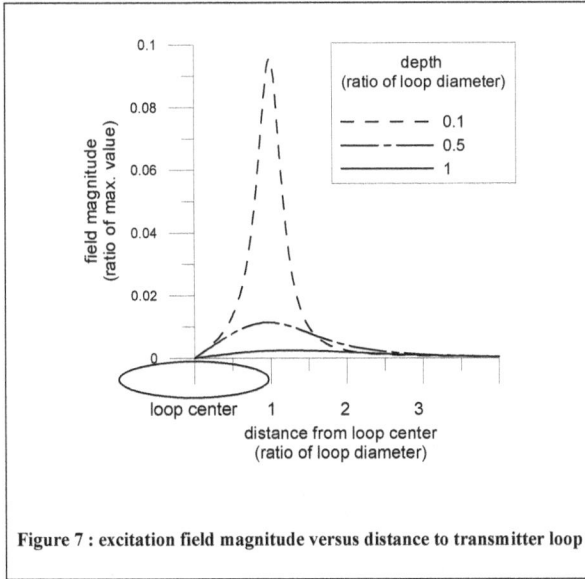

**Figure 7 : excitation field magnitude versus distance to transmitter loop**

## Water content and relaxation time

By comparison with the total porosity, the MRS water content is defined as :

$$w = \frac{V_{long}}{V_{total}} \cdot 100 \tag{6}$$

where $V_{long}$ is the volume of water with sufficient long $T_2^*$ and $V_{total}$ is the total volume of the sample. The MRS water content differs from the total porosity of saturated media because the relaxation effect can make the MRS signal shorter than the equipment is able to detect (actually the instrumental "dead time" is 40ms, figure 5). Because the relaxation time is longer for free water (some tens to some thousands of ms) than for adhesive water (some units to some tens of ms), the MRS water content is a rough estimation of the aquifer effective porosity (specific yield, figure 8). However, the decay time difference between free water and adhesive water, and thus the relationship between MRS water content and effective porosity need to be calibrated from pumping test data to be accurate Legchenko *et al.* 2002a.

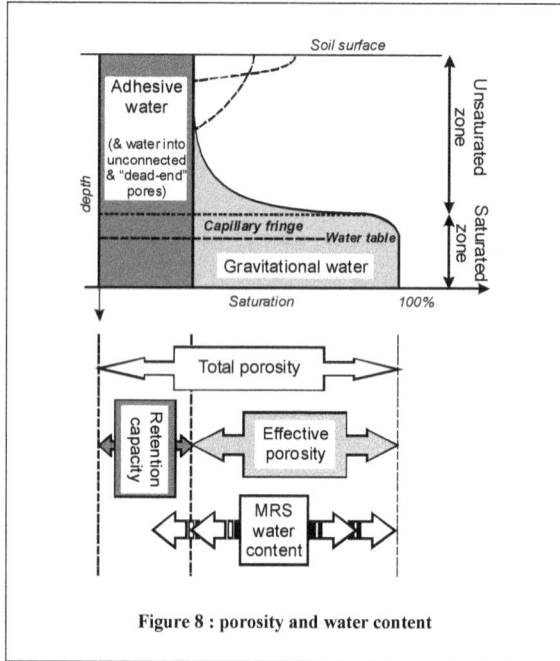

**Figure 8 : porosity and water content**

**Permeability and transmissivity estimators**

The water content $w(z)$ and the relaxation time $T_1(z)$ derived from MRS data can be used to estimate the permeability k and the transmissivity T of aquifers (Kenyon 1997; Legchenko et al. 2002a) :

$$k_{MRS} = C_p \cdot w(z) \cdot T_1^2(z) \qquad (7)$$

$$T_{MRS} = \int_{\Delta z} k_{MRS}(z) \cdot dz \qquad (8)$$

where $C_p$ is an empirical constant and $\Delta z$ is the aquifer thickness. The $C_p$ constant needs to be calibrated from pumping test data.

Equation (7) assumes that hydrodynamic properties of rocks are homogeneous within the investigated volume of MRS. But this assumption is obviously not true in karst where a different approach should be used : we assume that the water content and relaxation time are higher for conduit and cave containing water (secondary porosity) than for compact rocks (primary porosity). For example, the known cave in the Lamalou site contains several thousands cubic meters of free water when the total porosity of the local limestone is 1.8% Bonin 1980. Therefore a qualitative approach using two estimators can be used to characterize groundwater in karst :

$$k_x(z) = \frac{w_x(z) \cdot T_{1x}^2(z)}{w_r(z) \cdot T_{1r}^2(z)} \tag{9}$$

and

$$T_x = \frac{\int_{\Delta z} w_x(z) \cdot T_{1x}^2(z) \cdot dz}{\int_{\Delta z} w_r(z) \cdot T_{1r}^2(z) \cdot dz} \tag{10}$$

where $x$ and $r$ are two of the $n$ MRS stations $(1, \ ,x, \ ,r, \ n)$. The reference station $r$ could be selected so that $k_{x\max}(z) \leq 1$ or $T_{x\max} \leq 1$ for all soundings $(x=1 \ to \ x=n)$.

The estimators $k_x$ (k-estimator) and $T_x$ (T-estimator) which are normalized parameters for the permeability and the transmissivity could be used by hydrogeologists when (1) no data are available for k and T calibration and (2) the hydrogeological context is highly heterogeneous and the equations (7) and (8) are not quantitatively valid.

- **Field Results**

o  *MRS*

The geomagnetic field measured in Lamalou was 45,928 nT which gives a Larmor frequency of 1,957 Hz ($\gamma = 0.0426$ Hz/nT). The electromagnetic noise ranged from 200 to 500 nV and several techniques were used to improve the signal to noise ratio, i.e. the well known "stack" techniques (an average of 500 stacks were implemented in Lamalou), the antenna shape (an eight shaped antenna consisting of two squares of 37.5 meters side was used Trushkin *et al.* 1994) and the filtering technologies (50Hz signal processing). The Numis$_{plus}$® equipment developed by *IRIS Instruments* and the *BRGM*, and the inversion software "Samovar" based on the well known Tikhonov regularization method Legchenko *et al.* 1998 were used.

One should remember that a MRS is a 1D sounding which averages the information over the antenna size. To obtain 2D pictures, triangulations with linear interpolation of MRS data were prepared (figures 9 and 10).

**Karst mapping**

The map was drawn using T-estimator calculated with the MRS Lama7 as reference (figure 9). It shows clearly a high transmissivity channel which fits well with the known karstic conduit. The contribution of the different MRS to the map, i.e. their ability to measure groundwater, is linked to the location of the antenna. If the antenna surface area covers enough groundwater the magnetic resonance signal can be measured (Lama7, 8, 10), but if the antenna covers partly groundwater, the signal can be too low to be measured (Lama5 and 6).

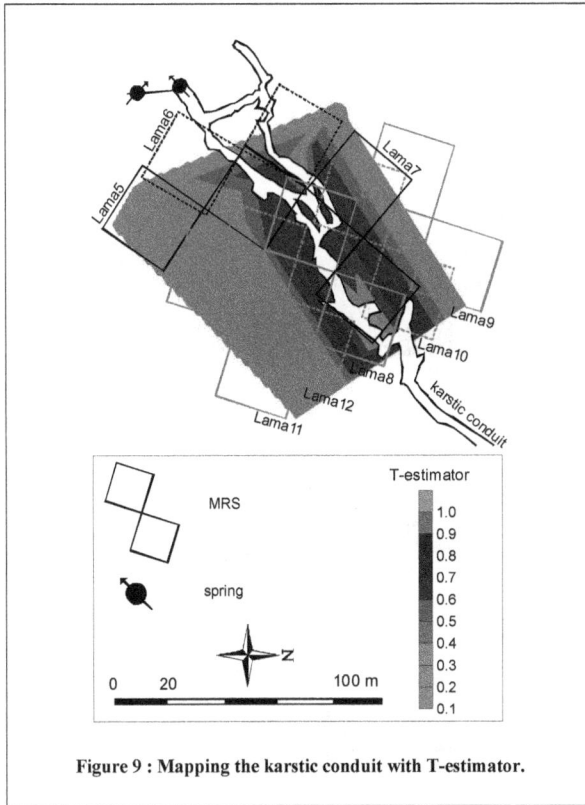

**Figure 9 : Mapping the karstic conduit with T-estimator.**

**Karst pseudo section**

The water content ranges between 0 and 1.7% (figure 10A). The maximum is reached around the known conduit and represents a thickness of about 1.5 meter of water filling the width of the conduit. A second domain extends a few meters below the ground surface for a maximum water content of 0.6 % reached around the Lama12 MRS. It could represent the well known perched saturated area in the epikarst Bakalowicz 1995.

The relaxation time section (figure 10B) indicates times longer than 400ms for the known conduit area, and shorter than 400 ms for the epikarst and the limestone.

The k-estimator was calculated using the maximum value of permeability estimated within the whole MRS. The section shows very clearly an area of high permeability which fits well with the known conduit zone (figure 10C).

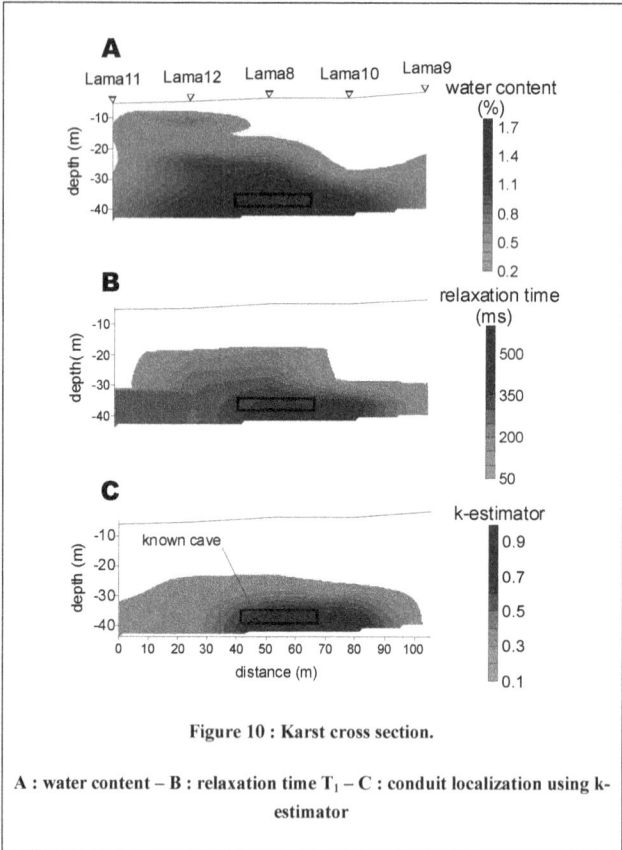

**Figure 10 : Karst cross section.**

**A : water content – B : relaxation time $T_1$ – C : conduit localization using k-estimator**

o *DC-2D imagery*

Two DC-2D resistivity imageries were carried out with the Syscal® R2 system from *IRIS instruments* with 64 electrodes and an inter-electrode spacing of 4 meters. The data were interpreted with the RES2DINV software Locke *et al.* 1995.

Figure 11 presents the inversion of the Wenner imageries. Two resistive anomalies of 20,000 ohm.m located at between 10 and 30 meters depth fit quite well with the known cave and with the tilt angle of limestone layers measured both on the outcrops and in the cave itself.

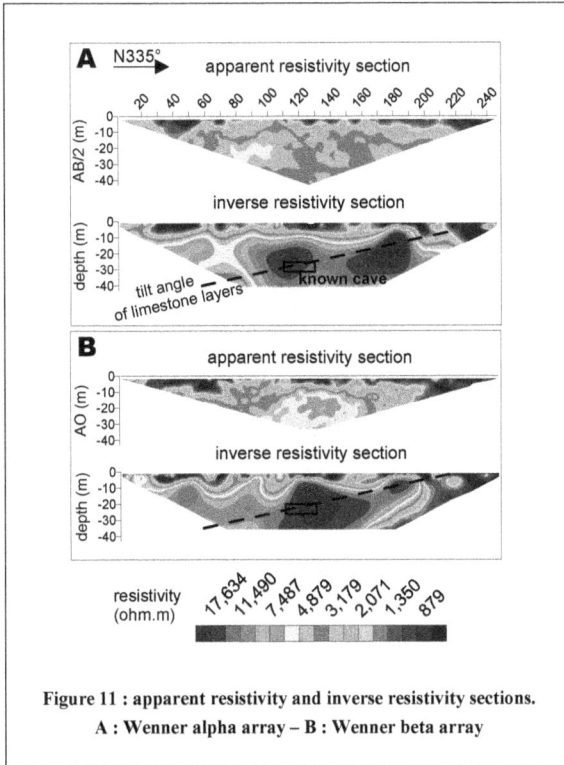

**Figure 11 : apparent resistivity and inverse resistivity sections.**
**A : Wenner alpha array – B : Wenner beta array**

- **Discussion**

o *MRS contribution to karstic groundwater localization*

Both k and T estimators increase strongly over a karstic anomaly which contains groundwater. Vertical cross-sections of a k-estimator could be used to find out the depth of the conduit zone, and a T-estimator could be used to map lateral variations of transmissivity over the investigated area.

The relaxation time $T_1$ derived from MRS is long ($T_1 > 400ms$) for bulk water in conduit and caves. Shorter $T_1$ indicates water into rocks matrix, i.e. epikarst or fissured limestone.

The water content estimated from MRS is usually low because the groundwater volume over the investigated area is small with regard to the total investigated volume. It leads to measuring a small signal amplitude (maximum of 4 to 10nV in Lamalou) which could be close to the threshold measurement level of the equipment. Because it is the main limitation to the MRS use in karst, an estimation of the minimum water volume that can be detected by MRS is proposed. Computer modeling is carried out simulating a karst surveyed with a 40x40 meters square shape antenna. The karst structure is represented by a homogeneous half-space with $w = 1\%$ and $T_1 = 150ms$ as the carbonate rocks, and a parallelepiped of 50x50x1 m as a conduit (or a cave) into the rocks. The geometry of the conduit does not influence directly the MRS signal which is basically linked to the water volume. This water volume is calculated as :

$$V_{karst} = a \cdot b \cdot h \cdot w_{karst} \qquad (11)$$

where $a = b = 50m$ and $h = 1m$ being the size of the parallelepiped, and $w_{karst}$ the water content which is assumed to have a relaxation time $T_1 = 1500ms$ .

Several simulations are computed varying the water content $w_{karst}$ for a fixed conduit depth, and varying the conduit depth for a fixed water content. If we consider the relaxation time $T_1$ to be long for bulk water into karstic conduit and cave, it can be used as an indicator with a lower limit of 400 ms. The simulation results are presented in figure 12 : a volume of about $100m^3$ of water is detectable at 5 m deep, while $400m^3$ is needed at 35 m. This depth dependency can be explained by the decrease of both the MRS signal and the resolution of inversion with depth Legchenko *et al.* 1998.

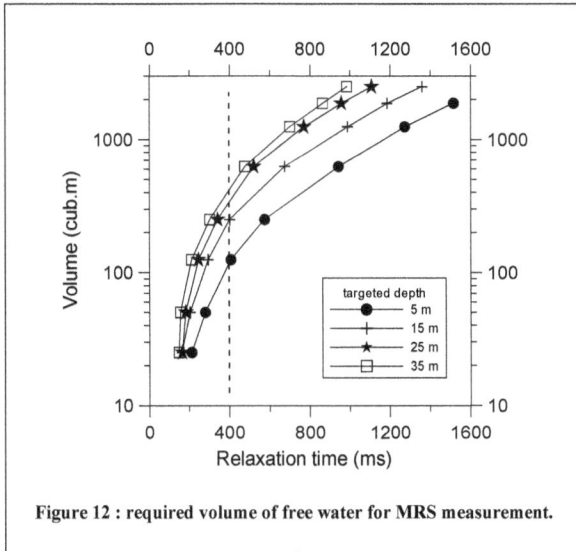

**Figure 12 : required volume of free water for MRS measurement.**

o  *DC-2D contribution to karst localization*

The resistivity imageries implemented in the Lamalou site show resistive structures which fit quite well with the known cave and layers tilt angle. The resistive anomaly located in the north of the imagery could be induced by an unknown conduit or a fissured area.

A simulation is carried out with RES2DMOD software to check if the geometry and the location of the known cave can create such resistive anomaly. A Wenner alpha array is simulated using 64 electrodes with an inter-electrode spacing of 4 meters. The karst is represented by a half-space of 10,000 ohm.m as the carbonate rocks, an epikarst of 7.5 meters thick and 1,000 ohm.m, and a parallelepiped cave of infinite resistivity (100,000 ohm.m). These resistivity values are estimated from 2 Schlumberger soundings, borehole logs (figures 3 and 13) and from the visit of the cave : several authors went down into the cave which contains water at the bottom (water conductivity of 570 µS/cm) and is empty (full of air) for almost 3 meters high (figure 3).

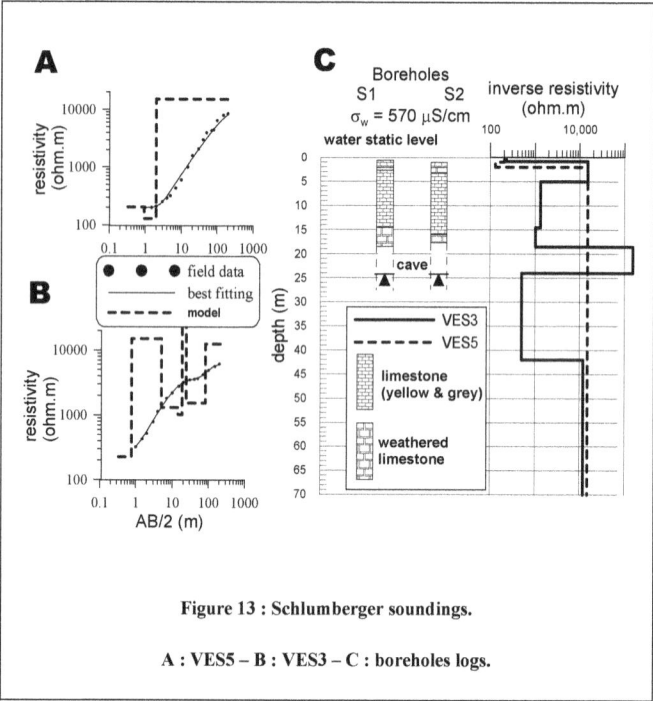

**Figure 13 : Schlumberger soundings.**

**A : VES5 – B : VES3 – C : boreholes logs.**

The forward modeling shows that the known cave cannot create a resistive anomaly which can be measured in this context (figure 14A). However, if we add on top of the cave a fracture which is visible in the field, it becomes possible to measure a resistive anomaly (figure 14B).

In this highly resistive context, such a karstic cave could be detected with DC-2D imagery through its shallow extensions, i.e. fractures and associated dissolution structures. However, a shallower cave can be measured directly if it is located at a depth of less than 10 meters (figure 14C).

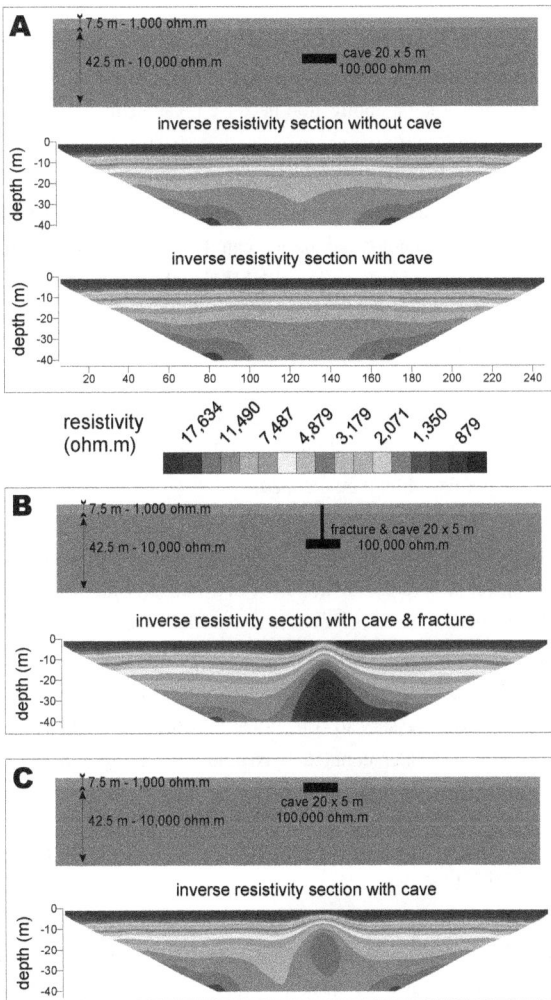

**Figure 14 : 2D resistivity models.**

A : inverse sections with and without cave – B : inverse section with cave and
fracture – C : inverse section with shallow cave.

- **Conclusion**

The main advantage of MRS for hydrogeological purposes is to measure a signal induced exclusively by groundwater. It is a useful tool which could have a place in the hydrogeologist's toolbox for karst application because it can estimate the spatial variations of permeability and transmissivity which underline karstic structures bearing water (as the epikarst, conduits and caves). However, the groundwater quantity has to be enough to send out a signal which can be measured. For practical purposes, the hydrogeologist can use figure 12 to estimate if its geological target can be detected with MRS, i.e. if the groundwater quantity and depth lead to a measurable signal.

One should also keep in mind that the geometry of the 3D structures can only be approached with 1D soundings.

For low magnetic signals, i.e. small or deep amounts of water, the measurement duration of a MRS can reach up to 20 hours (several hundreds of stacks) : in a karstic environment, an average of 1 sounding per day should be planned.

In such a high resistive context, the DC-2D imagery can measure the signal induced directly by the geological structures down to about 10 meters (with the used array). Deeper dissolution structures such as cave or conduit can be localized if they are associated to shallower anomalies as fractures.

In the Lamalou site the ground surface is basically limestone. Therefore, to set up the electrodes properly, it was necessary to drill holes into the rocks and to fill them with a clayey mixture to secure a proper contact. It is time consuming and an average of one imagery could be implemented per day.

- **Acknowledgments**

This work was carried out in the framework of *Action contre la Faim, BRGM, University of Montpellier* and *IRD* research programs which support the field work with a *GEOFCAN* budget allocation. We thank also M. Dukhan and G. Toé for their assistance in field measurements, Marek H. Zaluski, Solomon Isiorho and Frederick L. Paillet for their careful review of the manuscript. Astrid Stokes was a great help to improve the English language of the manuscript.

- **References**

Al-Fares, W. 2002. Caractérisation des milieux aquifères karstiques et fracturés par différentes méthodes géophysiques. doctorat, Université Montpellier II.

Al-Fares, W., M. Bakalowicz, R. Guerin, and M. Dukhan. 2002. Analysis of the karst aquifer structure by means of a ground penetrating radar (GPR)-example of the Lamalou area. *Journal Of Applied Geophysics* 51(2):35-44.

Bakalowicz, M. 1995. La zone d'infiltration des aquifères karstiques. Méthodes d'étude. Structure et fonctionnement. *Hydrogéologie* 4:3-21.

Bonin, H. 1980. Contribution à la connaissance des réservoirs aquifères karstiques, un exemple: Le causse de l'Hortus, un site expérimental: la source du Lamalou. doctorat, Université Montpellier II.

Gautman, P., S. Raj Pant, and H. Ando. 2000. Mapping of subsurface karts structure with gamma ray and electrical resistivity profiling : a case study from Pokhara valley, central Nepal. *Journal of Applied geophysics* 45(2):97-110.

Kenyon, W.E. 1997. Petrophysical Principles of Applications of NMR Logging. *The Log Analyst* March-April:21-43.

Legchenko, A., J.M. Baltassat, A. Beauce, and J. Bernard. 2002a. Nuclear magnetic resonance as a geophysical tool for hydrogeologists. *Journal of Applied Geophysics* 50 (Issue 1-2):21-46.

Legchenko, A., V., , and O. Shushakov, A. 1998. Inversion of surface NMR data. *Geophysics* 63(1):75-84.

Legchenko, A., and P. Valla. 2002b. A review of the basic principles for proton magnetic resonance sounding measurements. *Journal Of Applied Geophysics* 50 (Surface Magnetic Resonance Sounding: what is possible ?):3-19.

Locke, M.H, and R.D. Barker. 1995. Leat-squares deconvolution of apparent resistivity pseudosections. *Geophysics* 60(6):1682-1690.

Schirov, M., A. Legchenko, and G. Creer. 1991. New direct non-invasive ground water detection technology for Australia. *Exploration Geophysics* 22:333-338.

Sumanovac, S, and M. Weisser. 2001. Evaluation of resistivity and seismic methods for hydrogeological mapping in karst terrains. *Journal Of Applied Geophysics* 47(1):13-28.

Trushkin, D.V, O.A. Shushakov, and A.V. Legchenko. 1994. The potential of a noise-reducing antenna for surface NMR ground water surveys in the earth's magnetic field. *Geophysical Prospecting* 42:855-862.

Vouillamoz, J.M, M Descloitres, J Bernard, P Fourcassier, and L Romagny. 2002a. Application of integrated magnetic resonance sounding and resistivity methods for borehole implementation, A case study in Cambodia. *Journal Of Applied Geophysics* 50 (1-2):67-81.

## 3.3. La caractérisation des aquifères pour la modélisation hydrodynamique : exemple de la nappe du bassin versant de Kerrien

La modélisation est un outil fréquemment utilisé par l'hydrogéologue pour répondre à des questions spécifiques, notamment pour tenter de comprendre le fonctionnement complexe d'un aquifère et pour prédire le comportement d'un système face à de nouvelles contraintes (prélèvement, pollution, changement de la recharge, etc…).

Le travail de modélisation consiste à élaborer un modèle conceptuel susceptible de représenter la réalité, puis à calibrer ce modèle pour permettre aux simulations numériques de reproduire les observations de terrain. Enfin, le modèle est validé en vérifiant que les solutions numériques correspondent aux observations dans la diversité des conditions choisies (temporelles, dynamiques).

Le recours à la modélisation numérique est fréquent en hydrogéologie, notamment lorsque les solutions analytiques ne peuvent pas être utilisées ou sont trop complexes à résoudre (De Marsilly 1986). La modélisation hydrodynamique concerne les transferts de flux en zone saturée; elle peut être couplée à des modèles de transfert en zone non saturée et à des modèles hydrochimiques de transfert de soluté.

### 3.3.1. L'élaboration d'un modèle hydrodynamique

La modélisation hydrodynamique consiste à résoudre l'équation de diffusivité qui exprime la relation entre le flux, la charge et les paramètres hydrauliques du réservoir (De Marsily 1986) :

$$S \cdot \frac{\partial h}{\partial t} + (\Sigma - \mathrm{E}) = \frac{\partial}{\partial x} \cdot \left( K_x \cdot e \cdot \frac{\partial h}{\partial x} \right) + \frac{\partial}{\partial y} \cdot \left( K_y \cdot e \cdot \frac{\partial h}{\partial y} \right) + \frac{\partial}{\partial z} \cdot \left( K_z \cdot e \cdot \frac{\partial h}{\partial z} \right) \quad \text{(III.1)}$$

où $S$ est le coefficient d'emmagasinement, $K$ est le coefficient de perméabilité, $e$ est l'épaisseur de l'aquifère, $h$ est la charge hydraulique et le terme $(\Sigma - \mathrm{E})$ représente la balance entre les sorties (évapotranspiration, prélèvement…) et les entrées (infiltration, alimentation…) du système.

Le modèle est une représentation conceptuelle de la réalité. Il est défini par un espace qui est généralement subdivisé en unités susceptibles de représenter l'hétérogénéité du réservoir.

Chaque unité spatiale est donc caractérisée par un coefficient de perméabilité, un emmagasinement et une géométrie. L'application de la géophysique à la modélisation hydrodynamique est alors évidente : il s'agit de mettre en œuvre des mesures qui apportent à l'hydrogéologue des informations pour définir et caractériser les unités spatiales de son modèle, à savoir la géométrie, les valeurs du coefficient de perméabilité et l'emmagasinement (porosité efficace et coefficient d'emmagasinement).

L'ensemble des outils hydrogéologiques traditionnels peut être mis en œuvre pour préciser la construction du modèle, mais les pompages d'essai sont largement utilisés pour définir les valeurs de coefficient de perméabilité et d'emmagasinement du réservoir. Cette technique a souvent la faveur des hydrogéologues car elle est une mesure in situ dont la représentativité spatiale caractérise des paramètres moyens du réservoir. Les informations obtenues par la réalisation de forages sont également utilisées pour définir la géométrie du modèle (nombre de couches et épaisseurs). Cependant, les contraintes économiques obligent souvent à ne réaliser qu'un nombre de forages et de pompages limité, réduisant ainsi la connaissance spatiale des paramètres du système.

Dans ce cadre, l'apport de la géophysique dans la conception d'un modèle hydrodynamique s'entend comme la possibilité d'obtenir des informations complémentaires susceptibles d'améliorer la connaissance du milieu, pour préciser la construction du modèle et le contraindre vers des solutions proches de la réalité.

Les méthodes géophysiques doivent être choisies en fonction des informations recherchées par l'hydrogéologue et du type de milieu.
Lorsque la structure du réservoir peut être considérée comme simple à l'échelle de la mesure géophysique (milieu continu), les méthodes de mesure en une dimension sont suffisantes (sondages RMP, sondages et traînés électriques, sondages et profils électromagnétiques). Si la géométrie est complexe, la mise en place de mesure en 2 dimensions est nécessaire pour rendre compte des hétérogénéités du réservoir (panneau électrique, sismique réfraction, cartographie EM).
Les coefficients de perméabilité et l'emmagasinement peuvent être estimés à partir des sondages RMP, après une phase indispensable de calibration (Chapitre II, paragraphe 2.3).

### 3.3.2. L'exemple de la nappe du bassin versant de Kerrien

- **Le contexte d'étude**

Le bassin versant de Kerrien se situe en Bretagne, à une dizaine de kilomètre au sud de la ville de Quimper (France, Figure III-10). Il fait l'objet d'une étude conduite par l'INRA de Rennes pour identifier les processus hydrologiques impliqués dans les variations saisonnières des teneurs en nitrate (Martin 2003).

Deux bassins versants voisins (Kerbernez et Kerrien), qui présentent chacun des dynamiques de variations saisonnières très contrastées, font ainsi l'objet d'une étude expérimentale (caractérisation spatiale et temporelle des teneurs en nitrate dans les eaux souterraines et superficielles) et d'un travail de modélisation couplée hydrodynamique et hydrochimique permettant de tester des hypothèses relatives au transfert des solutés. A ce titre, un suivi météorologique, limnimétrique, piézométrique et chimique est effectué (Figure III-11).

L'exemple présenté résume les travaux de modélisation hydrodynamique de la nappe des altérites réalisés sur le bassin de Kerrien.

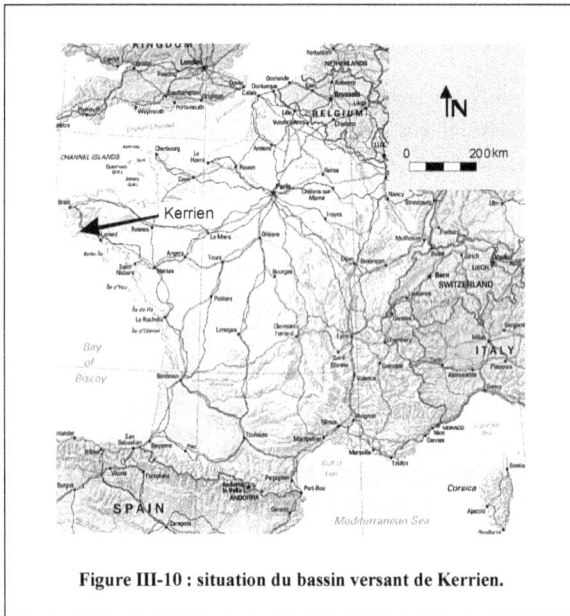

**Figure III-10 : situation du bassin versant de Kerrien.**

La superficie de ce bassin versant est de 9,5 hectares. Il présente une pente moyenne de 5% et est entièrement recouvert de prés.

Le site est situé sur les granodirorites de Plomelin, dont les affleurements montrent une structure moyenne à grossière. L'altération est développée sur l'ensemble du bassin sans que son épaisseur soit réellement connue; la réalisation des piézomètres n'a pas fait l'objet de suivi détaillé et la profondeur des ouvrages de 15 à 20 mètres sous la surface topographique à l'amont contre 5 à 10 mètres à l'aval n'est pas nécessairement liée à la profondeur du socle. Les altérations sont en eau sur l'ensemble de la superficie du bassin.

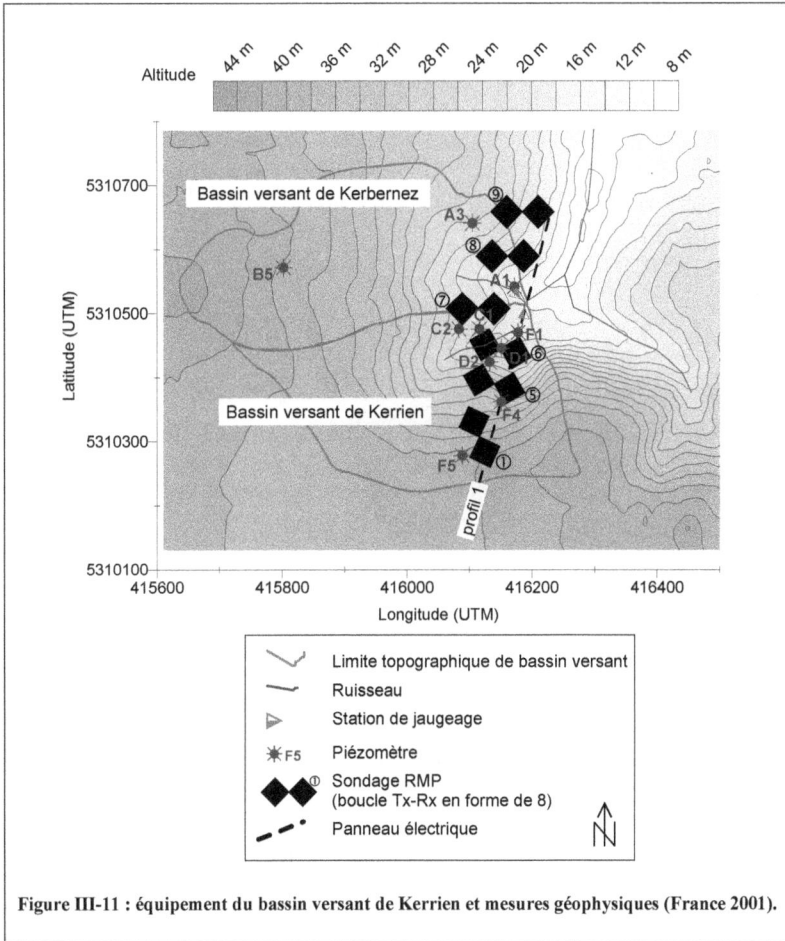

Figure III-11 : équipement du bassin versant de Kerrien et mesures géophysiques (France 2001).

- **La construction du modèle**

Les solutions numériques de l'équation (III.1) sont établies à partir du code développé par l'USGS utilisé dans le logiciel *Modflow* (Mc Donald and Harbough 1988). Ce code est basé sur une résolution de l'équation de diffusivité par la méthode des différences finies.

En première approche, le bassin versant est représenté comme une superposition de 3 couches : le sol, la zone d'altération et de fissuration qui simule le réservoir, et le socle sain considéré comme imperméable. L'ensemble des trois couches est divisé en cellules orthogonales dont la taille varie de 20 mètres de côté à l'amont, pour 5 mètres à l'aval. Le réservoir est ainsi représenté par une couche discrétisée selon un maillage rectangulaire (Figure III-12).

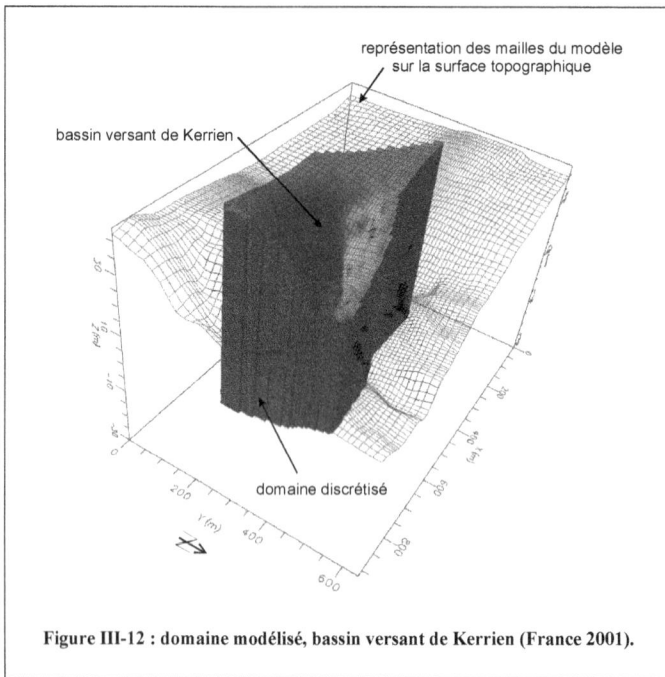

Figure III-12 : domaine modélisé, bassin versant de Kerrien (France 2001).

o *Estimation de l'épaisseur des couches*

Dans ce contexte de socle, les a priori hydrogéologiques prédisent un milieu hétérogène. Or, les informations lithologiques obtenues par forages ne sont représentatives que de la zone proche de l'ouvrage, comme le seraient les informations données par des sondages géophysiques. Dans ces conditions, les mesures par panneaux électriques sont pertinentes car elles permettent d'obtenir des images en deux dimensions des variations de résistivité du sous-sol, qui sont ensuite calculées en terme de structures.

Plusieurs panneaux électriques ont donc été réalisés sur le bassin versant selon une orientation amont/aval. La Figure III-13 présente le résultat de l'inversion du profil 1 (localisé sur la Figure III-11) qui met en évidence plusieurs unités :

- Les zones résistantes en profondeur, sur l'ensemble de la section, sont représentatives du socle. La profondeur moyenne de ce niveau est de 20 mètres sous la surface topographique; elle permet de définir le niveau du toit de la couche 3 qui représente le socle.
- Au sud de la section, le milieu globalement plus résistant indique certainement un niveau d'altérites propres (sans argile) ou une zone fissurée. Ce même horizon devient nettement plus conducteur vers le nord, et permet d'imaginer que l'altération est plus fine (résistivité moyenne de l'eau de 35 ohm.m). L'ensemble de ce niveau est en eau; il définit ainsi l'épaisseur moyenne du réservoir.
- Enfin, l'épaisseur du sol est fixée à 1,5 mètres à partir des observations de terrain.

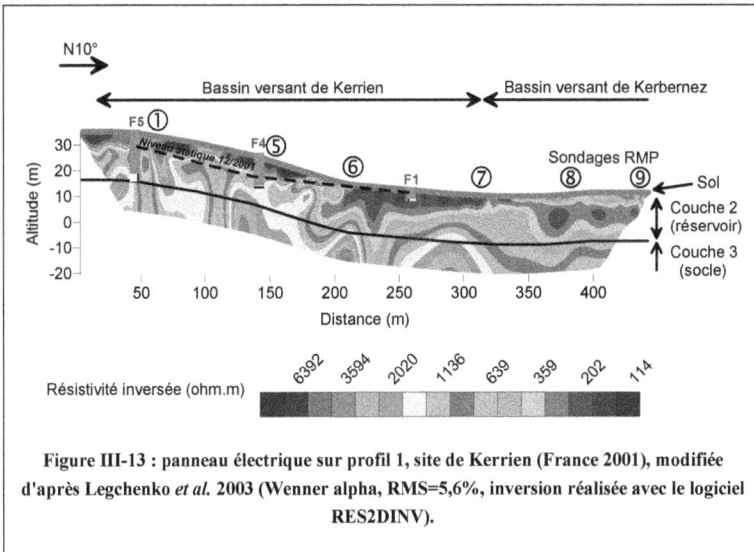

**Figure III-13 : panneau électrique sur profil 1, site de Kerrien (France 2001), modifiée d'après Legchenko et al. 2003 (Wenner alpha, RMS=5,6%, inversion réalisée avec le logiciel RES2DINV).**

o *Estimation de l'emmagasinement et des coefficients de perméabilité*

Des pompages d'essais ont été réalisés sur les piézomètres des bassins de Kerrien et de Kerbernez (Tableau III-4). Seuls ceux réalisés sur les ouvrages F5 et A3 peuvent être considérés comme représentatifs de l'aquifère car les piézomètres font respectivement 20 et 14 mètres de profondeur, contre 5 et 4 mètres pour les ouvrages F1 et A1 qui ne renseignent que sur les propriétés des horizons superficiels.

Le pompage d'essai réalisé sur le bassin de Kerrien (F5) propose un coefficient d'emmagasinement caractéristique d'un milieu captif ou semi captif, alors que le piézomètre se situe à proximité immédiate de la ligne de crête topographique du bassin versant. Les crépines du piézomètre positionnées entre 18,6 et 20 mètres de profondeur exploitent certainement un milieu complexe et fracturé, hypothèse que semble confirmer le panneau électrique (Figure III-13).

Dans ces conditions, il est indispensable de trouver d'autres sources d'information pour quantifier les paramètres hydrauliques nécessaires à la modélisation. La géophysique traditionnelle ne permet pas d'avoir accès à ces paramètres, alors que les sondages RMP sont susceptibles d'y parvenir. Aussi, 14 sondages ont été réalisés sur l'ensemble de la zone dont 6 le long du profil 1 (Legchenko *et al.* 2003, et Figure III-11). Une boucle en forme de huit de 37,5 mètres de côté a été utilisée pour réduire le bruit électromagnétique ambiant, autorisant ainsi une profondeur maximale d'investigation d'environ 40 mètres.

| Site | Pompage d'essai | | | Sondage RMP | | |
|---|---|---|---|---|---|---|
| | S | T (m²/s) | K (m/s) | $w$ | T (m²/s) | K (m/s) |
| RMP1 – F5 | $3.10^{-4}$ | $1,4.10^{-4}$ | $7,2.10^{-6}$ | $1.10^{-2}$ | $1,8.10^{-4}$ | $9.10^{-6}$ |
| RMP5 | | | | $3,1.10^{-2}$ | $2,3.10^{-4}$ | $2,5.10^{-5}$ |
| RMP6 | | | | 5 | $7,4.10^{-4}$ | $4,6.10^{-5}$ |
| F1 | $3,4.10^{-2}$ | $6,7.10^{-5}$ | $1,7.10^{-6}$ | | | |
| RMP7 | | | | $3,7.10^{-2}$ | $5,4.10^{-4}$ | $3,2.10^{-5}$ |
| RMP8 | | | | $3,3.10^{-2}$ | $1,9.10^{-3}$ | $1,9.10^{-4}$ |
| RMP9- A3 | - | $4,4.10^{-4}$ | $1.10^{-5}$ | $5,3.10^{-2}$ | $3,7.10^{-4}$ | $3,7.10^{-5}$ |
| A1 | $5,7.10^{-2}$ | $2,3.10^{-5}$ | $6.10^{-7}$ | | | |
| B5 | - | - | $\approx 10^{-9}$ | | | |

**Tableau III-4 : résultats des pompages d'essai et des sondages RMP, site de Kerrien (France 2001), modifié d'après Legchenko *et al.* 2003.**

Chapitre III

Pour quantifier les paramètres hydrodynamiques RMP il est nécessaire d'étalonner les sondages par rapport à des valeurs de référence (Chapitre II, paragraphes 2.3.4 et 2.3.5). Ce travail peut être effectué avec les résultats des pompages d'essai, et la calibration qui utilise la valeur $C' = 7 \cdot 10^{-9}$ permet d'obtenir une bonne correspondance entre les valeurs de coefficient de perméabilité RMP et celles estimées par pompage pour les deux ouvrages F5 et A3 (Tableau III-4).

Cependant, cette calibration ne peut pas être strictement validée car les représentativités spatiales des deux couples de mesure ne sont pas comparables : d'une part les durées des pompages sont limitées (4 heures pour A3 et 4,5 heures pour F5) alors que les panneaux électriques indiquent de forts gradients de résistivité entre l'amont et l'aval des bassins qui soulignent une structure complexe, et d'autre part les sondages RMP ont été réalisés en aval des piézomètres (aval immédiat pour le sondage 1 et distant d'environ 40 mètres pour le sondage 9). De plus, la mesure de la constante $T_1$ n'a pas été réalisée lors de l'exécution du sondage RMP1. La perméabilité est alors estimée à partir d'une relation expérimentale entre $T_1$ et $T_2^*$ ($T_1 = 1,72 \cdot T_2^*$, Legchenko *et al.* 2002a), avec toutes les incertitudes évoquées dans les chapitres précédents concernant l'utilisation de $T_2^*$.

Dans ces conditions, il est plus rigoureux d'adopter une démarche qualitative : les valeurs d'emmagasinement et de coefficient de perméabilité ne sont pas déterminées à partir des sondages RMP, mais les gradients mis en évidence par la comparaison des résultats des différents sondages sont fixés dans le modèle.

La Figure III-14 présente ainsi les valeurs de teneur en eau et de coefficient de perméabilité relatif le long du profil 1. Ces coupes sont construites à partir de mesures en une dimension (les sondages RMP) entre lesquelles une interpolation est réalisée. Dans ce milieu hétérogène, elles n'ont donc pas la prétention de représenter une image de la réalité mais simplement de souligner des contrastes dans les valeurs des paramètres enregistrés. La teneur en eau est la valeur moyenne calculée pour l'épaisseur de l'aquifère (Chapitre II, paragraphe 2.3.1) et le coefficient de perméabilité relatif au point $x$ est calculé tel que (Vouillamoz *et al.* 2002b) :

$$K_x^r = \frac{K_x}{K_r} = \frac{w_x \cdot T_{1\_x}^2}{w_r \cdot T_{1\_r}^2} \qquad (III.2)$$

où $K_x$ est le coefficient de perméabilité au point $x$ et $K_r$ le coefficient de perméabilité de référence qui est généralement choisi comme le point pour lequel la valeur de $K$ est la valeur maximale. Il ne s'agit donc que d'une transformation des grandeurs mesurées en valeurs relatives susceptibles de révéler les contrastes. Dans cette perspective, la Figure III-14 indique :

- Une teneur en eau et une perméabilité faibles en haut de versant qui permettent d'imaginer un milieu faiblement fissuré. Cette hypothèse est cohérente avec le panneau électrique qui montre un milieu résistant, et pourrait également confirmer la particularité du piézomètre F5 (milieu captif) qui semble implanté dans une zone fracturée.
- Une teneur en eau et une perméabilité plus importantes en bas de pente et dans le bas fond. Le panneau électrique indique dans ces zones un milieu nettement plus conducteur qui laisse imaginer la présence d'altérites bien développées.
- La géométrie établie à partir de la section de résistivité est confirmée .

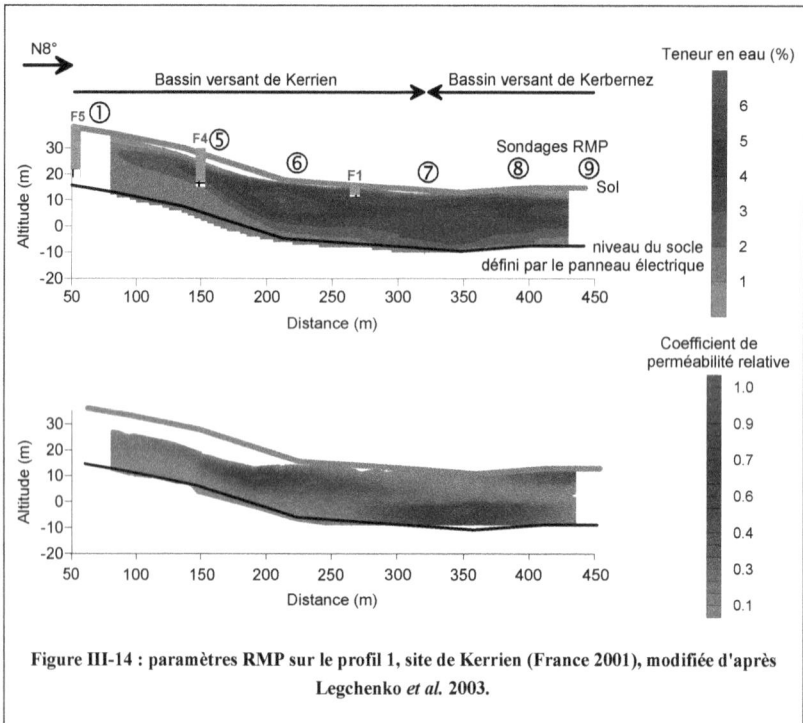

**Figure III-14 : paramètres RMP sur le profil 1, site de Kerrien (France 2001), modifiée d'après Legchenko *et al.* 2003.**

En définitive, la couche réservoir du modèle est différenciée en deux zones : à l'amont les caractéristiques d'emmagasinement sont fixées comme 5 fois plus faibles qu'à l'aval, contre 10 fois pour le coefficient de perméabilité (Figure III-15).

La troisième couche, qui représente le substratum, est définie comme imperméable ($K = 10^{-11}$ m/s). Les caractéristiques de la couche de sol sont estimées à partir d'observations pédologiques (Ruiz *et al.* 2002).

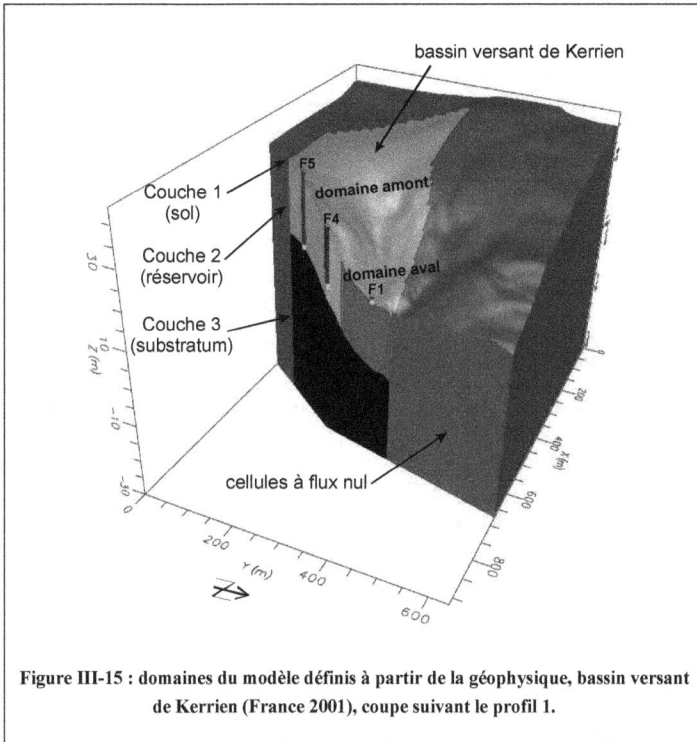

Figure III-15 : domaines du modèle définis à partir de la géophysique, bassin versant de Kerrien (France 2001), coupe suivant le profil 1.

○ *Les conditions aux limites*

L'aquifère est défini selon quatre conditions aux limites :

– La recharge est estimée comme équivalente à la pluie efficace calculée à partir de bilans hydrologiques (pas journalier).

– L'évapotranspiration est calculée selon la formule de Penman; elle est effective lorsque le niveau de la nappe se situe dans la couche du sol (1,5 mètres d'épaisseur).

– Le ruisseau de bas de versant est alimenté par la nappe. Il représente une limite à potentiel imposé qui draine la nappe lorsque son niveau est supérieur à la cote du fond du lit du ruisseau. Cette cote est fixée à partir des mesures de terrain comme étant de 20 cm sous la surface topographique.

– Les limites géométriques du réservoir sont supposées coïncider avec celles du bassin versant topographique. Les cellules qui entourent ce domaine sont considérées à flux nul.

• **La calibration du modèle**

Les cellules du modèle sont homogènes et isotropes. Ainsi, chaque domaine qui regroupe plusieurs cellules est caractérisé par une valeur unique de coefficient de perméabilité et d'emmagasinement ( $K_x = K_y = K_z$ et $S_x = S_y = S_z$ ). Ces valeurs représentent les propriétés moyennes des domaines considérés qu'il est nécessaire de rechercher dans la phase dite de calibration.

La calibration du modèle se fait en deux temps :

– Les valeurs du coefficient de perméabilité sont d'abord ajustées jusqu'à obtenir des niveaux piézométriques calculés aussi proches que possible des niveaux mesurés. Ce travail se fait en respectant les gradients de coefficient de perméabilité définis par les sondages RMP. Il est réalisé en régime permanent pour la date du 1$^{er}$ septembre 2001. Cette date est retenue car le système est supposé être effectivement en régime stabilisé (pas d'épisode pluvieux récent, écoulement quasi constant).

– La piézométrie obtenue par la calibration en régime permanent est ensuite utilisée comme charge initiale pour ajuster les grandeurs d'emmagasinement (porosité efficace et coefficient d'emmagasinement). Cet ajustement est réalisé en régime transitoire sur la période de 181 jours qui suit le 1<sup>er</sup> septembre 2001, avec un pas de temps journalier. Cet intervalle est choisi car il embrasse à la fois une période de décharge puis de recharge de la nappe.

La Figure III-16 présente les charges calculées après calibration du modèle en régime permanent, en fonction des charges mesurées dans les piézomètres.

La charge simulée correspond à la charge au centre de la cellule, mais le piézomètre peut dans la réalité se situer en bordure de cellule et représenter, à la limite, la charge de la cellule immédiatement voisine. Le positionnement des piézomètres sur une cellule voisine entraîne une différence moyenne de $33 \pm 85$ cm dans la charge mesurée. Aussi, les erreurs inférieures à 1 mètre ne sont pas considérées comme significatives et la calibration en régime permanent est satisfaisante.

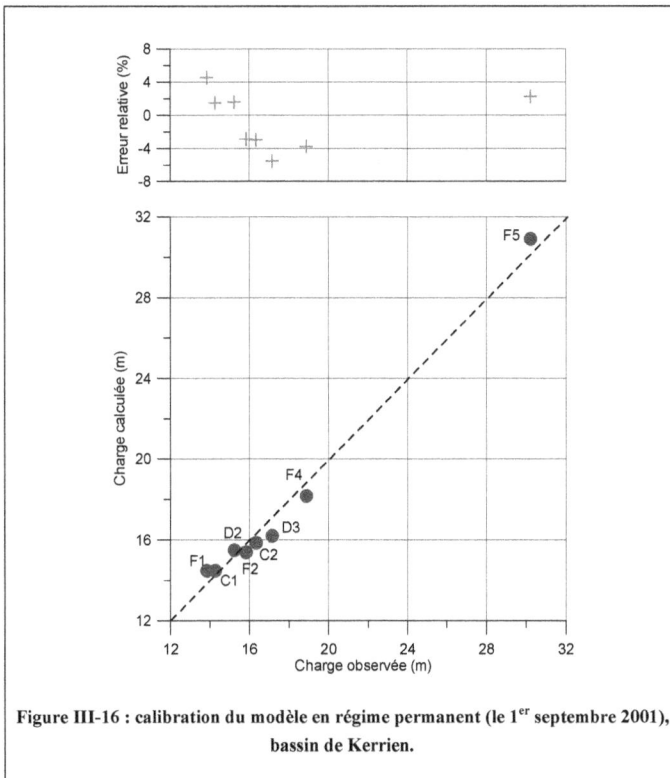

**Figure III-16 : calibration du modèle en régime permanent (le 1<sup>er</sup> septembre 2001), bassin de Kerrien.**

La calibration réalisée en régime transitoire permet de reproduire fidèlement la dynamique de la nappe, aussi bien en période de vidange que de recharge (Figure III-17).

Cependant, les volumes écoulés calculés sont toujours supérieurs aux observations, même si la dynamique est respectée. Il est réaliste d'imaginer qu'une partie des écoulements souterrains ne soit pas mesurée au niveau de l'exutoire de surface. Cette hypothèse est confirmée par les mesures géophysiques qui indiquent un milieu conducteur (altération probable) avec une teneur en eau et une perméabilité relative importante (altération propre ou fissuration) au niveau de la limite topographique avale entre les bassins de Kerrien et Kerbernez (Figure III-14). Un écoulement souterrain est donc possible à ce niveau, et la suite du travail de modélisation (bassin de Kerbernez et couplage hydrochimique) devrait apporter un éclairage plus complet sur cette observation.

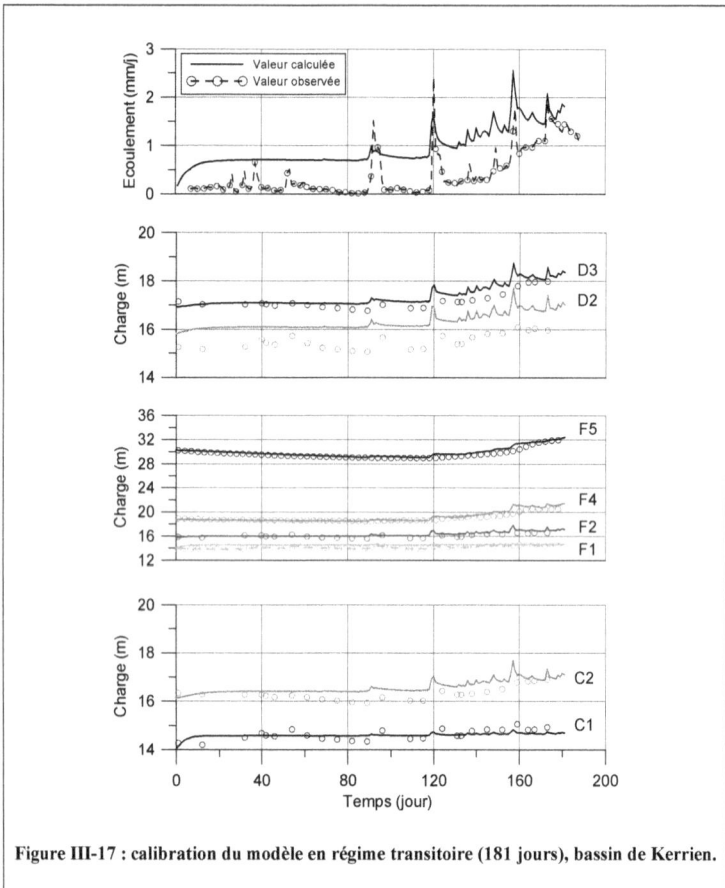

Figure III-17 : calibration du modèle en régime transitoire (181 jours), bassin de Kerrien.

Les valeurs des paramètres hydrodynamiques calés sont présentées dans le Tableau III-5. Le contraste du coefficient de perméabilité défini par les sondages RMP est remarquablement bien respecté avec un coefficient 10 fois plus faible à l'amont qu'à l'aval du bassin. Une calibration des sondages qui serait réalisée avec des données suffisantes permettrait donc d'obtenir des valeurs quantitatives du coefficient de perméabilité directement utilisables par le modèle.

Le gradient des teneurs en eau défini par les sondages RMP n'est par contre pas reproduit après la calibration du modèle. Il faut cependant noter que les cibles décrites par les sondages RMP sont représentées par les horizons de 0 à 40 mètres de profondeur, alors que tous les piézomètres situés à l'aval du bassin ont de 2 à 5 mètres de profondeur. Le paramètre intégrateur défini par les sondages RMP est donc différent des paramètres locaux retranscrits par les piézomètres.

| Zone | Modèle calé | | | | | | Sondage RMP | |
|---|---|---|---|---|---|---|---|---|
| | $n_e$ | $n_e$ relative | S | S relatif | K (m/s) | K relatif | $w$ relative | K relatif |
| Substratum | | | | | $1.10^{-11}$ | | | |
| Aquifère amont | $8.10^{-2}$ | 1 | $5.10^{-4}$ | 1 | $7.10^{-7}$ | 0,1 | 1 | 0,1 |
| Aquifère aval | $8.10^{-2}$ | 1 | $5.10^{-4}$ | 1 | $7.10^{-6}$ | 1 | 5 | 1 |
| Sol | $10^{-1}$ | | | | $5.10^{-4}$ | | | |

Tableau III-5 : valeurs calées par modélisation et valeurs RMP des paramètres du modèle de Kerrien.

- **La sensibilité du paramètre transmissivité**

Pour confirmer l'apport des sondages RMP pour estimer la transmissivité des différents domaines du modèle, une étude sur la sensibilité de ce paramètre est réalisée. Il s'agit de mesurer l'influence de la valeur de la transmissivité sur la piézométrie calculée, en faisant varier la géométrie des couches (épaisseur et distribution spatiale) ainsi que les valeurs des coefficients de perméabilité.

Le modèle retenu, qui résulte de la calibration présentée, est celui qui reproduit le mieux la piézométrie observée sur l'ensemble de la période de calibration de 181 jours (Figure III-18, graphique A).

Le modèle pour lequel une transmissivité uniforme est callée pour l'ensemble de la couche "réservoir" ( $K = 5.10^{-6} m/s$ ) reproduit moins bien la chronique piézométrique (Figure III-18, graphique B). De même, le modèle qui considère le réservoir comme bicouche avec un horizon d'altérites qui surmonte une zone fissurée ( $K_{altérites} = 0,1 \cdot K_{fissures} = 1 \cdot 10^{-6} m/s$ ) propose des valeurs de charges qui s'éloignent davantage de la piézométrie de la nappe que celles obtenues avec le modèle retenu (Figure III-18, graphique C).

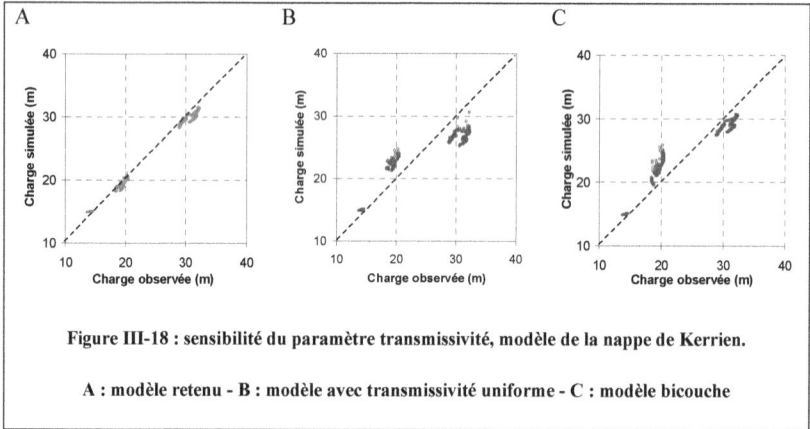

Figure III-18 : sensibilité du paramètre transmissivité, modèle de la nappe de Kerrien.

A : modèle retenu - B : modèle avec transmissivité uniforme - C : modèle bicouche

- **La validation du modèle**

Pour valider le modèle retenu, il est nécessaire de contrôler si le fonctionnement de l'aquifère est correctement simulé sur une longue période. La Figure III-19 est préparée avec l'ensemble des données observées et calculées sur une période de 466 jours à partir du 1er septembre 2001. L'erreur sur les valeurs calculées reste comparable à celle obtenue pour la période de calibration; le modèle reproduit donc de façon satisfaisante le fonctionnement du système qui est appréhendé par les variations de charges piézométriques et d'écoulement à l'exutoire.

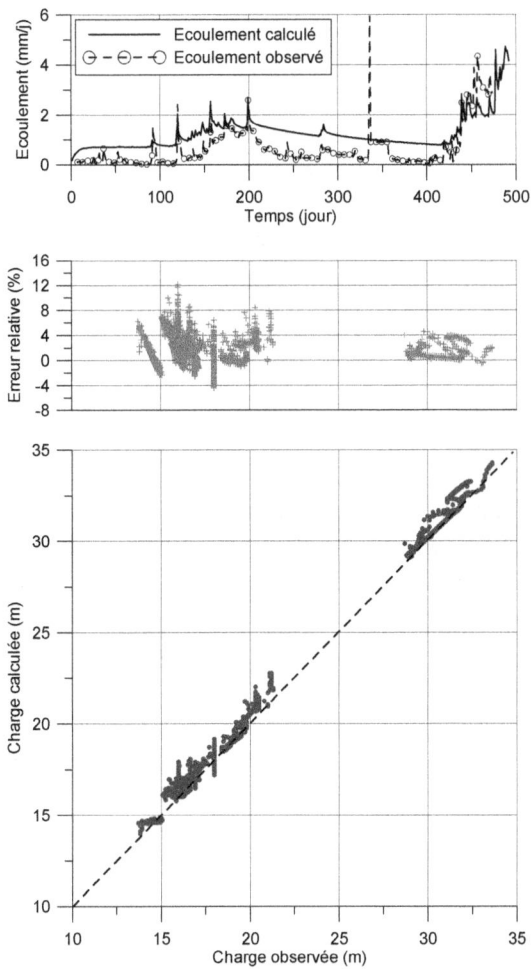

Figure III-19 : validation du modèle en régime transitoire (466 jours), bassin de Kerrien.

### 3.3.3. L'apport des méthodes géophysiques

L'apport de la géophysique dans la construction du modèle de Kerrien s'est fait à différents niveaux :

– La géométrie de la couche "réservoir" a été définie par l'interprétation du panneau électrique et confirmée par les sections RMP.

– Les domaines de perméabilité ont été choisis par l'interprétation conjointe du panneau électrique et des sections RMP.

– Le gradient de perméabilité au sein du réservoir a été fixé par l'interprétation des sections RMP.

Différents modèles sont susceptibles de reproduire le fonctionnement observé d'un aquifère; à l'image du domaine des solutions équivalentes défini pour la géophysique, un espace des modèles équivalents existe également pour la modélisation hydrodynamique. Cet espace se réduit jusqu'à tendre vers une solution probable si le nombre et la qualité des informations utilisées pour construire et calibrer le modèle sont suffisants.
L'utilisation des informations géophysiques dans les phases de conception et de calibration permet de mieux contraindre le modèle dans une représentation conforme aux observations; l'espace des modèles équivalents est ainsi réduit.

Dans ce travail, une approche qualitative a été retenue pour l'utilisation des paramètres RMP car la calibration des sondages n'a pas pu être réalisée de façon rigoureuse. Cependant, l'accès à des valeurs quantitatives est possible mais implique qu'une phase de calibration soit planifiée dans la procédure de modélisation, avec un travail concerté dans la réalisation des forages, des pompages d'essai et des sondages RMP d'étalonnage.

Dans cette perspective, la caractérisation des aquifères est précisée par la mise en place d'une procédure raisonnée, et une quantification de la géométrie, du coefficient d'emmagasinement et du coefficient de perméabilité du réservoir est alors possible.

## 3.4. La caractérisation des aquifères précisée par l'utilisation conjointe des méthodes géophysiques

La caractérisation des aquifères est précisée par l'utilisation conjointe de plusieurs méthodes géophysiques lorsque chacune apporte des informations complémentaires. Les sondages RMP peuvent ainsi être utilement complétés par une plusieurs méthodes de mesure de la résistivité électrique des terrains pour estimer le type de milieu, la géométrie des réservoirs, ses paramètres hydrauliques et la conductivité électrique de l'eau de la nappe.

### 3.4.1. La typologie des aquifères

Les sondages RMP ont montré leur capacité à estimer le type de réservoir à partir de la teneur en eau et des constantes de temps de décroissance (Chapitre II, paragraphe 2.3.2). Même qualitative, cette caractérisation est limitée par le recouvrement partiel des différents domaines qui ne permet pas, par exemple, de définir sans ambiguïté l'extension des réservoirs d'altérites et des réservoirs fissurés dans les zones de socle (Figure II-17).

La Figure III-20 présente les relations, pour ce même domaine des granites, entre la résistivité électrique des terrains et les paramètres RMP (constante $T_1$ et teneur en eau). Cette figure peut être comparée à celle construite avec les seuls paramètres RMP : les milieux sont mieux différenciés lorsque les paramètres RMP sont interprétés à la lumière des valeurs de résistivité calculée, et les recouvrements entre domaines sont minimisés.

Des informations complémentaires issues de méthodes différentes permettent donc de mieux préciser la typologie des réservoirs.

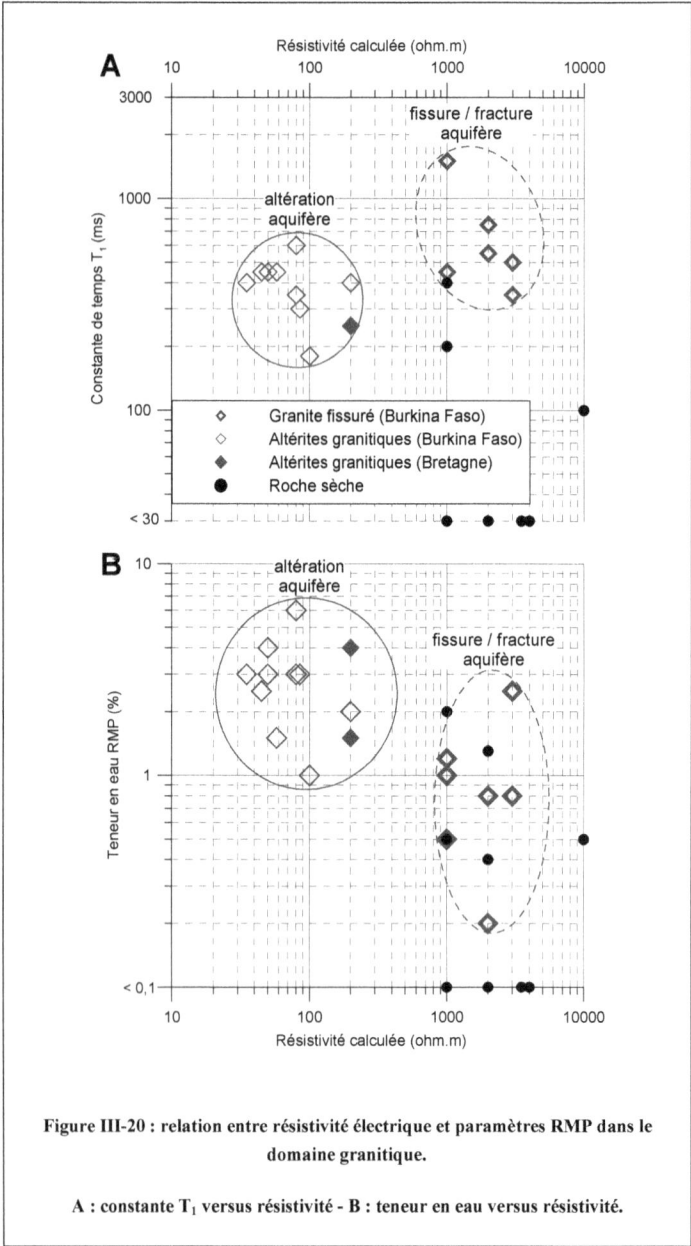

**Figure III-20 : relation entre résistivité électrique et paramètres RMP dans le domaine granitique.**

**A : constante T₁ versus résistivité - B : teneur en eau versus résistivité.**

### 3.4.2. La géométrie des réservoirs

- **Les milieux homogènes**

Dans les milieux homogènes à l'échelle des mesures, la géométrie des aquifères peut être étudiée par des mesures en une dimension.

La description de la géométrie des réservoirs par les sondages RMP est quantifiée dans le Chapitre II. La principale source d'imprécision est liée à la perte de résolution en profondeur.

La Figure III-21 présente l'interprétation proposée par l'utilisation conjointe des paramètres RMP et de la résistivité calculée pour le forage de St Esteve à Cavaillon. La profondeur du substratum n'est pas clairement définie par le sondage RMP car la taille de la boucle Tx-Rx utilisée sur ce site (forme carrée, 20 mètres de côté) n'autorise pas une résolution suffisante en profondeur. Le sondage Schlumberger permet par contre de préciser la géométrie du réservoir par des contrastes de résistivité importants entre la couverture argileuse, les galets aquifères et le substratum molassique.

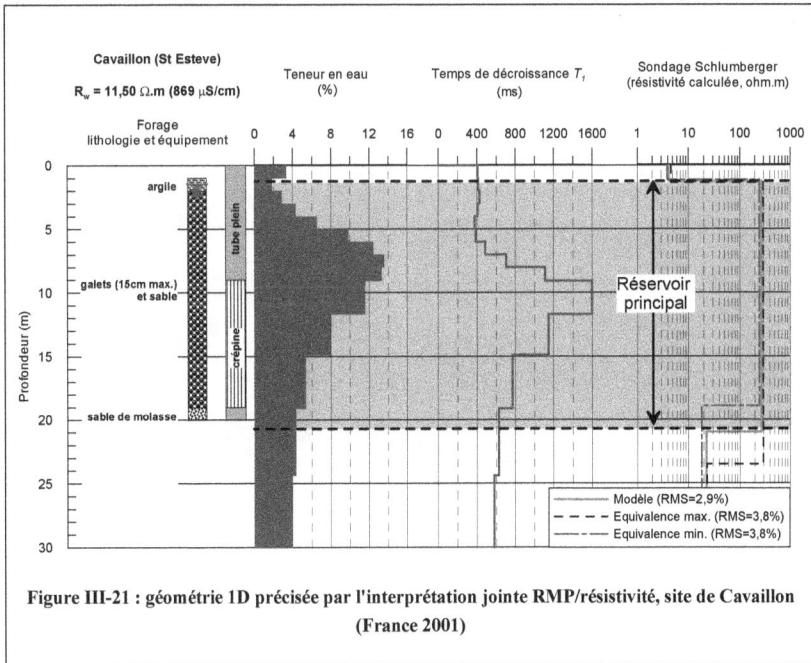

**Figure III-21 : géométrie 1D précisée par l'interprétation jointe RMP/résistivité, site de Cavaillon (France 2001)**

- **Les milieux hétérogènes**

Dans les milieux 2 ou 3D à l'échelle des mesures, la géométrie des aquifères ne peut pas être correctement définie par des mesures en une dimension.

Les exemples des grès du Mozambique (paragraphe 3.1. et Figure III-9), du karst de Lamalou (paragraphe 3.2) ou des granites de Bretagne (paragraphe 3.3, Figure III-13 et Figure III-14) illustrent comment les structures géologiques peuvent être révélées par les panneaux électriques, puis calculées en terme d'aquifère à la lumière des sondages RMP.

Mais les mesures RMP permettent également de rejeter une solution proposée par les méthodes traditionnelles, lorsque l'absence de signal n'est pas imputable aux limitations de la méthode (roche magnétique, suppression, résolution).
L'exemple du site de Ntchena (grès de Sena du Mozambique), montre que la structure calculée comme potentiellement aquifère, sur laquelle ont été réalisés deux forages, est en fait non productive (Figure III-22). Le panneau électrique a été implanté sur un linéament photo qui n'a pas été confirmé sur le terrain. Cependant, les contrastes de résistivité calculée permettent d'imaginer la présence d'une faille dont le compartiment sud-est pourrait être aquifère (résistivité de 100 à 200 ohm.m).
Un sondage RMP a été mis en œuvre au droit de la zone résistante, mais n'a mesuré aucun signal protonique. Le forage 11/FCH/00 s'est révélé sec (comme le forage 5/FCH/99).

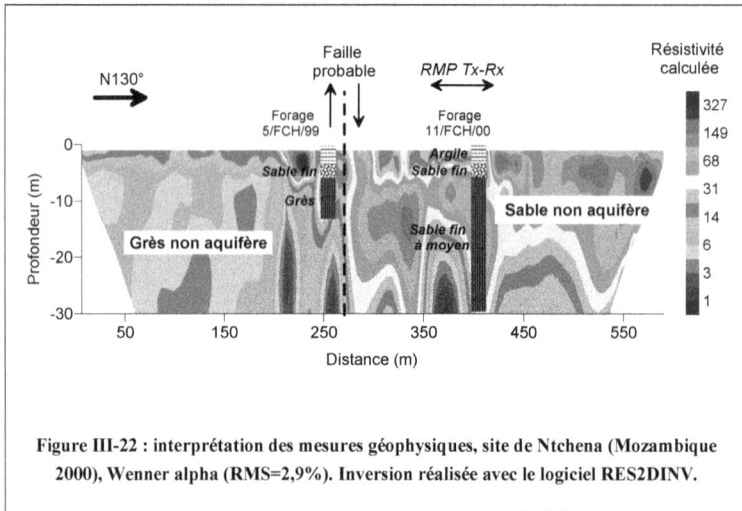

Figure III-22 : interprétation des mesures géophysiques, site de Ntchena (Mozambique 2000), Wenner alpha (RMS=2,9%). Inversion réalisée avec le logiciel RES2DINV.

### 3.4.3. Les paramètres hydrauliques et la conductivité de l'eau

Les sondages RMP permettent d'accéder à des évaluations de l'emmagasinement et de la productivité des aquifères (Chapitre II, paragraphe 2.3), mais ne renseignent pas sur la minéralisation de l'eau souterraine. Au contraire, les méthodes de mesures des résistivités des terrains sont très sensibles à la conductivité électrique du milieu mais ne mesurent pas de signaux liés uniquement à la présence de l'eau (Chapitre I, paragraphe 1.1). La mise en œuvre conjointe des deux techniques permet alors de préciser les informations proposées séparément par chacune des méthodes.

La Figure III-23 présente ainsi les relations entre les caractéristiques des aquifères et les grandeurs géophysiques, obtenues au cours d'une campagne de mesures réalisées dans la province de Siem Reap au Cambodge (Vouillamoz *et al.* 2002).

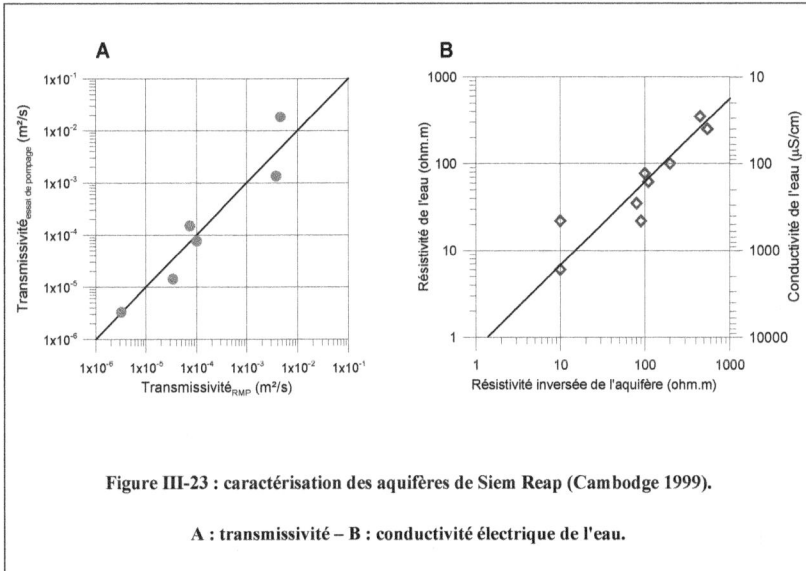

**Figure III-23 : caractérisation des aquifères de Siem Reap (Cambodge 1999).**

**A : transmissivité – B : conductivité électrique de l'eau.**

Sur un site donné, la transmissivité de l'aquifère peut donc être estimée par un sondage RMP (à partir de la formulation qui utilise la constante $T_2^*$, Chapitre II, paragraphe 2.3.5), et la conductivité de l'eau souterraine est appréhendée par une relation empirique qui relie la résistivité de l'eau et celle de l'aquifère. Cette dernière est mesurée par un sondage TDEM qui utilise la même boucle Tx que celle déployée pour le sondage RMP.

L'étude conjointe de la transmissivité RMP et de la résistivité électrique des terrains permet ainsi de préciser la caractérisation des aquifères. Dans les régions de socle, les domaines des altérites, les réservoirs de fissures et/ou de fractures, et les granites sains sont clairement différenciés (Figure III-24-A). Dans les milieux continus, les zones argileuses, les roches sèches et les aquifères sont également identifiés. La productivité des réservoirs et la conductivité électrique de l'eau des nappes sont estimés (Figure III-24-B).

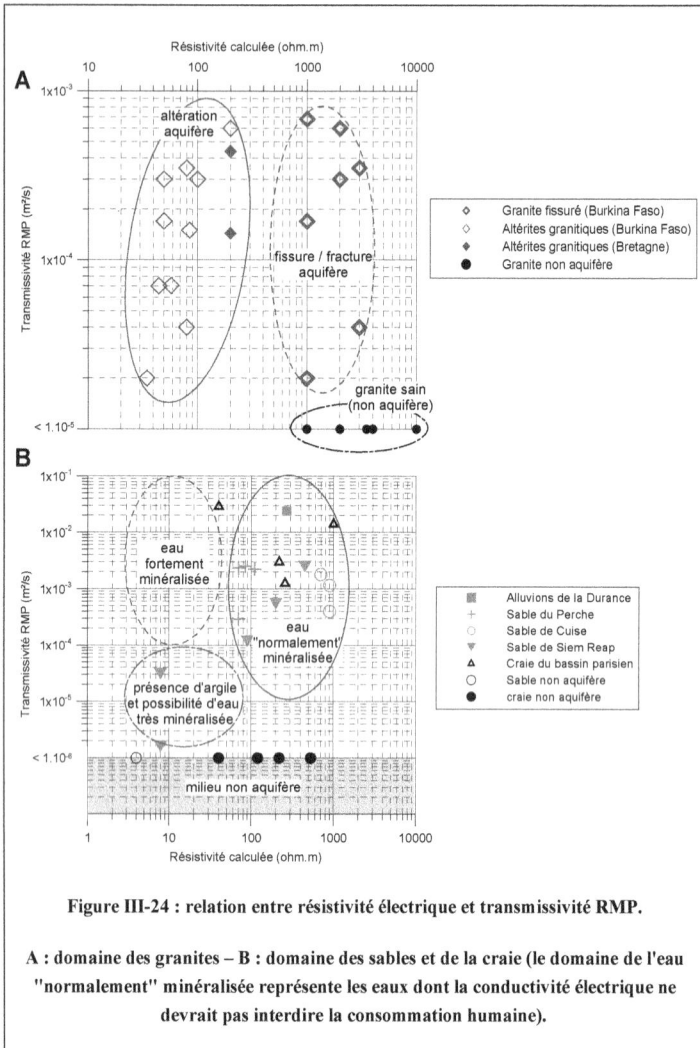

Figure III-24 : relation entre résistivité électrique et transmissivité RMP.

A : domaine des granites – B : domaine des sables et de la craie (le domaine de l'eau "normalement" minéralisée représente les eaux dont la conductivité électrique ne devrait pas interdire la consommation humaine).

## 3.5. Conclusion du chapitre

Les études expérimentales conduites dans le cadre de cette thèse montrent qu'une caractérisation qualitative des aquifères est obtenue par l'interprétation des sondages RMP au travers de la distribution spatiale des valeurs de teneur en eau, taille moyenne des pores, coefficients de perméabilité et transmissivité relatifs. Ces informations peuvent être quantifiées si les sondages RMP sont calibrés à partir de données de référence, généralement obtenues par pompages d'essai.

Dans les milieux hétérogènes, les principales limites de cette méthode résident dans son caractère 1D et son fort pouvoir intégrateur (lorsqu'elle est utilisée dans son domaine de résolution théorique). De plus, sa mise en oeuvre est parfois contraignante lorsque le rapport signal sur bruit est défavorable, ou que l'accès à la zone d'intérêt est périlleux (durée d'acquisition, source d'énergie, poids des bobines Tx-Rx). Lorsque ces limites deviennent contraignantes pour l'objet d'étude, elles peuvent être levées ou allégées par l'utilisation conjointe des sondages RMP et de méthodes géophysiques traditionnelles.

Le choix des méthodes et l'enchaînement de leur mise en oeuvre s'inscrivent dans une procédure définie en fonction d'une évaluation technique et économique. Ces procédures hydro-géophysiques dépendent de l'objet d'étude. Les expériences conduites dans le cadre de ce travail montrent que la caractérisation des aquifères peut être précisée par l'utilisation conjointe des sondages RMP et des méthodes de mesure de la résistivité des terrains dans les domaines suivants :

– En milieu continu, la géométrie des réservoirs est approchée par les sondages 1D. Les dispositifs à courant continu sont privilégiés dans les environnements électriquement résistants, alors que les sondages TDEM prennent tout leur intérêt dans les milieux conducteurs. Ces méthodes de mesures de la résistivité peuvent apporter des informations sur la conductivité électrique de l'eau. Les sondages RMP décrivent la géométrie des réservoirs au travers de la distribution en profondeur de leurs paramètres hydrauliques, mais ils ne sont pas sensibles à la minéralisation de l'eau. L'interprétation jointe des sondages RMP et des mesures de résistivité précise la géométrie des réservoirs et la conductivité de l'eau des nappes.

– En milieu hétérogène, la méthode de mesure des résistivités en 2D permet généralement de décrire les structures complexes. La sismique réfraction peut également être une technique d'intérêt, mais sa mise en œuvre est contraignante, notamment au niveau de la source. L'interprétation de cartes et de profils construits par l'interpolation de données issues de sondages RMP permet de souligner la distribution spatiale des paramètres hydrauliques des aquifères. Cette description reste qualitative et n'est possible que lorsque la taille de la boucle Tx-Rx est compatible avec les cibles structurales recherchées. L'interprétation jointe des panneaux électriques et des sondages RMP précise la caractérisation des aquifères par la description des structures, des paramètres hydrauliques des réservoirs et de la conductivité électrique de l'eau.

–   Dans les milieux karstiques, le domaine d'application de la géophysique pour l'hydrogéologie n'est pas très étendu. Les sondages RMP sont néanmoins susceptibles de révéler la présence d'eau souterraine qui peut être envisagée par l'interprétation structurale de panneaux électriques; il s'agit cependant de vérifier a priori si l'emploi de la géophysique est potentiellement intéressant en se référant aux modèles théoriques.

–   Enfin, rappelons que les contextes de roches magnétiques ne peuvent pas être caractérisés aujourd'hui par les sondages RMP, alors que les méthodes traditionnelles sont opérationnelles dans ces contextes souvent hétérogènes.

En définitive, la caractérisation des aquifères est précisée par l'utilisation de plusieurs méthodes car chacune apporte des informations différentes et complémentaires. L'interprétation jointe des paramètres RMP et des valeurs de résistivité des terrains donne ainsi accès à une évaluation de la structure du milieu, du type de réservoir, de ses paramètres hydrauliques et de la conductivité électrique de l'eau de la nappe.

Les résultats opérationnels obtenus dans le cadre de cette thèse par l'application de telles procédures hydro-géophysiques faisant appel à l'utilisation combinée des sondages RMP et de méthodes traditionnelles sont synthétisés dans le Tableau III-6.

Ces résultats sont mesurés par des indicateurs définis en fonction des objectifs hydrogéologiques. La quantification des résultats est calculée avec les données disponibles dont le nombre est présenté dans la colonne "population" du tableau III-6.

| Site d'étude | Objectif hydrogéologique | Indicateur | Méthode géophysique utilisée | Résultat | Population |
|---|---|---|---|---|---|
| Mozambique | Diminution du nombre de forages "salés" | Fréquence des forages "salés" | Sondage électrique | -16% (de 22 à 6%) | 47 forages |
| | Recherche d'aquifères à proximité des populations | Taux de succès des forages (Q>800 l/h et $R_w$>10 ohm.m) | Sondage TDEM + Panneau électrique + Sondage RMP | + 66% (de 0 à 66%) | 15 forages |
| Honduras | Augmentation de la productivité des forages | Débit d'exploitation | Sondage RMP | Pas de résultat (roches magnétiques) | 7 sondages |
| | | | Sondage TDEM + Panneau électrique | +80% (de 6 $m^3$/h à 31 $m^3$/h) | 12 forages |
| Cambodge | Recherche d'aquifères à proximité des populations | Taux de succès des forages (Q>800 l/h) | Sondage électrique ou TDEM + Panneau électrique + Sondage RMP | + 34% (de 56 à 90%) | 36 forages |

Tableau III-6 : quantification de l'apport opérationnel de l'utilisation combinée des sondages RMP et des méthodes de mesure de la résistivité.

# Conclusion

# Conclusion

## La problématique

L'eau souterraine est une ressource souvent mobilisée pour répondre aux besoins des hommes. Qu'il s'agisse de la recherche de nouveaux gisements ou de la gestion d'aquifères en exploitation, de nombreux outils sont utilisés par l'hydrogéologue pour tenter d'améliorer ses connaissances sur le fonctionnement de ces systèmes parfois complexes.

Les méthodes géophysiques traditionnelles appliquées à l'hydrogéologie sont un de ces outils. Elles sont qualifiées de méthodes indirectes car aucune ne mesure un paramètre physique lié uniquement à la présence de l'eau souterraine. A partir des a priori hydrogéologiques, l'interprétation des variations du paramètre géophysique mesuré permet d'imaginer la structure du sous-sol et de révéler la présence de l'eau.
La méthode des sondages par Résonance Magnétique Protonique (RMP) est une méthode directe dans le sens où elle mesure, dans les conditions normales, un signal émis directement et uniquement par des noyaux atomiques de la molécule d'eau. Face aux méthodes traditionnelles, cette propriété originale donne aux sondages RMP un intérêt particulier pour les applications hydrogéologiques (Chapitre I).

L'objectif du travail engagé dans cette thèse est de préciser les informations hydrogéologiques que les sondages RMP permettent d'appréhender. Il s'agit dans un premier temps de rechercher si la caractérisation qualitative des aquifères proposée par certains auteurs à partir de mesures mises en œuvre dans des contextes géologiques particuliers peut être validée pour l'ensemble des grands domaines hydrogéologiques. Dans un second temps, la quantification de la capacité des réservoirs à contenir de l'eau et à conduire le flux est recherchée.

Pour conduire ce travail, les résultats de sondages RMP réalisés autour de forages ont été comparés aux données issues des travaux de forages et des pompages d'essai. Cette comparaison a d'abord été qualitative, puis des relations quantitatives ont été recherchées

(Chapitre II). Enfin, l'apport des sondages RMP pour caractériser les aquifères a été évalué au travers de l'utilisation conjointe de la méthode RMP et des méthodes géophysiques traditionnelles (Chapitre III).

Ces approches ont été utilisées dans différents contextes géologiques choisis pour représenter au mieux la diversité des systèmes aquifères.

## Les principaux enseignements

Les résultats de ce travail ont permis de confirmer et de compléter des informations déjà renseignées par différents auteurs, notamment au sujet des limites de la méthode :

- Le rapport signal sur bruit est fréquemment défavorable et cause des incertitudes dans l'estimation des paramètres RMP (Chapitre II, paragraphe 2.2.1).

- Les équivalences RMP sont représentées par le produit $w \cdot \Delta z$. Il n'est donc pas possible de définir à la fois la teneur en eau $w$ et l'épaisseur $\Delta z$ d'un aquifère (Chapitre II, paragraphe 2.2.2).

- Le fort pouvoir intégrateur du sondage RMP ne permet pas de rendre compte des hétérogénéités au sein du volume exploré. Les paramètres mesurés sont donc des paramètres moyens, représentatifs du volume intégré (Chapitre II, paragraphe 2.2.2).

- Lorsque le volume d'eau au sein du volume total exploré par le sondage crée un signal de trop faible amplitude pour être mesuré, le niveau aquifère est "supprimé" même s'il est productif. Ce phénomène de suppression peut notamment être problématique dans les milieux fracturés et les karsts (Chapitre II, paragraphe 2.2.2 et Chapitre III, paragraphe 3.3).

- La profondeur d'investigation maximale est d'environ 40% le diamètre de la boucle Tx-Rx dans les cas les plus défavorables, contre 1,5 fois ce même diamètre dans les conditions les plus favorables (Chapitre II, paragraphe 2.2.2).

- Les signaux RMP ne peuvent pas être enregistrés par la procédure classique dans les contextes de roches magnétiques (Chapitre II, paragraphe 2.2.3).

- Le signal RMP n'est pas opérationnellement sensible à la qualité de l'eau (Chapitre II, paragraphe 2.3.2).

Ce travail a ensuite permis de mesurer la capacité des sondages RMP à caractériser les aquifères. D'un point de vue qualitatif, et à condition que les cibles recherchées restent dans le domaine de résolution de la méthode :

- Les sondages RMP mesurent sans ambiguïté un signal indicateur de la présence d'eau, si la possibilité de trouver des hydrocarbures est écartée (Chapitre II, paragraphe 2.3.2).

- Les valeurs de teneur en eau et de constante de temps $T_1$, ou indifféremment $T_2^*$, sont indicatrices de la nature des aquifères qu'il est possible d'imaginer à partir des a priori géologiques (Chapitre II, paragraphe 2.3.2).

- La taille moyenne des pores équivalents qui contiennent l'eau, appréhendée par les constantes de temps $T_1$ et, dans une moindre mesure $T_2^*$, est un paramètre géophysique indicateur de la perméabilité des terrains dans les milieux continus.

- La teneur en eau est une estimation de la porosité cinématique. Dans les situations favorables, la porosité de drainage peut être estimée à partir d'un temps de coupure $T_{1-c}$, tel que $n_{e\_RMP\_T1} = w$ pour $T_1 > T_{1-c}$ (Chapitre II, paragraphe 2.3.4).

- La géométrie des réservoirs est décrite en une dimension (la profondeur) avec une erreur moyenne de 24% sur les profondeurs du toit pour la gamme de 1 à 40 mètres, et une erreur moyenne 13% sur la profondeur du substratum pour la gamme de 20 à 90 mètres (Chapitre II, paragraphe 2.3.3).

- Les structures aquifères sont mises en évidence par les contrastes de perméabilité et de transmissivité relatives définies par $K_x^r = \dfrac{K_x}{K_r}$ et $T_x^r = \dfrac{T_x}{T_r}$ (Chapitre III, paragraphes 3.2 et 3.3).

Lorsqu'une calibration des sondages RMP est possible, notamment à partir d'informations obtenues par forages et pompages d'essai, une caractérisation quantitative des paramètres hydrauliques des aquifères est possible :

- L'estimation de la porosité de drainage en nappe libre est accessible suivant l'expression $n_{e\_RMP} = w \cdot C_2$. Cette relation reste à confirmer avec une population de données plus importante, mais appliquée aux réservoirs de socle du Burkina Faso avec $C_2 = 0,28$, elle permet d'estimer la porosité de drainage dans une gamme de $\pm 1,8$ fois la valeur obtenue par pompage d'essai (Chapitre II, paragraphe 2.3.4).

– Dans les nappes captives, un coefficient RMP est proposé à l'image du coefficient d'emmagasinement, tel que $S_{RMP} = (w \cdot \Delta z) \cdot C_1$. Cette formulation appliquée aux contextes de socle du Burkina Faso permet d'estimer l'emmagasinement dans une gamme de $\pm 1,9$ fois la valeur de référence définie par pompage d'essai (Chapitre II, paragraphe 2.3.4). Cette formulation reste également à confirmer avec une population de données plus importante et pour des nappes clairement captives.

– La transmissivité estimée par la formule $T_{RMP} = C' \cdot w \cdot \Delta z \cdot (T_1)^2$ définit une valeur de $\pm 2$ fois la valeur de référence mesurée par pompage d'essai dans 83% des cas (population de 30 individus). L'hydrogéologue dispose ainsi d'une estimation robuste de la productivité des aquifères réalisée à partir d'une méthode non invasive (Chapitre II, paragraphe 2.3.5). En comparaison, la transmissivité est estimée à $\pm 3,2$ fois la valeur de référence lorsque la constante $T_2^*$ est utilisée à la place de $T_1$, telle que $T_{RMP} = C' \cdot w^4 \cdot (T_2^*)^2 \cdot \Delta z$ (Chapitre II, paragraphe 2.3.5).

Enfin, l'utilisation conjointe des sondages RMP et des méthodes de mesure de la résistivité des terrains permet d'améliorer significativement la caractérisation des aquifères. Cette mise en œuvre conjointe doit être définie dans le cadre d'une procédure hydro-géophysique, et les principaux enseignements relatifs aux travaux mis en œuvre dans le cadre de cette thèse sont les suivants (Chapitre III) :

– En milieu homogène à l'échelle des mesures, la géométrie des réservoirs peut être approchée par les sondages 1D.
L'interprétation jointe des valeurs de résistivité et des paramètres RMP permet de préciser la géométrie des réservoirs et de différencier les zones argileuses, les réservoirs productifs et les roches sèches; la productivité et l'emmagasinement des aquifères peuvent être quantifiés, et la conductivité électrique de l'eau de la nappe est précisée.

– Dans les milieux complexes, les mesures de résistivité en 2D soulignent généralement les structures du sous-sol.
L'interprétation conjointe des panneaux électriques et des valeurs de transmissivité RMP permet de décrire les structures et de différencier les aquifères des ensembles non productifs; la productivité des aquifères peut être quantifiée et la conductivité

électrique de l'eau estimée. En zone de socle, il est possible de distinguer les altérites non productives, les réservoirs d'altérites, les réservoirs de fissures/fractures, et les granites sains.

– Dans les milieux karstiques, le domaine d'application de la géophysique pour l'hydrogéologie n'est pas très étendu; il s'agit donc de vérifier a priori si l'emploi de la géophysique est potentiellement intéressant.
Les panneaux électriques soulignent les structures qui peuvent être interprétées en terme géologique, et les perméabilité et transmissivité relatives RMP permettent d'estimer si ces structures sont aquifères. Dans les cas favorables, l'aquifère de l'épikarst est bien différencié des figures de dissolution contenant de l'eau.


## Les conséquences pratiques

Ces résultats permettent de considérer les sondages RMP comme une méthode opérationnelle pour décrire les structures 1D et estimer le coefficient d'emmagasinement et la transmissivité des réservoirs. Cette caractérisation est d'abord qualitative, mais elle peut être quantifiée si une calibration des sondages RMP est réalisée à partir de valeurs de référence.
La caractérisation des aquifères est également améliorée, notamment dans les milieux complexes, lorsque les sondages RMP sont associés à des méthodes traditionnelles. Des procédures hydro-géophysiques peuvent alors être définies; dans le cadre de cette thèse, elles ont permis de mieux connaître les systèmes aquifères et :

– D'améliorer l'implantation de forages d'eau. Le nombre d'ouvrages improductifs est réduit, le nombre d'ouvrages délivrant une eau trop minéralisée est diminué et les débits moyens d'exploitation sont augmentés (Chapitre III, paragraphe 3.4).

– D'obtenir des informations permettant de mieux contraindre un modèle hydrodynamique de nappe. La géométrie, le coefficient de perméabilité et l'emmagasinement du réservoir sont estimés par les sondages RMP qui, après calibration avec des données issues de forages, sont utilisés comme sources d'informations complémentaires pour concevoir et nourrir un modèle (Chapitre III, paragraphe 3.3).

Le domaine de résolution, les limites et les contraintes de la méthode doivent être définis précisément pour une mise en œuvre rationnelle.

## Les publications

Les travaux réalisés au cours de cette thèse ont fait l'objet des publications et communications suivantes :

Al-Fares, W., Bakalowicz, M., Albouy, Y., **Vouillamoz, J.M.**, Dukhan, M., Toe, Guérin, G. 2001. Contribution de la géophysique à l'étude d'un aquifère karstique-Exemple: le site karstique du Lamalou. 3ème Colloque GEOFCAN, 25-26 sept. 2001, at Orléans.

Legchenko, A., Baltassat, J.M., and **Vouillamoz J.M.** 2003. A complex geophysical approach to the problem of groundwater investigation. SAGEEP 2003.

Legchenko, A., Baltassat, J.M., Albouy, Y., **Vouillamoz, J.M.**, Bakalowicz, M.,Al-Fares, W. 2002a. Experience of Karst localization using Magnetic Resonance Soundings. 8th Meeting of the Environmental and Engineering Geophysical Society (European Section), September 8-12, at Aveiro (Portugal).

Legchenko, A., Baltassat, J.M., Bobachev, A., Martin, C., Robain, H., **Vouillamoz, J.M.** En cours (accepté). Magnetic resonance soundings applied to characterization of aquifers. *Ground Water*.

Legchenko, A., Baltassat, J.M., Martin, C., Robain, H., **Vouillamoz, J.M.** 2002b. Magnetic Resonance Sounding method applied to catchment study. 8th Meeting of the Environmental and Engineering Geophysical Society (European Section), September 8-12, at Aveiro (portugal).

Legchenko, A., **Vouillamoz, J.M.**, Descloitres, M. En cours (accepté). Interpretation of MRS measurements in time-varying geomagnetic field. Deuxième séminaire international sur la méthode de Résonance Magnétique des Protons appliquée à la recherche non invasive d'eau souterraine, 19-21 novembre 2003, at Orléans.

**Vouillamoz, J.M.** 2000. Implementing borehole in Cambodia : geophysical contribution, 26th WEDEC conference, Dhaka, Bengladesh.

**Vouillamoz, J.M.**, Legchenko, A., Albouy, Y., Bakalowicz, M., Baltassat, J.M., Al-Fares, W. En cours (accepté). Localization of saturated Karst with Magnetic Resonance Sounding and Resistivity Imagery. *Ground Water*.

**Vouillamoz, J.M.**, Chatenoux, B. 2001. Apport de la géophysique pour l'implantation des forages d'eau au Mozambique (méthodes électriques, TDEM et RMP). 3ème Colloque GEOFCAN, 25-26 sept. 2001, at Orléans, France.

**Vouillamoz, J.M.**, Descloitres, M., Bernard, J., Fourcassier, P., Romagny, L. 2002. Application of integrated magnetic resonance sounding and resistivity methods for borehole implementation, A case study in Cambodia. *Journal Of Applied Geophysics* 50 (1-2):67-81.

**Vouillamoz, J.M.**, Descloitres, M., Legchenko, A., Toe, G. En cours (accepté). Magnetic Resonance Sounding : application to the characterization of the crystalline basement aquifers of Burkina faso. Deuxième séminaire international sur la méthode de Résonance Magnétique des Protons appliquée à la recherche non invasive d'eau souterraine, 19-21 novembre 2003, at Orléans.


## Les perspectives

Les résultats de ce travail suggèrent que les paramètres hydrauliques des aquifères peuvent être quantifiés par les sondages RMP. Cette proposition s'appuie sur un nombre de données limité, notamment pour les paramètres qui contrôlent l'emmagasinement. De plus, la diversité des contextes géologiques étudiés n'est pas exhaustive. Ces résultats doivent donc être approfondis en augmentant le nombre de données pour valider les formulations de quantification proposées, et compléter le catalogue des contextes géologiques.

La quantification de la transmissivité des réservoirs à partir des signaux RMP s'appuie sur une mesure statique pour appréhender un paramètre dynamique du point de vue de la circulation de l'eau (Chapitre II, paragraphe 2.3.5). Cette approche pourrait être complétée par l'utilisation de grandeurs dynamiques qui porteraient des informations sur la circulation de l'eau. La résistivité des terrains mesure par exemple la capacité des milieux à s'opposer à la circulation des courants. La formulation de la perméabilité proposée par les pétroliers à partir du facteur de formation d'Archie est sans doute d'un usage difficile en hydrogéologie à cause de la présence fréquente d'argile dans les milieux prospectés. Cependant, une nouvelle formulation pourrait être recherchée, pour utiliser conjointement la capacité des signaux RMP à renseigner sur l'eau, et la capacité de la résistivité électrique à renseigner sur la circulation des courants.

La connaissance des structures et du fonctionnement des milieux discontinus est un axe de recherche important. Il n'est aujourd'hui possible d'approcher ces réalités que par des simplifications 1D. Aussi, l'acquisition de données suivant des protocoles en 2 ou 3 dimensions permettrait sans doute de résoudre les questions complexes posées dans ces milieux. A l'image des panneaux électriques qui ont ouvert de nouvelles perspectives aux traditionnelles mesures de résistivité 1D, la caractérisation fine d'une réalité 3D passe par une approche multidimensionnelle de la méthode RMP.

Les contextes de roches magnétiques sont les seuls qui ne peuvent pas être caractérisés aujourd'hui par la méthode RMP, alors que leurs ressources en eau sont souvent difficiles à appréhender à cause de leur forte anisotropie, notamment dans les régions volcaniques. Le développement d'une procédure opérationnelle de mesure par "écho de spin" permettrait d'améliorer la connaissance d'une famille géologique importante. Cela permettrait sans doute également de réduire les erreurs dans les estimations des paramètres RMP établies dans des contextes magnétiques qui perturbent les mesures sans les interdire (Chapitre III, paragraphe 2.2.3).

La caractérisation des aquifères est généralement précisée lorsque plusieurs méthodes sont utilisées conjointement (Chapitre III). Aujourd'hui, l'interprétation des informations complémentaires données par les différentes méthodes est qualitative. L'inversion jointe de mesure de résistivité électrique et de sondages RMP permettrait sans doute de mieux contraindre le modèle (Hertrich *et al.* 2002). L'espace des solutions serait ainsi réduit et la caractérisation des aquifères serait plus précise tant dans la description de la géométrie des réservoirs, que dans l'estimation des paramètres hydrauliques. Appliquée aux mesures en 2 ou 3 dimensions, cette approche permettrait sans doute de décrire plus fidèlement les structures complexes.

# Références

# Références bibliographiques

Al-Fares, W., 2002. Caractérisation des milieux aquifères karstiques et fracturés par différentes méthodes géophysiques, pp. 211, Université Montpellier II.

Appelo, C.A.J., Postma, D., 1996. Geochemistry, groundwater and pollution, edited by Balkema, pp. 536, Rotterdam.

Aubert, M., Antraygues, P., Soler, E., 1991. Interprétation des mesures de polarisation spontanée en hydrogéologie des terrains volcaniques. Hypothèse sur l'existence d'écoulements préférentiels sur le flanc sud du Piton de la Fournaise., *Bulletin de la Société géologique de France, 164*, 17-25.

Audoin, C., Arditi, M., 2000. Maser, in *Dictionnaire de la physique, atomes et particules.*, edited by A. Michel, pp. 192-197, Paris.

Bakalowicz, M., 1979. Contribution de la géochimie des eaux à la connaissance de l'aquifère karstique et de la karstification, pp. 257, Pierre et Marie Curie, Paris.

Bakalowicz, M., 1995. La zone d'infiltration des aquifères karstiques. Méthodes d'étude. Structure et fonctionnement, *Hydrogéologie, 4*, 3-21.

Beauce, A., Bernard, J., Legchenko, A., Valla, P., 1996. Une nouvelle méthode géophysique pour les études hydrogéologiques : l'application de la résonance magnétique nucléaire, in *Hydrogéologie*, vol. 1, pp. 71-77.

Beauce, A., Deroin, J.P., 1999. Détection des cavités souterraines par méthodes géophysiques en région Haute-Normandie : guide de synthèse, R 40626., pp. 18, BRGM, Orléans.

Beck M., Girardet, D., 2002. Apport des diagraphies électriques expéditives lors de la mise en oeuvre de l'hydrofracturation au Burkina Faso, UNIL, Lausanne.

Boubekraoui, L.S., 1999. Comparaison des résultats obtenus par la méthode des potentiels spontanés et par les méthodes électromagnétiques dans l'identification hydrogéologique des terrains volcaniques. Application au Piton de la Fournaise., Thèse en *Géophysique*, pp. 179, Université de Paris Sud, Orsay.

BRGM, 1992. L'eau des granites, R 33576, pp. 31, Service sol et sous-sol, département eau, Orléans.

Burgeap, 1984. Utilisation des méthodes géophysiques pour la recherche d'eau dans les aquifères discontinus, in *Série hydrogéologique*, edited by CIEH, pp. 164, Ouagadougou.

Canet, D., 1991. La RMN, concepts et méthodes, pp. 274, InterEditions, Paris.

Castany, G., 1982. Principes et méthodes de l'hydrogéologie, edited by D. Université, pp. 236, Bordas, Paris.

Chang, D., Vinegar, H., Morrisss, C., Stralet, C., 1997. Effective porosity, productible fluid and permeability in carbonates from NMR logging, *The Log Analyst, March-April 1997*, 60-72.

Chapellier, D., 2000. Résistivités électriques, in *Cours online de géophysique*, pp. 99, Lausanne.

Compaore, G., 1997. Evaluation de la fonction capacitive des altérites. Site expérimental de Sanon (Burkina Faso) : socle granito gneissique sous climat de type soudano-sahélien. Thèse de doctorat, Université d'Avignon et des Pays de Vaucluse, Avignon, pp 178.

Crochet, P., Marsaud, B., 1996. Approches conceptuelles de l'aquifère karstique. Problèmes méthodologiques et d'exploitation., in *Pour une gestion active des ressources en eau d'origine karstique*, Montpellier.

D.N.A., 1987. Explanatory notes of the hydrogeological map of Mozambique, edited by D.N.A., Maputo.

De Marsily, G., 1986. Quantitative hydrogeology, pp. 439, Academic Press.

Descloitres, M., 1998. Les sondages électromagnétiques en domaine temporel (TDEM) : application à la prospection d'aquifères sur les volcans de Fogo (Cap vert) et du Piton de la Fournaise (La Réunion), Thèse en *Géophysique*, pp. 238, Pierre et Marie Curie, Paris.

D'Hose, N., 2000. Proton, in *Dictionnaire de la physique, atomes et particules.*, edited by A. Michel, pp. 442-449, Paris.

Dunn, K. J., Bergman, D.J, Latorraca, G.A., 2002. Nuclear magnetic resonance petrophysical and logging applications, pp. 293, Elsevier Science Ltd.

Fetter, C.W., 1994. Applied Hydrogeology, pp 691, 3rd Edition. Edited by Prentice-Hall, Inc. New Jersey.

Goldman, M., Rabinovich, B., Gilad, D., Gev, I., Schirov M., 1994. Application of the integrated NMR-TDEM method in the groundwater exploration in Israel., *Journal of Applied Geophysics, 31*, 27-52.

Guillen, A., Legchenko, A., 2002a. Application of linear programming techniques to the inversion of proton magnetic resonance measurements for water prospecting from the surface., *Journal of Applied Geophysics, 50*, 149-162.

Guillen, A., Legchenko, A., 2002b. Inversion of surface nuclear magnetic resonance data by an adapted Monte Carlo method applied to water resource characterization, *Journal of Applied Geophysics, 50*, 193-205.

Gunther, H., 1998. NMR spectroscopy, pp. 581, John Wiley & Sons, Inc., New York.

Hertrich, M., Yaramanci, U., 2002. Joint inversion of Surface Nuclear Magnetic Resonance and vertical Electrical Sounding, *Journal of Applied Geophysics, 50*, 179-191.

Kearey, P., Brooks, M., 1984. An introduction to geophysical exploration, edited by G. texts, pp. 254, Blackwell Science Ltd, Oxford.

Kenyon, W.E., 1992. Nuclear Magnetic Resonance as a petrophysical measurement, *Nuclear geophysics, 6*:153-171.

Kenyon, W.E., 1997. Petrophysical Principles of Applications of NMR Logging, *The Log Analyst, March-April*, 21-43.

Lachassagne, P., Wyns, R., Bérard, P., Bruel, T, Chéry, L., Coutand, T., Desprats, J.F., Le Strat, P., 2001. Exploitation of High-Yields in Hard-rock Aquifers: Downscaling Methodology Combining GIS and Multicriteria Analysis to Delineate Field Prospecting Zones. In *Ground Water 39(4)*.

Latorraca, G.A., Dunn, K.J., Brown, R.J.S., 1993. Predicting permeability from nuclear magnetic resonance and electrical properties measurements, *Society of Core Analysts, 9312*.

Legchenko, A., Baltassat, J.M., and Vouillamoz, J.M., 2003. A complex geophysical approach to the problem of groundwater investigation, in *SAGEEP 2003*.

Legchenko, A., Baltassat, J.M., Martin, C., Robain, H., Vouillamoz, J.M., 2002a. Magnetic Resonance Sounding method applied to catchment study, in *8th Meeting of the Environmental and Engineering Geophysical Society (European Section)*, pp. 41-44, EEGS-ES, Aveiro (Portugal).

Legchenko, A., Baltassat, J.M., Albouy, Y., Vouillamoz, J.M., Bakalowicz, M.,Al-Fares, W., 2002b. Experience of Karst localization using Magnetic Resonance Soundings, in *8th Meeting of the Environmental and Engineering Geophysical Society (European Section)*, pp. 37-40, EEGS-ES, Aveiro (Portugal).

Legchenko, A., Baltassat, J.M., Beauce, A., and Bernard, J., 2002c. Nuclear magnetic resonance as a geophysical tool for hydrogeologists, *Journal of Applied Geophysics, 50* (Issue 1-2):21-46.

Legchenko, A., Valla, P., 2002d. A review of the basic principles for proton magnetic resonance sounding measurements, *Journal of Applied Geophysics, 50* (Surface Magnetic Resonance Sounding: what is possible ?):3-19.

Legchenko, A., Shushakov, O.A., 1998a. Inversion of surface NMR data, *Geophysics, 63*:75-86.

---

Legchenko, A., Valla, P., 1998b. Processing of surface proton magnetic resonance signals using non-linear fitting, *Journal of Applied Geophysics, 39:*77-83.

Legchenko, A., Baltassat, J.M., Beauce, A., Chigot, D., 1997a. Application of proton magnetic resonance for detection of fractured chalk aquifers from the surface, in *EEGS Aarus'97 meeting*, edited by EEGS, Aahrus.

Legchenko, A., Beauce, A., Guillen, A., Valla, P., Bernard, J., 1997b. Natural variations in the magnetic resonance signal used in PMR groundwater prospecting from surface, *European Journal of Environmental and Engineering Geophysics, 2*:173-190.

Legchenko, A., Baltassat, J.M., Bobachev, A., Martin, C., Robain, H., Vouillamoz, J.M, en cours. Magnetic resonance soundings applied to characterization of aquifers, *Ground Water*.

Legchenko, A., Valla, P., en cours. Removal of power line harmonics from proton magnetic resonance measurements, *Journal of Applied Geophysics*.

Lévy-Leblond, J.M., 2000. Spin, in *Dictionnaire de la physique, atomes et particules.*, edited by A. Michel, pp. 642-651, Paris.

Locke, M.H., Barker, R.D., 1995. Leat-squares deconvolution of apparent resistivity pseudosections., *Geophysics, 60(6)*:1682-1690.

Mangin, A., 1975. Contribution à l'étude hydrodynamique des aquifères karstiques, *Ann. Spéléol.*, 29(3) pp. 283-332; 29(4) pp. 495-601; 30(1) pp. 21-124.

Marmet, E., Tabbagh, A., 2001. Les propriétés magnétiques des sols : origine, caractéristiques et perspectives pour l'étude de l'évolution des paysages, in *3ème Colloque GEOFCAN*, edited by INRA, pp. 21-24, Orléans, France.

Martin, C., 2003. Processus hydrologiques impliqués dans les variations saisonnières des concentrations en nitrate dans les bassins versants agricoles., in *Sciences de la terre*, Rennes.

Mc Donald, M.G., Harbough, A.W., 1988. A modular three-dimensional finite-difference groundwater flow model., in *Doc.Tech. US. Geological Survey*.

McNeill, J.D., 1980. Electrical conductivity of soils and rocks, in *Technical Note*, pp. 22, Mississauga, Canada.

Meyer_de_Stadelhoffen, C., 1991. Applications de la géophysique aux recherches d'eau, pp. 183, Lavoisier, Paris.

Roy, J., Marques da Costa, A., Lubczynski, M., Owuor, C., 1998. Tests of the SGW-NMR technique within two aquifer characterization projects in the Iberian peninsula, in *EEGS Meeting*, edited by EEGS, Barcelona.

Ruiz, L., Abiven, S., Durand, P., Martin, C., Vertès, F., Beaujouan, V., 2002. Effect on nitrate concentration in stream water of agricultural practices in six small catchments in Brittany : I. Annual nitrogen budgets, *Hydrology and Earth System Sciences, 6(3)*:497-505.

---

Schirov, M., Legchenko, A, Créer, G. 1991. New direct non-invasive ground water detection technology for Australia. *Exploration Geophysics 22:*333-338.

Seevers, D.O., 1966. A nuclear magnetic method for determining the permeability of sandstone, in *Annual Logging Symposium Transactions*, edited by S. o. p. W. L. Analysts.

Semenov, A.G., Schirov, M.D., Legchenko, A.V., Burshtein, A.I., Pusep, A.Y., 1988. Dispositif de mesure des paramètres de gisements de souterrains, FR 2 602 877-B1, France.

Spies, B.R., Frischknecht, F.C., 1991. Electromagnetic sounding, in *Electromagnetic method in applied geophysics*, vol. 2, edited by SEG. publication.

Sumanovac, S., Weisser, M., 2001. Evaluation of resistivity and seismic methods for hydrogeological mapping in karst terrains., *Journal of Applied Geophysics, 47(1):*13-28.

Supper, R., Jochum, B., Hubl, G., Romer, A., Arndt, R., 1999. SNMR test measurements in Austria, in *EEGS-ES*, edited by EEGS, Budapest.

Trushkin, D.V., Shushakov, O.A., Legchenko, A.V., 1993. Modulation effects in non-drilling NMR in the earth's field, *Applied Magnetic resonance, 5:*399-406.

Trushkin, D.V., Shushakov, O.A., Legchenko, A.V., 1994. The potential of a noise-reducing antenna for surface NMR ground water surveys in the earth's magnetic field., *Geophysical Prospecting, 42:*855-862.

Université d'Avignon et des pays de Vaucluse, 1990. L'hydrogéologie de l'Afrique de l'Ouest, in *Maîtrise de l'Eau*, pp. 147, Ministère de la Coopération et du Développement.

Variant, R.H., 1962. Ground liquid prospecting method and apparatus, in *US patent 3019383*.

Vouillamoz, J.M., Chatenoux, B., 2001. Apport de la géophysique pour l'implantation des forages d'eau au Mozambique (méthodes électriques, TDEM et RMP), in *3ème Colloque GEOFCAN*, edited by INRA, pp. 51-54, Orléans, France.

Vouillamoz, J.M., Descloitres, M., Bernard, J., Fourcassier, P., Romagny, L., 2002. Application of integrated magnetic resonance sounding and resistivity methods for borehole implementation, A case study in Cambodia, *Journal of Applied Geophysics, 50* (1-2):67-81.

Vouillamoz, J.M., Legchenko, A, Albouy, Y, Bakalowicz, M, Baltassat, J.M, Al-Fares, W, en cours. Localization of saturated Karst with Magnetic Resonance Sounding and Resistivity Imagery, *Ground Water*.

Wackermann, J.M., 1989. Modèle décrivant les phénomènes de dissolution et de cristallisation de minéraux dans des solutions aqueuses., in *2ème séminaire SEMINFOR*, edited by ORSTOM, pp. 93-99, Montpellier.

---

Weichman, P.B., Lavely, E.M., Ritzwoller, M.H, 2000. Theory of surface magnetic resonance with applications to geophysical imaging problem, *Physical Revue, E62*:1290-1312.

Wright, E.P., Burgess W.G., 1992. The hydrogeology of Crystalline Basement Aquifers in Africa, vol. special publication N°66, pp. 262, The Geological Society.

Yadav, G.V., Abolfazli, H., 1998. Geoelectrical sounding and their relationship to hydraulic parameters in semiarid regions of Jalore, northwester India, *Journal of Applied Geophysics, 39:*35-51.

Yaramanci, U., Lange, G., Hertrich, M., 2002. Aquifer characterisation using surface NMR jointly with other geophysical techniques at the Nauen/Berlin test site, *Journal of Applied Geophysics, 50*:47-65.

# Liste des figures

# Liste des tableaux

# Annexe

Cette annexe présente les principales données utilisées dans ce travail.

Le Tableau A synthétise les résultats des sondages RMP et des pompages d'essai pour les sites où la constante $T_1$ a été mesurée.

La figure A illustre la représentation graphique des enregistrements et de l'inversion d'un sondage RMP. Les sondages pour lesquels une seule impulsion à été utilisée (mesure de la constante $T_2^*$ uniquement) ne présentent qu'une seule série de points dans la fenêtre "$T_1^*$ inversion". Ces points correspondent aux amplitudes initiales $E_{0\_1}(q)$.

Le rapport EN/IN est le rapport entre le bruit externe et le bruit interne de l'équipement; il s'agit donc d'un indicateur de qualité des mesures.

L'ensemble des sondages et des coupes de forages sont présentés dans les pages suivantes. Les inversions des sondages RMP n'ont pas été calées avec les informations issues des forages. Elles représentent donc les résultats bruts qui seraient obtenus sans informations extérieures. Aussi, des valeurs de coefficient de perméabilité et de transmissivité RMP sont parfois obtenues au droit de zones non saturées, bien que ces grandeurs ne soient définies que pour les zones saturées.

Tableau A : synthèse des résultats des sondages RMP (avec mesure de $T_1$) et des pompages d'essai.

| Lithologie | Site | Rapport signal/bruit moyen | Teneur en eau RMP — w moyen (%) | Inc. rel. (%) | Épaisseur aquifère — Dz moyen (m) | Inc. rel. (%) | Épaisseur × teneur en eau — (Dz·w) moyen | Inc. rel. (%) | Profondeur aquifère — Profondeur retenue (m) | Inc. rel. (%) | Constante $T_1$ — $T_1$ moyen (ms) | Inc. rel. (%) | Transmissivité captée (m²/s) | Inc. rel. (%) | Transmissivité Q (m²/s) | Inc. rel. (%) | Débit spécifique Qls (m³/s/m) | Inc. rel. (%) | Coeff. d'emmagasinement s | Inc. rel. (%) |
|---|---|---|---|---|---|---|---|---|---|---|---|---|---|---|---|---|---|---|---|---|
| Granite du Burkina Faso | Sanon S8 | 3.9 | 2.0 | 88.7 | 52.7 | 53.5 | 102.8 | 14.3 | 7.8 | 39.7 | 307.0 | 41.1 | 6.8E-05 | 72.1 | 4.0E-05 | 75.0 | 2.3E-04 |  | 3.7E-03 | 90.7 |
| Granite du Burkina Faso | Sanon S9 | 3.9 | 2.4 | 48.8 | 17.2 | 18.0 | 41.6 | 33.2 | 7.8 | 39.7 | 214.5 | 24.0 | 1.2E-05 | 200.0 | 5.0E-06 | 78.0 |  |  | 2.0E-02 | 33.3 |
| Granite du Burkina Faso | Sanon S1 | 5.3 | 4.0 | 36.8 | 59.7 | 49.7 | 238.8 | 16.3 | 4.0 | 150.0 | 442.4 | 80.8 | 4.6E-04 | 55.4 | 3.5E-04 | 64.3 | 1.0E-03 | 95.7 | 1.0E-02 | 70.0 |
| Granite du Burkina Faso | Sanon S2 | 5.3 | 4.9 | 17.6 | 31.0 | 19.4 | 153.1 | 11.1 | 4.0 | 375.0 | 379.6 | 22.2 | 2.8E-04 | 40.5 | 2.5E-04 | 20.0 | 6.0E-04 | 91.7 | 1.5E-02 | 89.8 |
| Granite du Burkina Faso | Kombissiri 202 | 2.3 | 1.4 | 71.6 | 55.8 | 70.8 | 78.7 | 5.8 | 4.7 | 40.4 | 478.2 | 98.7 | 1.2E-04 | 44.1 | 6.0E-04 | 66.7 | 2.5E-04 | 168.0 | 3.8E-04 | 30.7 |
| Granite du Burkina Faso | Kombissiri 203 | 1.6 | 0.8 | 81.3 | 57.4 | 53.0 | 43.1 | 15.9 | 6.3 | 106.3 | 528.9 | 23.2 | 9.9E-05 | 57.5 | 3.0E-04 | 200.0 | 3.4E-04 | 50.0 | 6.8E-04 | 76.5 |
| Granite du Burkina Faso | Missonthinghin | 5.9 | 2.1 | 65.4 | 57.0 | 45.3 | 120.3 | 10.7 | 3.6 | 66.7 | 311.1 | 7.3 | 1.7E-05 | 49.9 | 2.0E-05 | 50.0 | 7.0E-05 | 99.7 |  |  |
| Granite du Burkina Faso | Issouka | 5.0 | 4.0 | 33.7 | 70.1 | 60.5 | 281.1 | 15.1 | 11.0 | 32.7 | 532.9 | 54.2 | 1.4E-04 | 38.2 | 1.5E-04 | 200.0 | 1.2E-04 | 50.0 |  |  |
| Granite du Burkina Faso | Sagala | 12.2 | 4.8 | 18.9 | 30.0 | 29.7 | 144.3 | 5.1 | 10.0 | 20.0 | 400.7 | 23.3 | 2.1E-04 | 59.5 | 3.0E-04 | 3.3 | 3.1E-04 | 48.4 |  |  |
| Granite du Burkina Faso | Tampelga | 2.4 | 2.9 | 26.1 | 51.8 | 34.0 | 150.7 | 19.5 | 8.8 | 88.6 | 177.9 | 61.9 | 9.1E-05 | 51.6 | 7.0E-05 | 42.9 | 1.0E-04 | 140.0 |  |  |
| Granite du Burkina Faso | Tangseghin | 3.2 | 1.8 | 38.1 | 30.5 | 36.7 | 55.2 | 17.0 | 6.0 | 18.3 | 368.4 | 62.9 | 6.6E-05 | 39.3 | 7.1E-05 | 13.5 | 1.7E-05 |  |  |  |
| Granite du Burkina Faso | Bossia | 4.1 | 2.4 | 18.6 | 35.5 | 12.7 | 83.8 | 24.1 | 8.1 | 55.6 | 331.4 | 33.6 | 1.0E-04 | 47.3 | 1.7E-04 | 200.0 | 1.7E-04 | 23.5 |  |  |
| Granite du Burkina Faso | Boungou | 2.6 | 1.2 | 95.0 | 45.0 | 46.9 | 54.0 | 10.8 | 5.7 | 54.4 | 772.6 | 43.0 | 6.7E-04 | 86.6 | 6.8E-04 | 150.0 | 7.1E-04 | 40.8 |  |  |
| Granite de Bretagne | Kerbernez A3 | 3.9 | 4.0 | 33.0 | 10.0 | 67.8 | 40.0 | 45.0 | 6.0 | 35.0 | 250.0 | 42.5 | 3.2E-04 | 157.6 | 4.4E-04 | 63.6 | 1.7E-04 | 28.8 |  |  |
| Granite de Bretagne | Kerbernez F5 | 3.4 | 1.5 | 46.0 | 17.3 | 73.2 | 26.0 | 65.4 | 1.5 | 60.5 |  |  | 1.3E-04 |  | 1.4E-04 | 69.4 | 1.9E-04 | 50.1 | 2.9E-04 | 120.7 |
| Sable du Perche | Chatenay | 19.6 | 30.6 | 41.8 | 40.0 | 110.0 | 1224.0 | 22.2 | 10.0 | 90.0 | 429.0 | 20.1 | 8.8E-05 | 34.4 | 3.0E-03 | 7.7 | 1.5E-03 | 28.9 |  |  |
| Sable du Perche | Morainville | 18.3 | 23.2 | 39.7 | 45.4 | 118.1 | 1053.7 | 39.3 | 26.0 | 96.2 | 213.8 | 2.7 | 2.6E-03 | 6.0 | 2.2E-03 | 167.3 | 1.4E-03 |  |  |  |
| Sable du Perche | Chuines F1 | 12.3 | 12.4 | 76.6 | 71.0 | 51.1 | 728.1 | 22.0 | 9.0 | 15.6 | 165.6 | 53.6 | 3.1E-03 | 18.8 | 4.6E-03 | 18.2 | 4.3E-03 | 33.0 |  |  |
| Sable du Perche | Chuines F3 | 1.4 | 27.0 |  |  |  |  |  |  |  |  |  | 3.2E-03 | 50.8 | 2.4E-03 |  | 3.3E-03 | 9.4 |  |  |
| Sable du Perche | La Bazoche | 3.4 | 4.5 | 71.2 | 56.0 | 43.8 | 250.9 | 16.6 | 4.0 | 75.0 | 174.9 | 100.1 | 1.5E-03 | 200.0 | 1.5E-03 |  | 7.3E-04 | 9.7 |  |  |
| Sable du Perche | Margon | 5.7 | 17.4 | 11.5 | 56.0 | 24.6 | 974.4 | 15.4 | 2.0 | 150.0 | 334.8 | 63.0 | 3.2E-03 | 137.4 | 2.5E-03 |  |  |  |  |  |
| Sable du Perche | La Houssaye | 2.6 | 8.4 |  |  |  |  |  | 1.0 |  |  |  | 4.2E-04 |  | 2.9E-04 | 65.5 | 3.9E-04 | 58.5 | 4.1E-04 | 56.1 |
| Sable de Cuise | Montreuil Pz2 | 16.3 | 11.8 | 21.7 | 78.0 | 23.7 | 920.4 | 9.3 | 2.0 | 50.0 | 153.8 | 6.8 | 5.5E-04 | 29.8 | 4.0E-04 | 50.0 | 2.4E-04 | 59.3 |  |  |
| Sable de Cuise | Montreuil Pz5 | 32.1 | 16.8 | 77.5 | 40.9 | 14.4 | 686.7 | 28.7 | 1.0 |  | 229.0 | 52.9 | 2.7E-03 | 71.3 | 1.8E-03 | 36.1 | 1.7E-04 | 37.1 |  |  |
| Sable de Cuise | Montreuil Pz6 | 39.5 | 12.5 | 7.2 | 64.0 | 5.5 | 800.0 | 1.5 | 1.0 |  | 164.6 | 15.8 | 8.6E-04 | 33.8 | 1.2E-03 | 56.5 | 2.8E-04 | 8.1 |  |  |
| Alluvions de la Durance | Cavaillon St Esteve | 4.8 | 9.5 | 8.0 | 19.0 | 13.7 | 180.9 | 8.0 | 1.0 |  | 1046.5 | 24.1 | 2.3E-02 | 77.4 | 2.4E-02 | 45.8 | 3.4E-02 | 43.8 | 5.0E-04 | 140.0 |
| Craie du bassin parisien | Autheuil Fe2 | 9.5 | 12.8 | 7.8 | 68.2 | 15.7 | 873.0 | 10.0 | 15.0 | 73.3 | 291.3 | 39.9 | 1.5E-02 | 47.2 | 2.9E-02 | 62.1 | 7.0E-03 | 37.8 |  |  |
| Craie du bassin parisien | Autheuil Fe1 | 10.9 | 15.6 | 38.5 | 35.2 | 18.8 | 549.1 | 32.1 | 17.0 | 70.6 | 351.6 | 72.8 | 2.2E-02 | 73.3 | 1.4E-02 | 21.4 | 1.4E-02 | 23.7 |  |  |
| Craie du bassin parisien | Voves | 8.2 | 8.1 | 73.1 | 90.0 | 30.8 | 728.1 | 45.2 | 10.0 | 40.0 | 126.3 | 64.6 | 1.3E-03 | 40.9 | 1.3E-03 | 52.0 | 1.5E-03 | 51.6 |  |  |
| Craie du bassin parisien | Ste Marguerite | 17.4 | 10.4 | 28.8 | 78.0 | 6.4 | 811.2 | 18.3 | 2.0 | 200.0 | 133.6 | 5.8 | 4.0E-03 | 27.1 | 5.7E-03 | 200.0 | 1.6E-02 | 115.5 | 6.5E-03 | 23.1 |
| Craie du bassin parisien | Pieux | 9.2 | 12.3 | 21.3 | 70.0 | 10.0 | 861.0 | 13.4 | 20.0 | 85.0 | 204.3 | 19.7 | 1.6E-02 | 39.1 | 7.6E-03 | 32.4 | 3.4E-03 | 41.2 | 2.6E-03 | 92.3 |
| Craie du bassin parisien | Pullay | 4.1 | 7.6 | 5.8 | 74.0 | 1.1 | 559.4 | 3.5 | 16.0 | 5.0 | 123.6 | 68.3 | 4.2E-03 | 44.9 | 5.4E-03 | 122.2 | 7.0E-03 | 47.1 |  |  |
| | moyenne (%) | | | 41.7 | | 38.6 | | 19.8 | | 79.0 | | 42.4 | | 64.4 | | 77.0 | | 55.2 | | 74.8 |

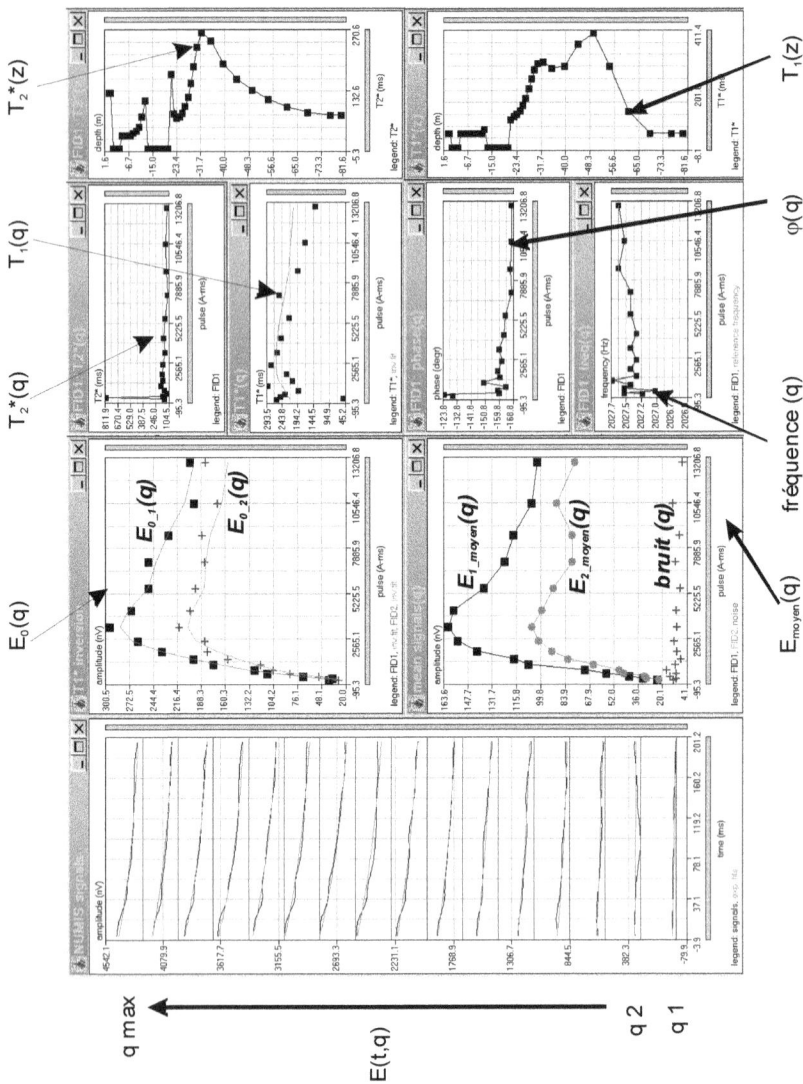

Figure A : mode de lecture des résultats d'inversion RMP, logiciel Samovar.

# Granites du Burkina Faso et de Bretagne

| Site: Sanon S1 & S2 | filtering window = 198.2 ms |
|---|---|
| Loop: 2 - 125.0   Date: 15.12.2002   Time: 10:11 | time constant = 15.00 ms |
| loop: square, side = 125.0 m | average S/N = 7.55;  EN/IN = 1.61 |
| geomagnetic field: | fitting error: FID1 = 5.57%;  FID2 = 13.82 % |
| inclination = 1 degr, magnitude= 33154.93 nT | param. of regular.: E,T2* = 854.5;  T1* = 2.146 |

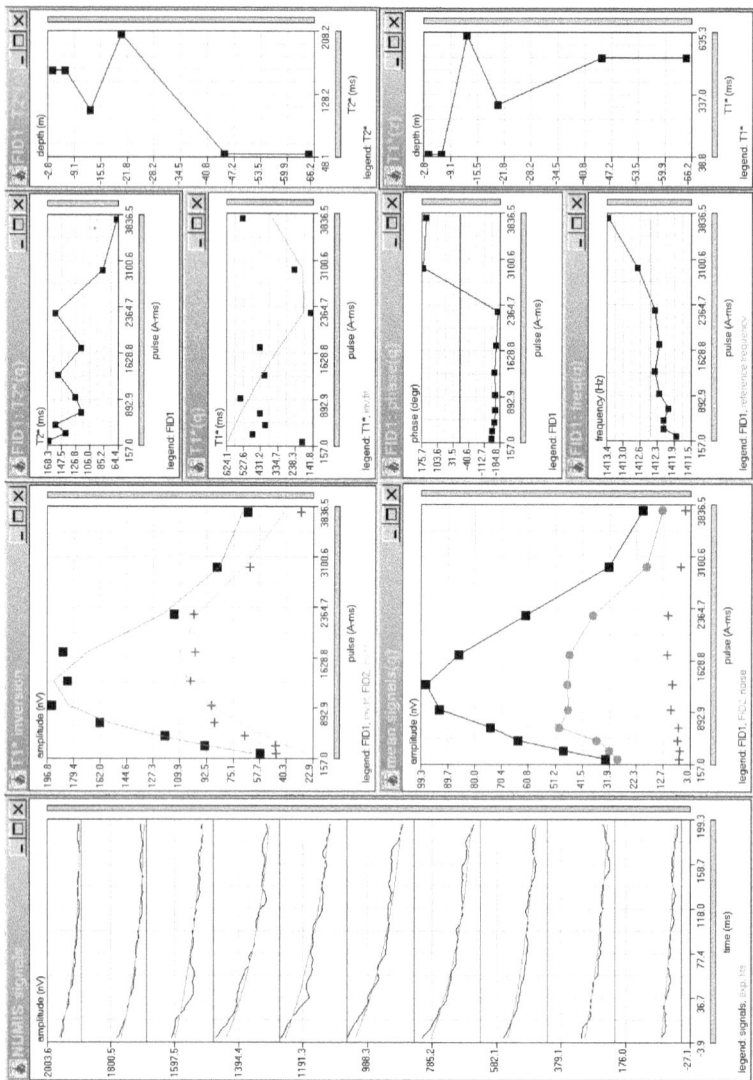

226

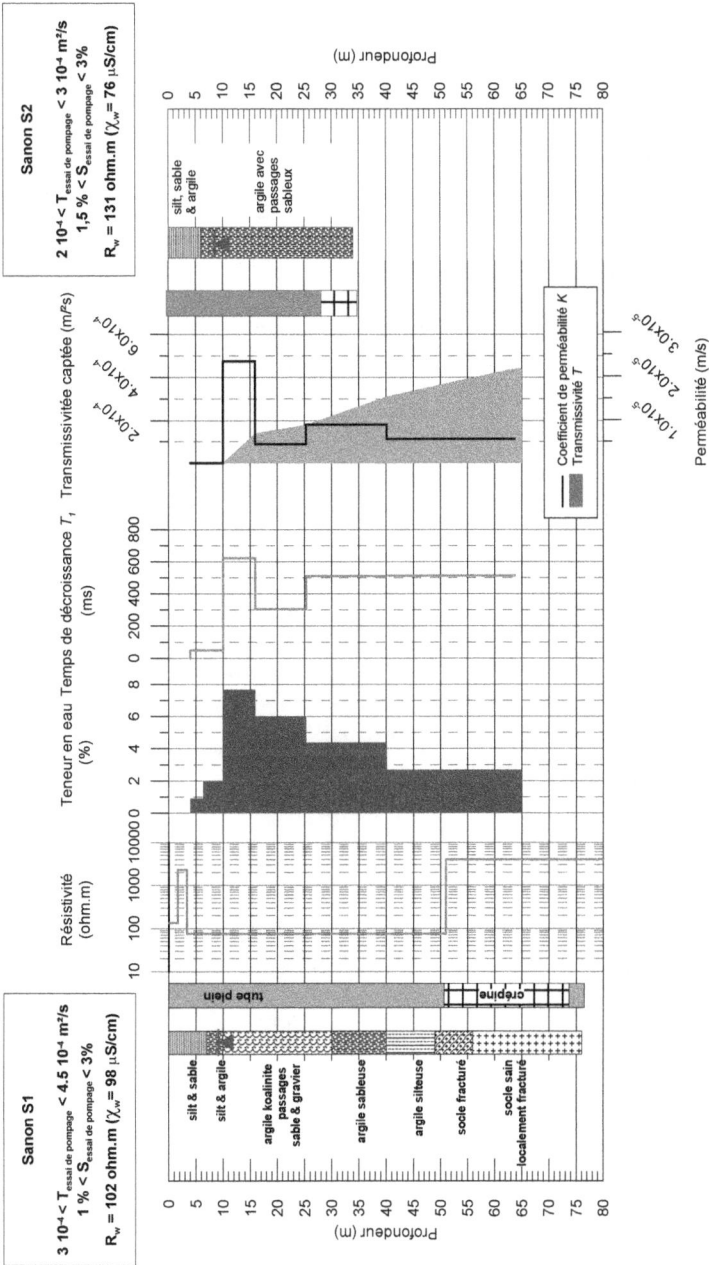

Sanon S2

$2\ 10^{-4} < T_{\text{essai de pompage}} < 3\ 10^{-4}\ \text{m}^2/\text{s}$
$1,5\ \% < S_{\text{essai de pompage}} < 3\ \%$
$R_w = 131\ \text{ohm.m}\ (\chi_w = 76\ \mu\text{S/cm})$

Sanon S1

$3\ 10^{-4} < T_{\text{essai de pompage}} < 4.5\ 10^{-4}\ \text{m}^2/\text{s}$
$1\ \% < S_{\text{essai de pompage}} < 3\ \%$
$R_w = 102\ \text{ohm.m}\ (\chi_w = 98\ \mu\text{S/cm})$

Profondeur (m)

Teneur en eau (%) Temps de décroissance $T$, Transmissivitée captée (m²/s) Résistivité (ohm.m)

Coefficient de perméabilité $K$
Transmissivité $T$

Perméabilité (m/s)

silt, sable & argile
argile avec passages sableux

silt & sable
silt & argile
argile koalinite passages sable & gravier
argile sableuse
argile silteuse
socle fracturé
socle sain localement fracturé

tube plein
crépine

| Site: Sanon S8 & S9 | filtering window = 198.4 ms |
|---|---|
| Loop: 2 - 125.0    Date: 14.12.2002    Time: 12:41 | time constant = 15.00 ms |
| loop: square, side = 125.0 m | average S/N = 3.94; EN/IN = 1.83 |
| geomagnetic field: | fitting error: FID1 = 10.89%; FID2 = 16.85 % |
| Inclination = 1 degr, magnitude= 33136.15 nT | param. of regular.: modeling |

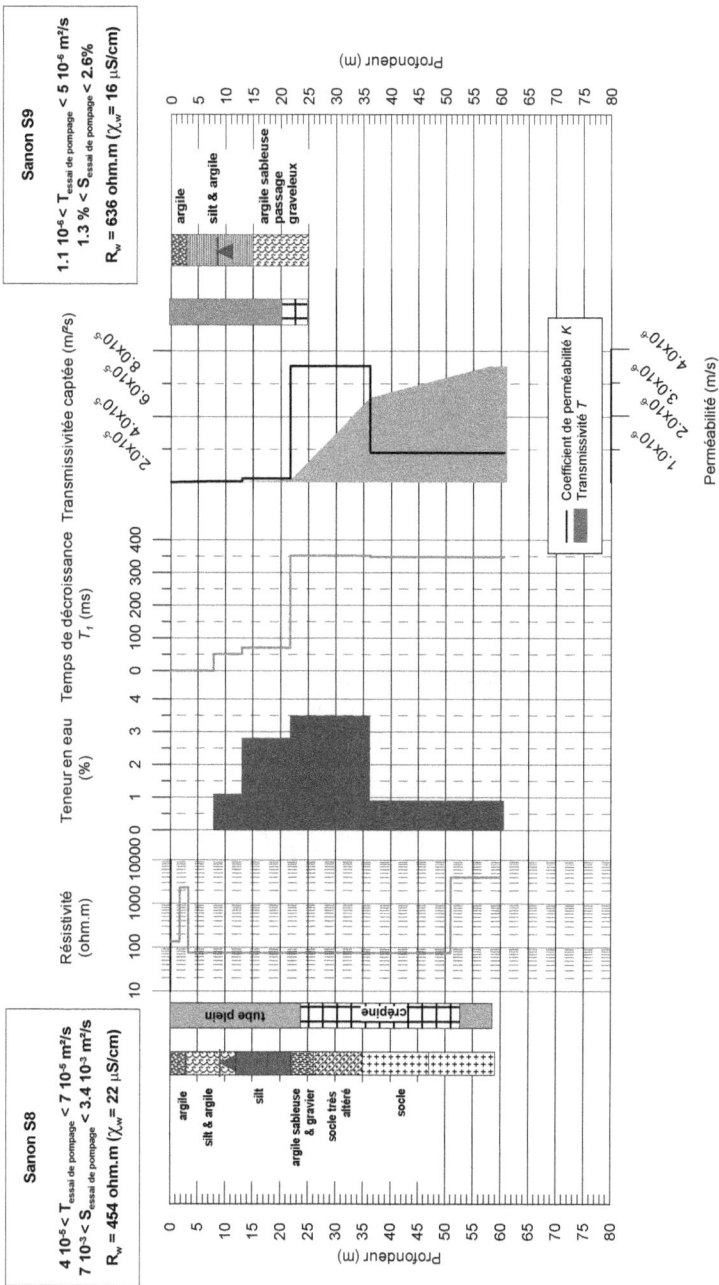

| Site: Issouka | filtering window = 198.1 ms |
|---|---|
| Loop: 2 - 150.0   Date: 14.01.2003   Time: 11:29 | time constant = 15.00 ms |
| loop: square, side = 150.0 m | average S/N = 6.83; EN/IN = 2.70 |
| geomagnetic field: | fitting error: FID1 = 4.97%; FID2 = 9.59 % |
| Inclination = 1 degr, magnitude= 33173.71 nT | param. of regular.: E,T2* = 1770.0; T1* = 1000 |

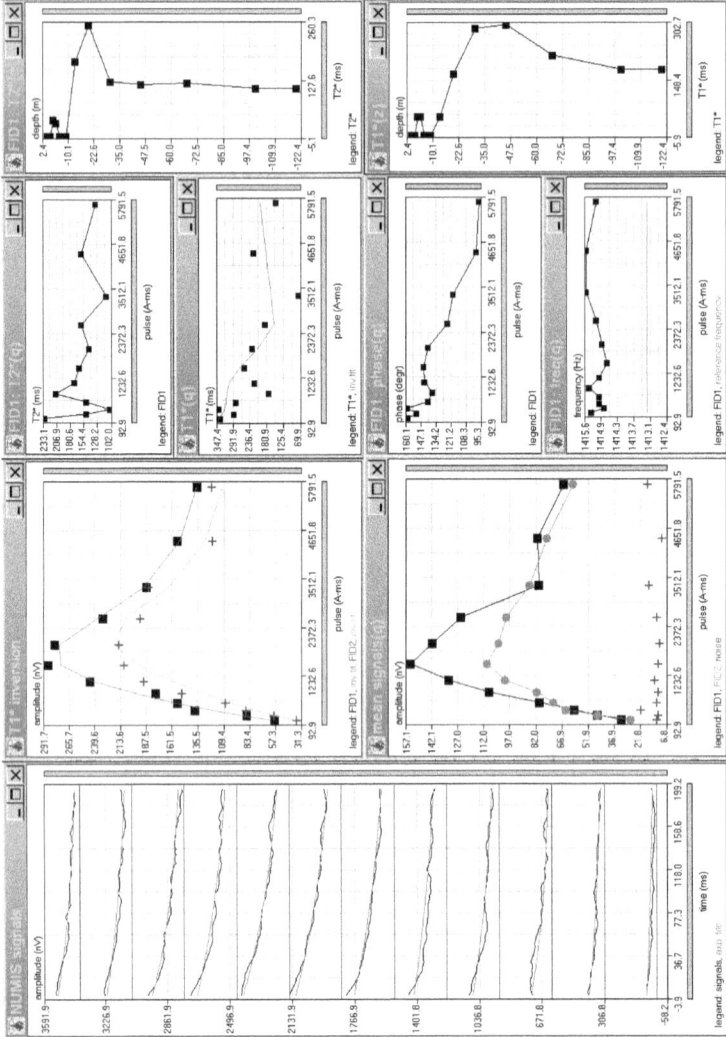

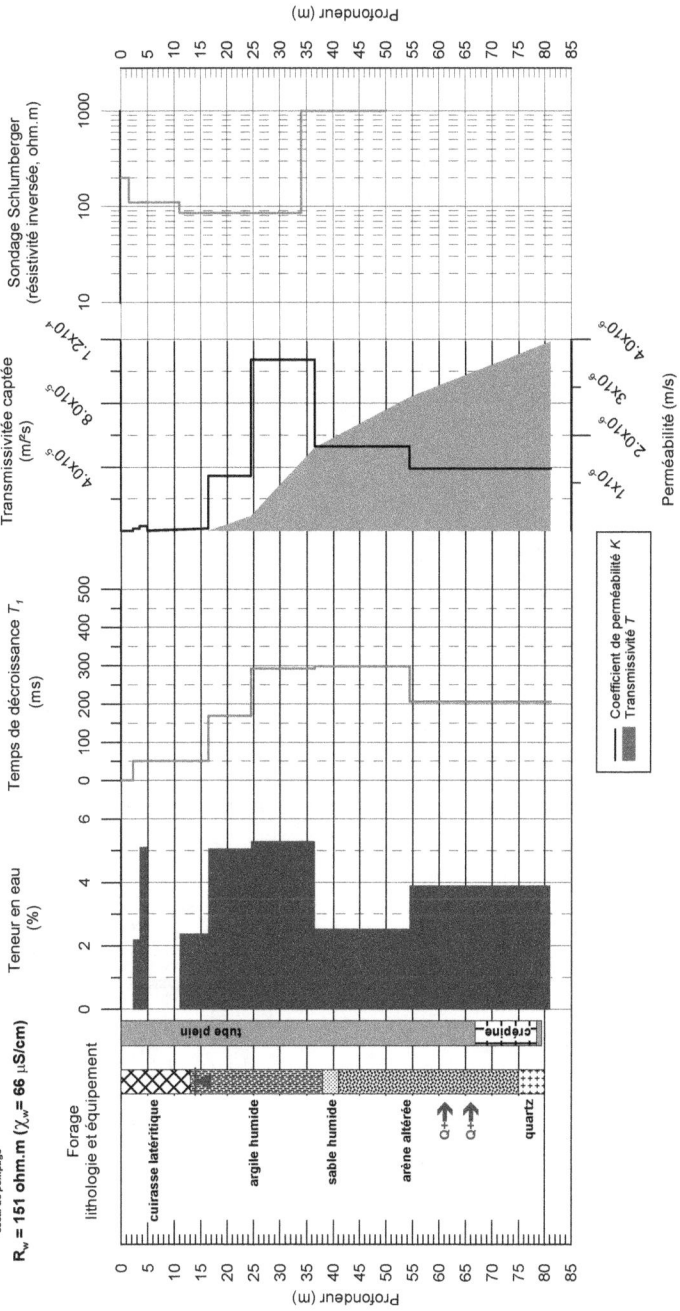

**Issouka**

$T_{essai\ de\ pompage} = 1.5\ 10^{-4}\ m^2/s$

$R_w = 151\ ohm.m\ (\chi_w = 66\ \mu S/cm)$

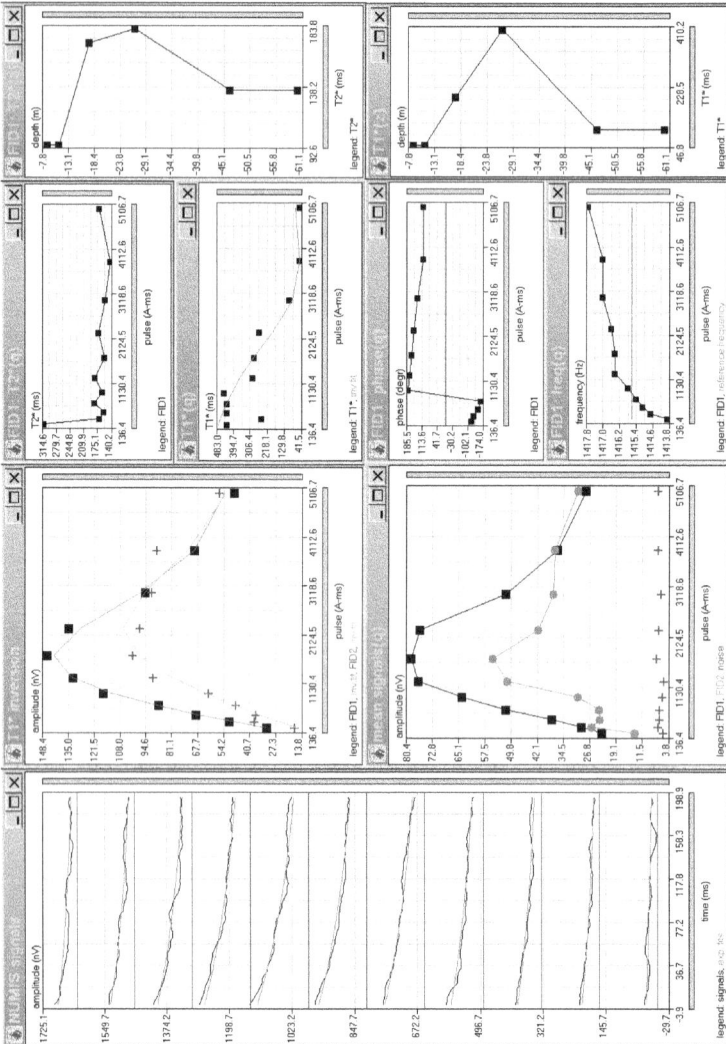

232

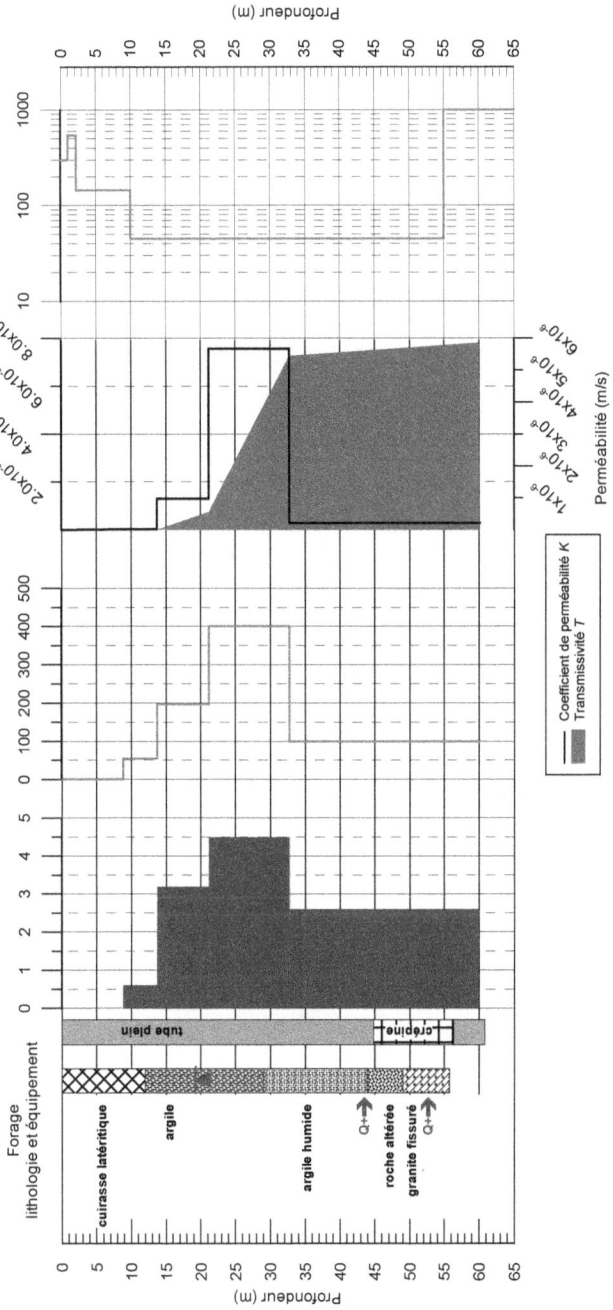

Tampelga

$T_{essai\ de\ pompage} = 7\ 10^{-6}\ m^2/s$

$R_w = 192\ ohm.m\ (\chi_w = 52\ \mu S/cm)$

Forage
lithologie et équipement

cuirasse latéritique
argile
argile humide
roche altérée
granite fissuré

tube plein
crépiné

Teneur en eau (%)

Temps de décroissance $T_1$ (ms)

Transmissivité captée ($m^2/s$)

Sondage Schlumberger (résistivité inversée, ohm.m)

Profondeur (m)

Perméabilité (m/s)

Coefficient de perméabilité K
Transmissivité T

| | |
|---|---|
| Site: sagala | filtering window = 197.9 ms |
| Loop: 2 - 125.0    Date: 17.12.2002    Time: 07:40 | time constant = 15.00 ms |
| loop: square, side = 125.0 m | average S/N = 5.67; EN/IN = 2.11 |
| geomagnetic field: | fitting error: FID1 = 10.58%; FID2 = 22.19 % |
| inclination= 1 degr, magnitude= 33211.27 nT | param. of regular.: E,T2* = 500.0; T1* = 10000 |

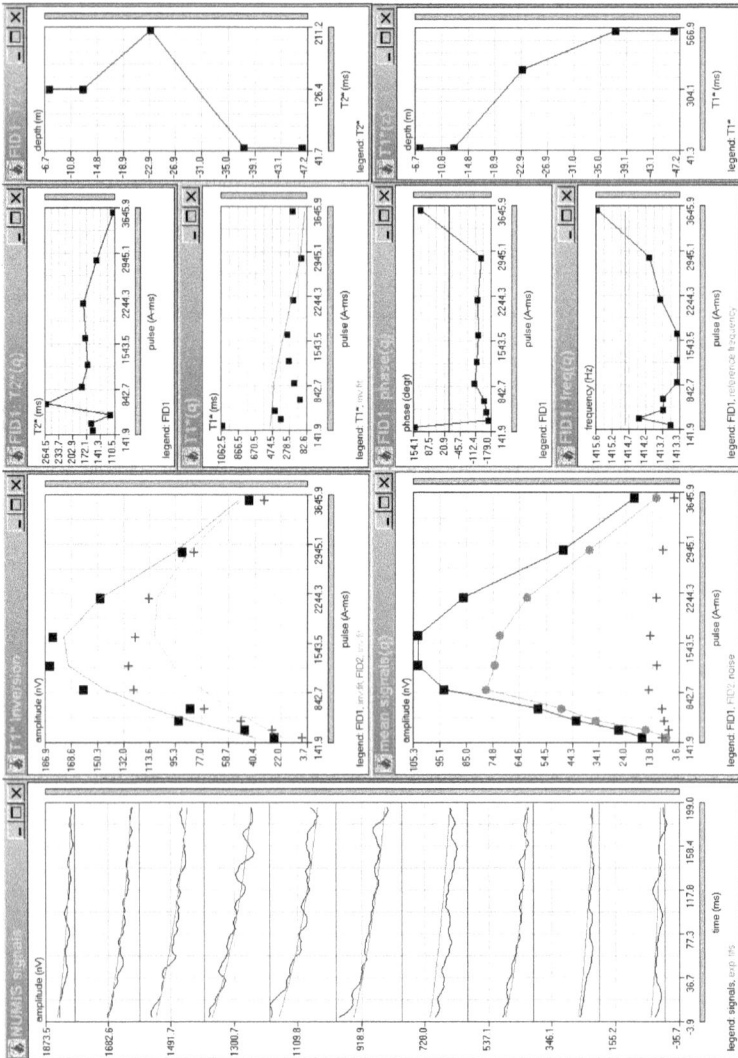

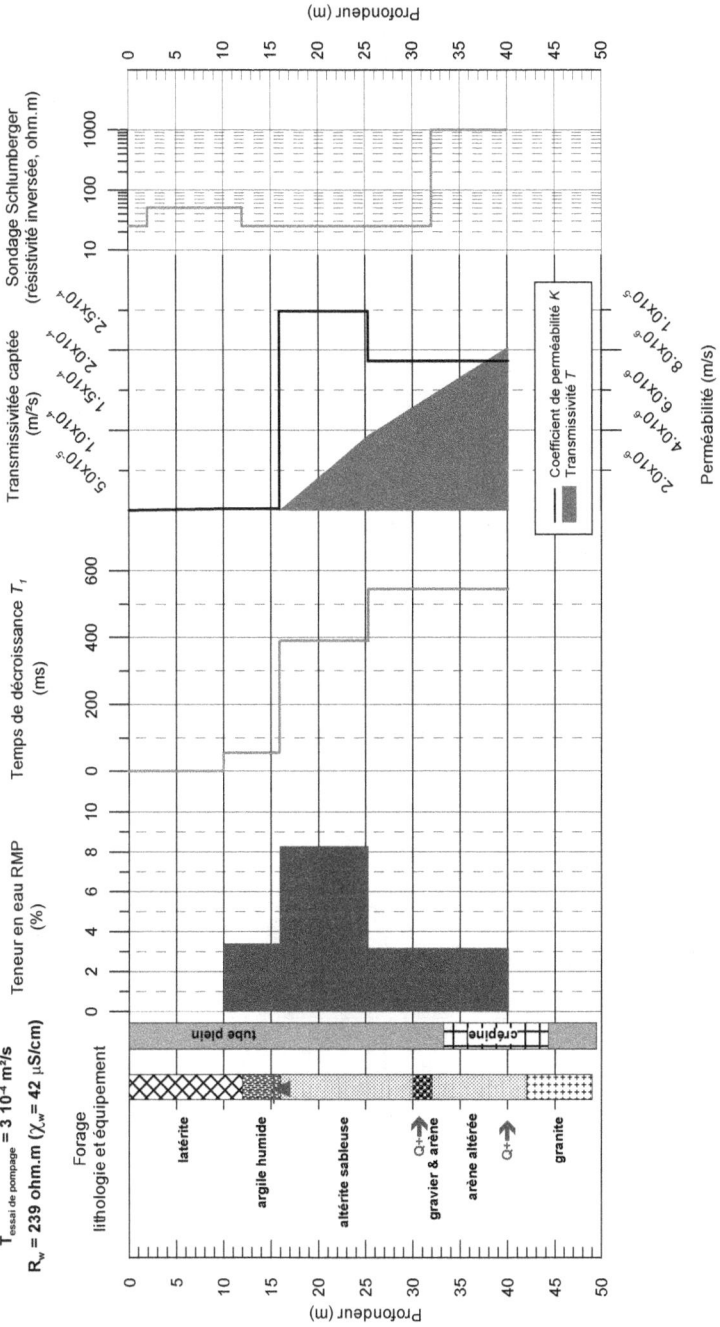

Laye Sagala

$T_{\text{essai de pompage}} = 3 \ 10^{-4} \ m^2/s$

$R_w = 239 \ \text{ohm.m} \ (\chi_w = 42 \ \mu S/cm)$

| | |
|---|---|
| Site: missomtinghin | filtering window = 198.0 ms |
| Loop: 2 - 125.0    Date: 16.12.2002    Time: 09:21 | time constant = 15.00 ms |
| loop: square, side = 125.0 m | average S/N =   6.09;  EN/IN =   1.23 |
| geomagnetic field: | fitting error: FID1 =   5.94%;  FID2 = 11.19 % |
| Inclination =  1 degr, magnitude= 33192.49 nT | param. of regular.: modeling |

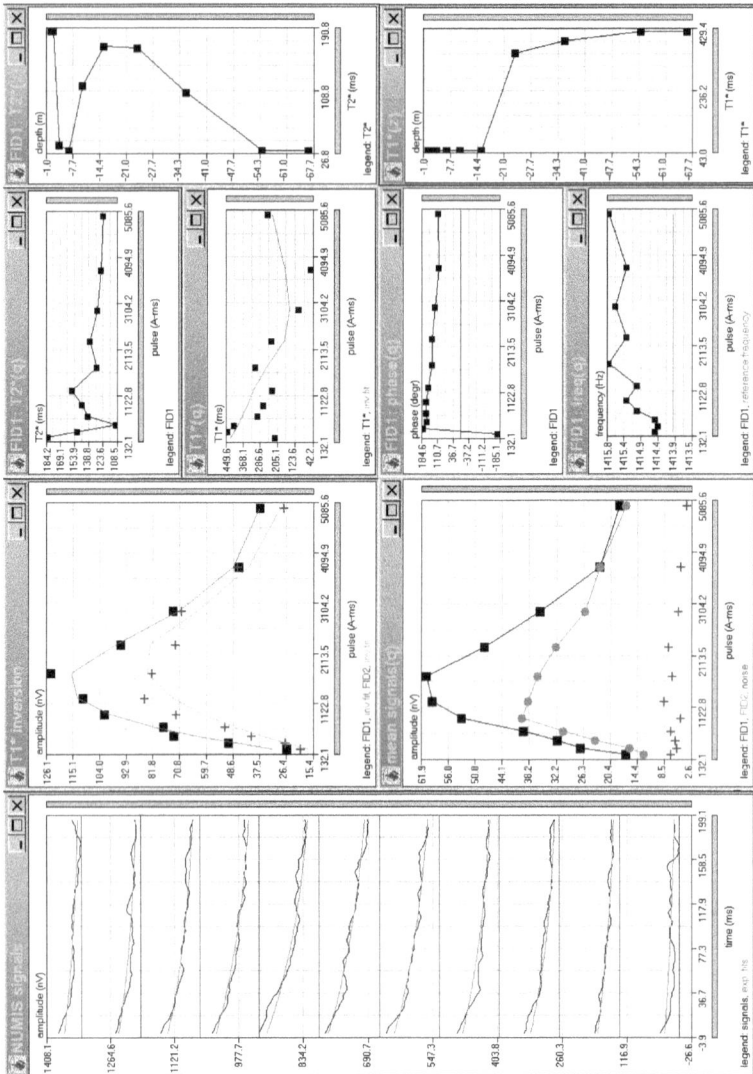

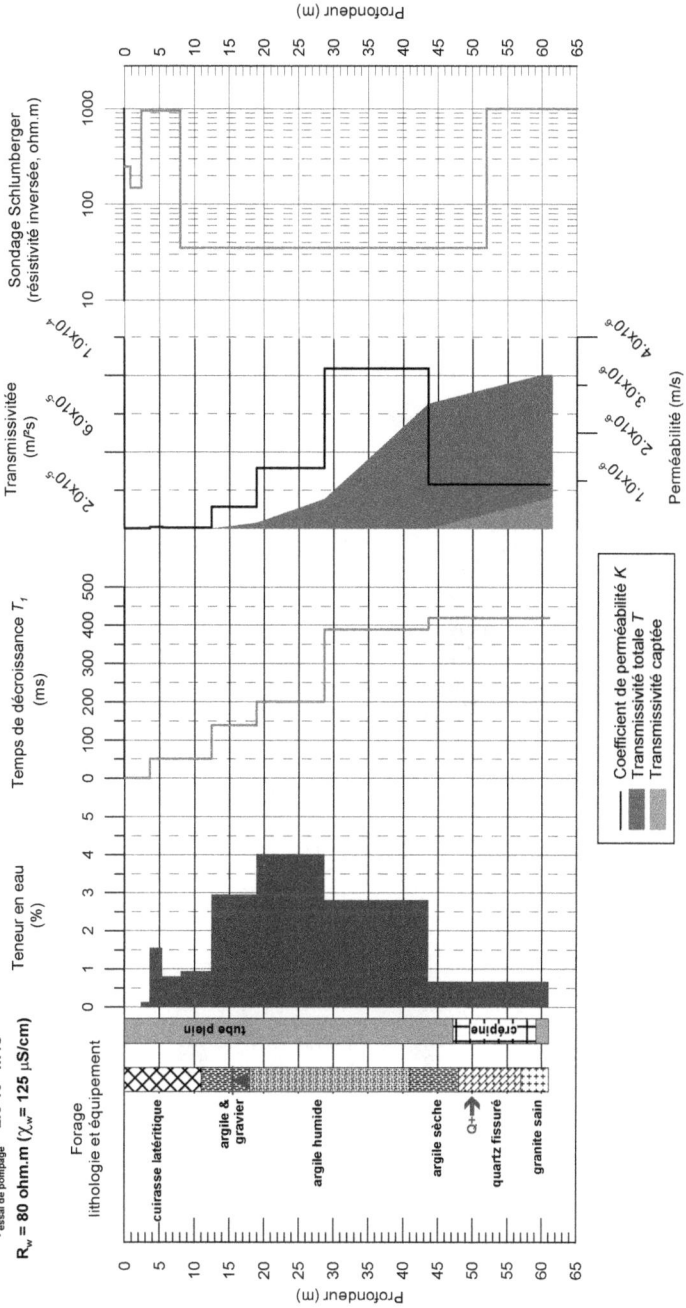

Missomthinghin

$T_{essai\ de\ pompage} = 2.5\ 10^{-5}\ m^2/s$
$R_w = 80\ ohm.m\ (\chi_w = 125\ \mu S/cm)$

| | |
|---|---|
| Site: tangseghin | filtering window = 197.9 ms |
| Loop: 2 - 150.0    Date: 19.12.2002    Time: 06:53 | time constant = 15.00 ms |
| loop: square, side = 150.0 m | average S/N = 3.17;  EN/IN = 0.66 |
| geomagnetic field: | fitting error: FID1 = 12.33%;  FID2 = 24.70 % |
| Inclination = 1 degr, magnitude= 33211.27 nT | param. of regular.: modeling |

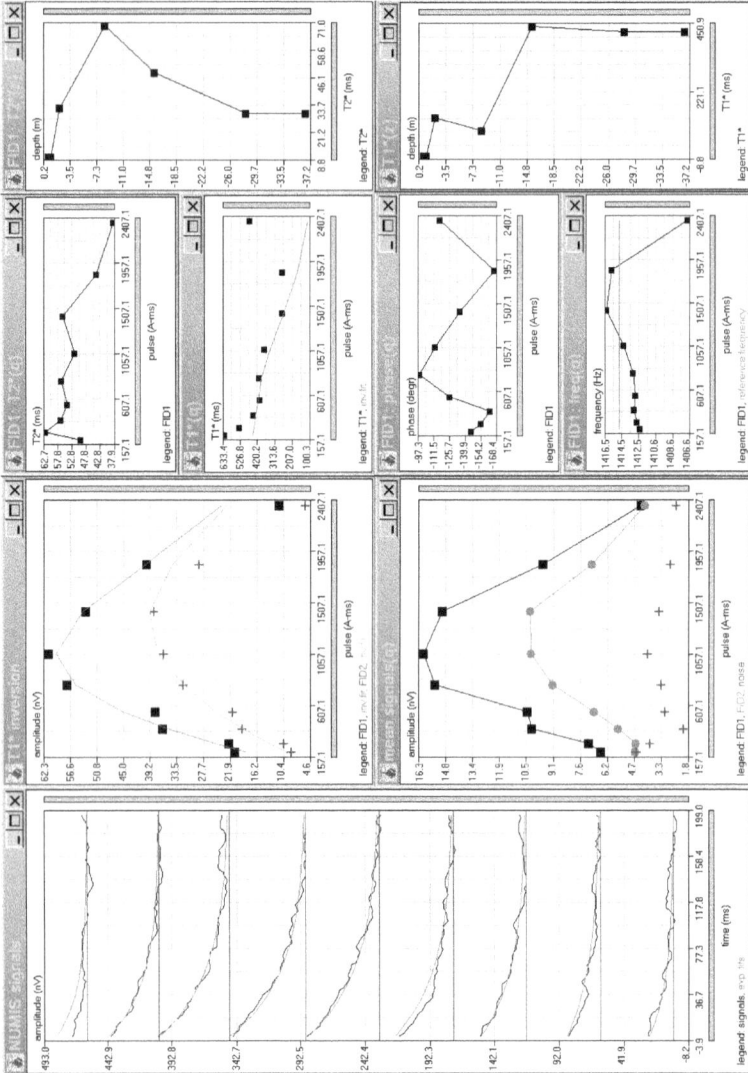

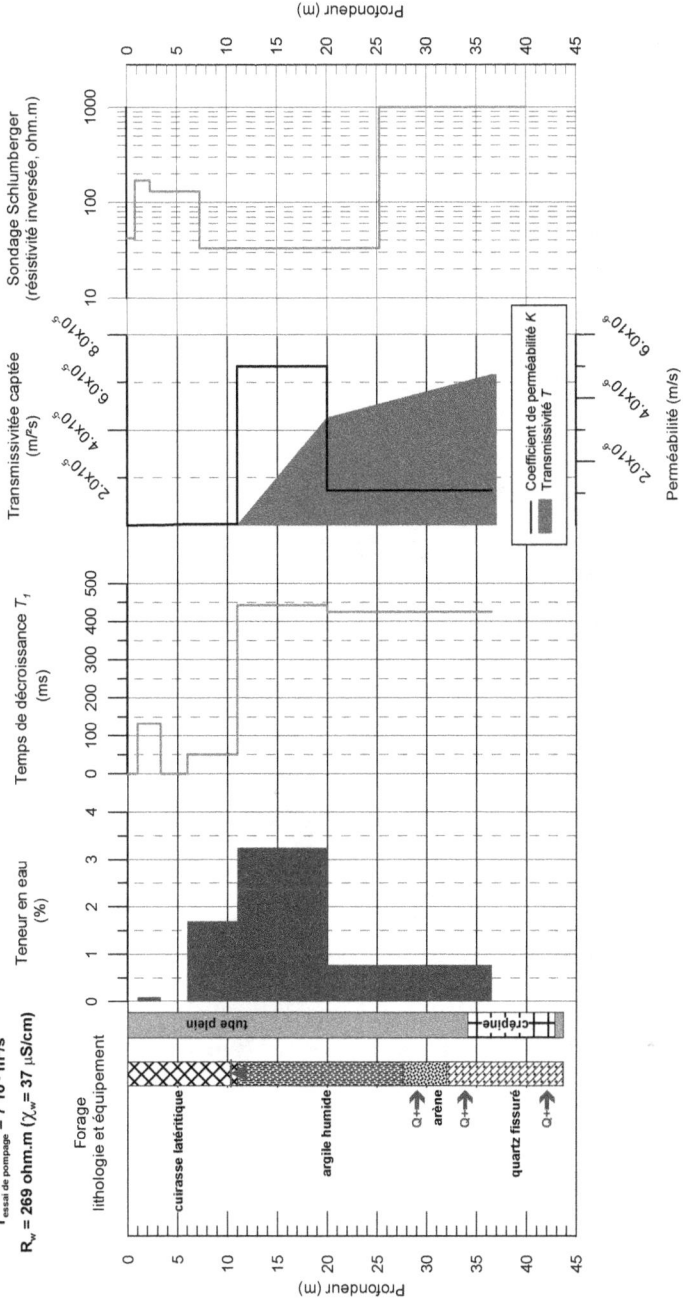

Tangseghin

$T_{\text{essai de pompage}} = 7\ 10^{-6}\ \text{m}^2/\text{s}$

$R_w = 269\ \text{ohm.m}\ (\chi_w = 37\ \mu\text{S/cm})$

| Site: Bossia | filtering window = 199.2 ms |
|---|---|
| Loop: 2 - 150.0    Date: 13.01.2003    Time: 07:18 | time constant = 15.00 ms |
| loop: square, side = 150.0 m | average S/N = 4.14; EN/IN = 1.73 |
| geomagnetic field: | fitting error: FID1 = 6.68%; FID2 = 13.01 % |
| Inclination = 1 degr, magnitude= 32988.26 nT | param. of regular.: modeling |

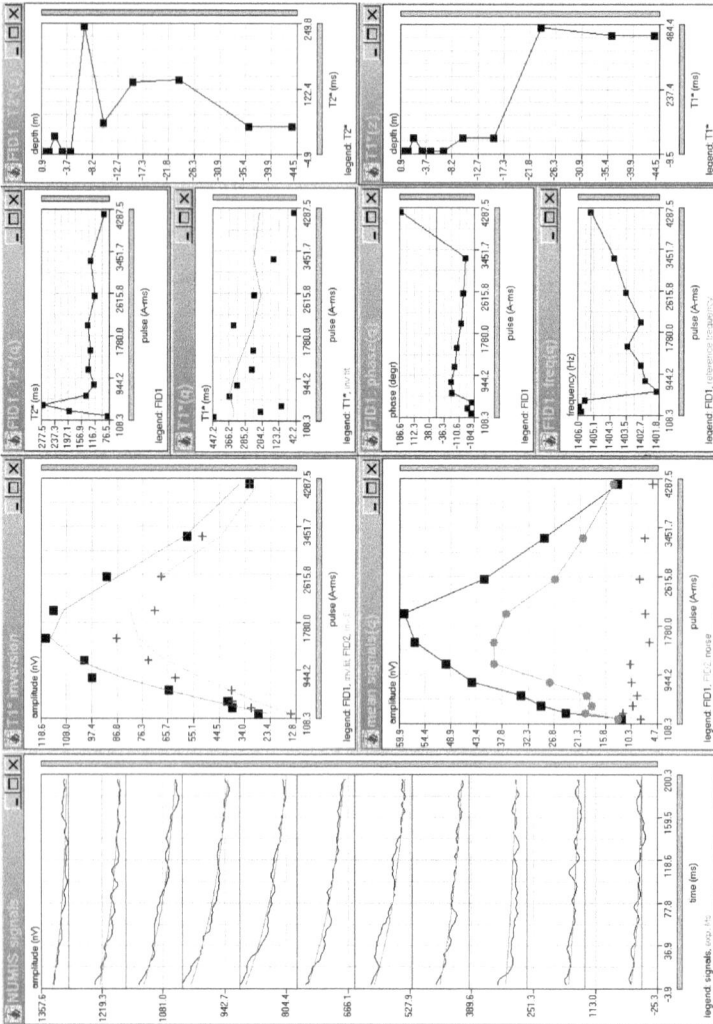

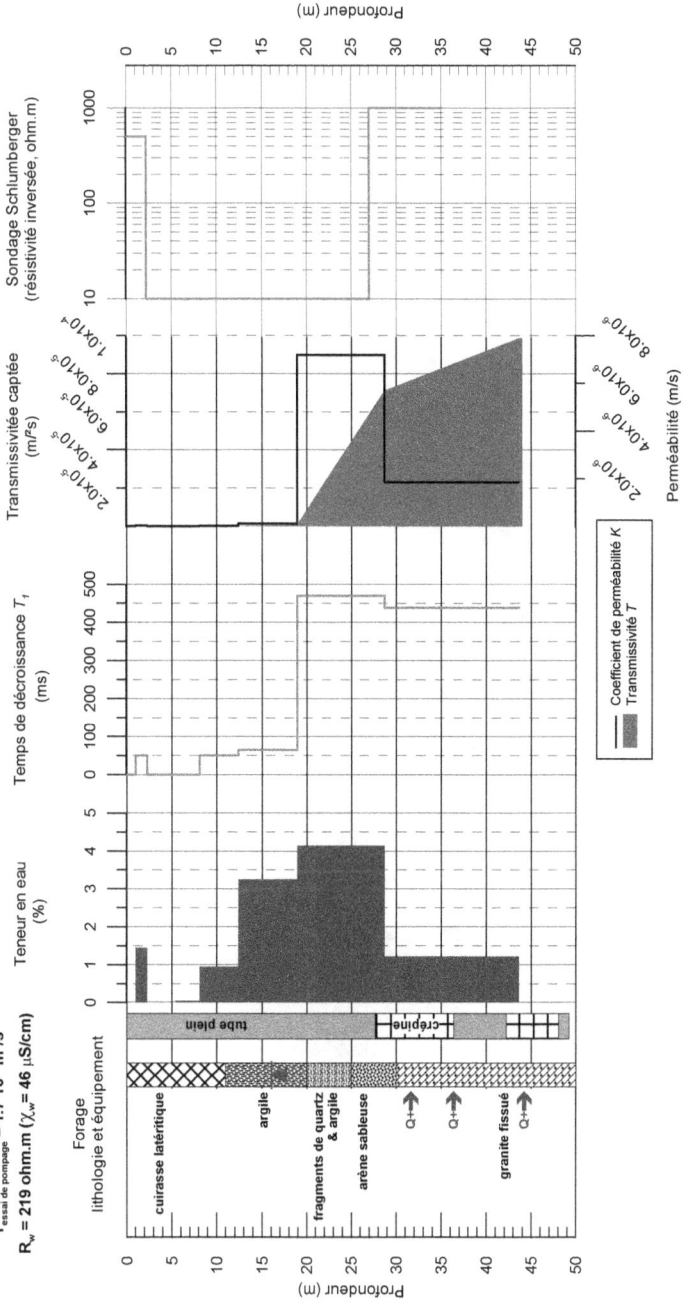

Bossia

$T_{essai\ de\ pompage} = 1.7\ 10^{-4}\ m^3/s$

$R_w = 219\ ohm.m\ (\chi_w = 46\ \mu S/cm)$

Forage lithologie et équipement

cuirasse latéritique

argile

fragments de quartz & argile

arène sableuse

granite fissué

Teneur en eau (%)

Temps de décroissance $T_1$ (ms)

Transmissivitée captée ($m^2/s$)

Perméabilité (m/s)

Sondage Schlumberger (résistivité inversée, ohm.m)

Profondeur (m)

Coefficient de perméabilité $K$
Transmissivité $T$

| Site: Boungou | filtering window = 199.3 ms |
| Loop: 2 - 150.0   Date: 12.01.2003   Time: 08:22 | time constant = 15.00 ms |
| loop: square, side = 150.0 m | average S/N =  2.55;  EN/IN =  1.45 |
| geomagnetic field: | fitting error: FID1 =  10.02%;  FID2 = 56.87 % |
| Inclination =  1 degr, magnitude= 32985.92 nT | param. of regular.: modeling |

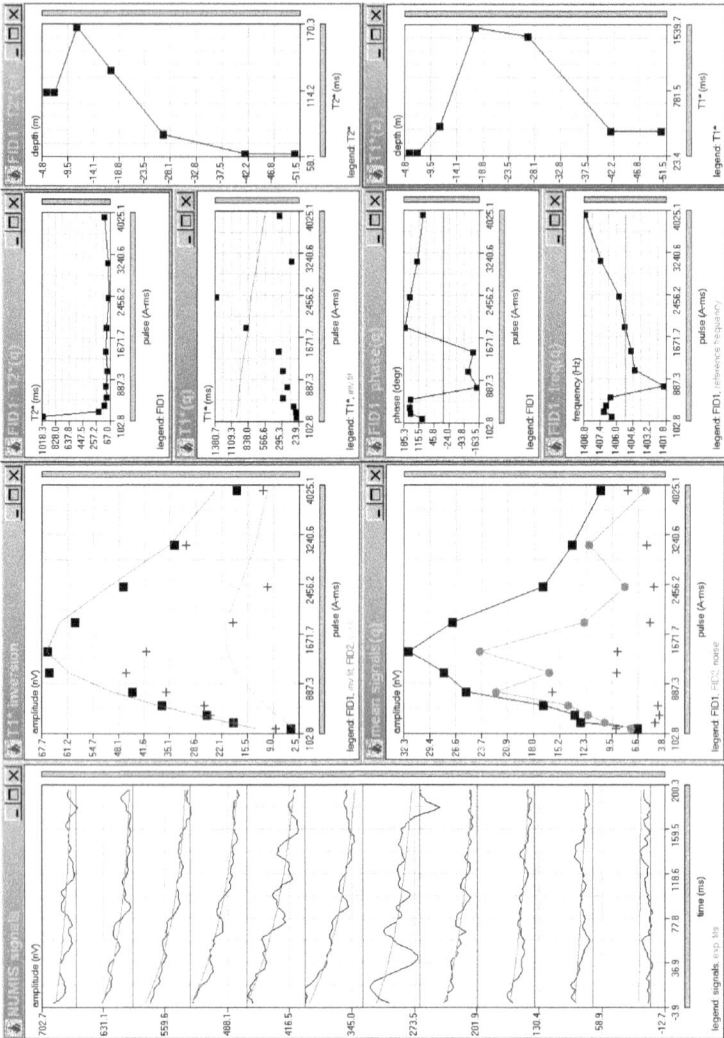

242

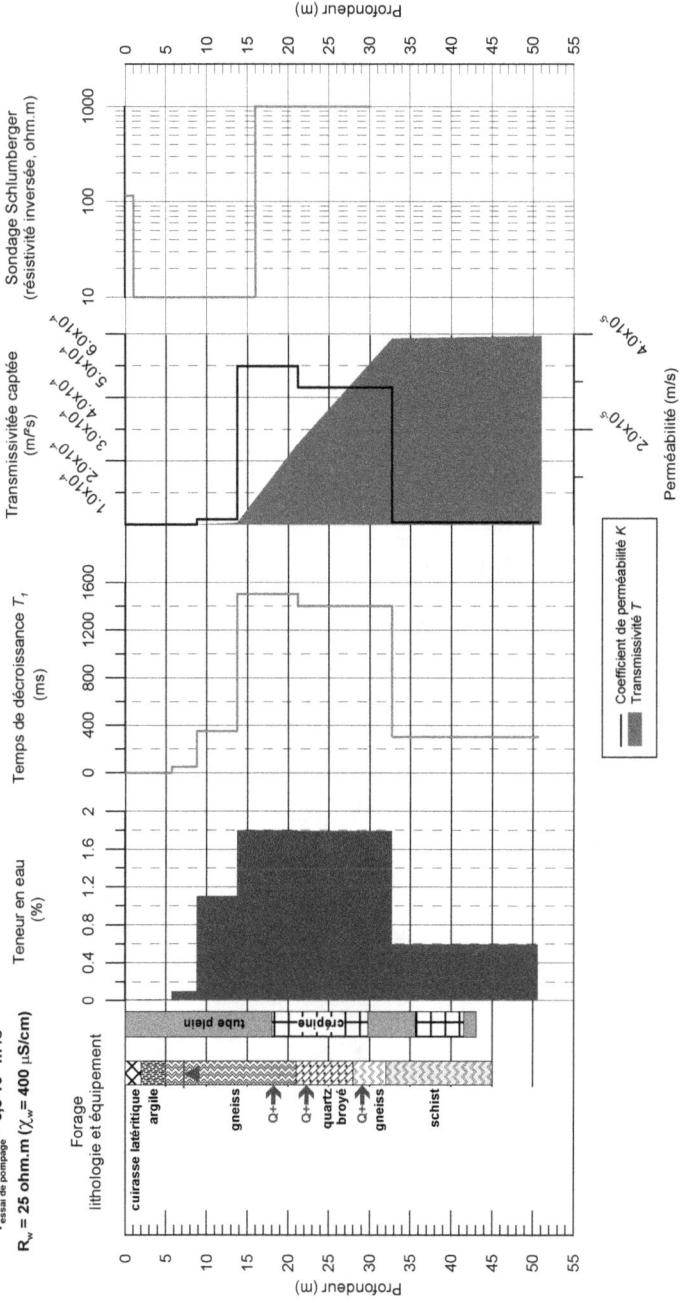

Boungou

$T_{\text{essai de pompage}} = 6{,}8\ 10^{-4}\ \text{m}^2/\text{s}$

$R_w = 25\ \text{ohm.m}\ (\chi_w = 400\ \mu\text{S/cm})$

| Site: kombissiri 203 & 204 | filtering window = 199.0 ms |
|---|---|
| Loop: 2 - 150.0    Date: 07.01.2003    Time: 07:10 | time constant = 15.00 ms |
| loop: square, side = 150.0 m | average S/N =   1.64;  EN/IN =   2.26 |
| geomagnetic field: | fitting error: FID1 =  12.86%;  FID2 = 22.37 % |
| Inclination =  1 degr, magnitude= 33023.47 nT | param. of regular.: modeling |

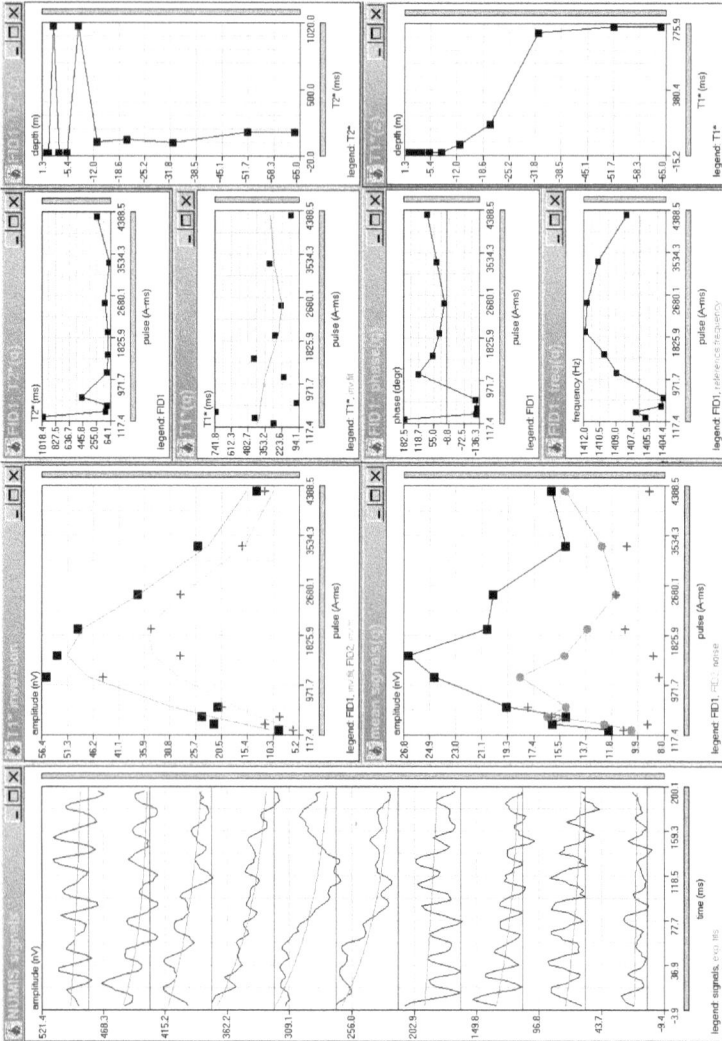

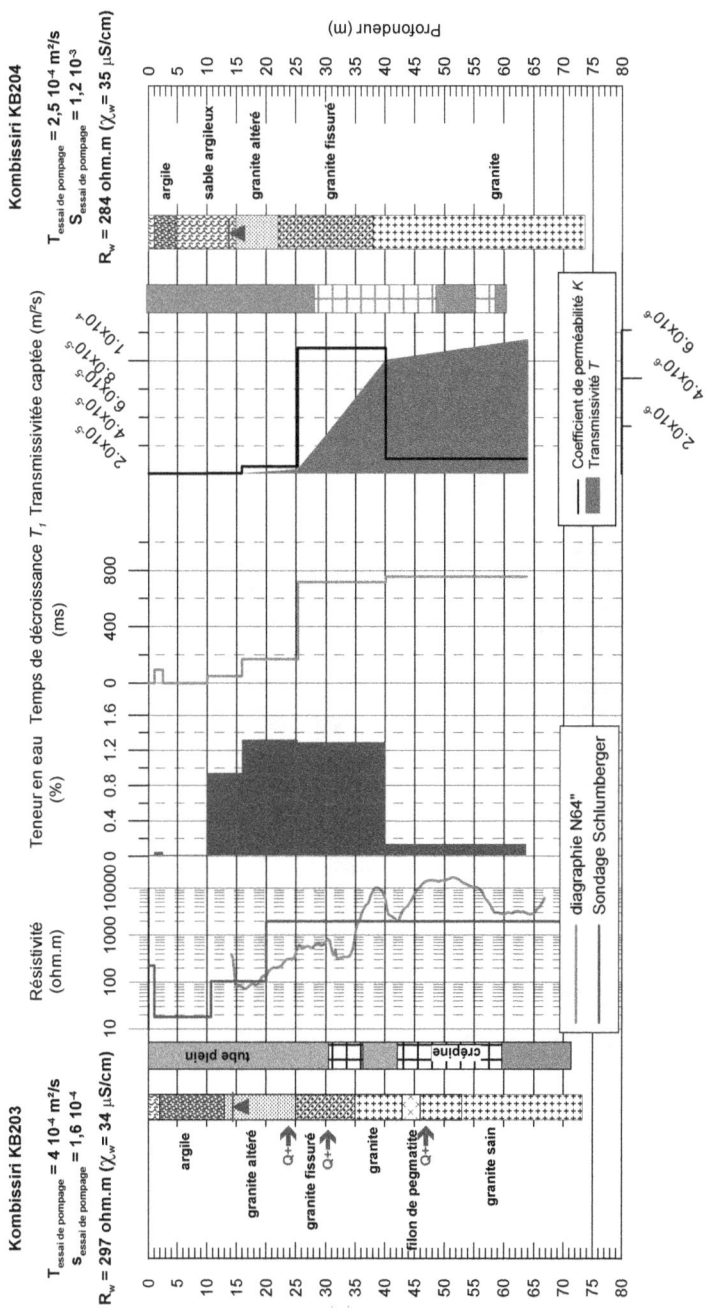

Kombissiri KB204

$T_{essai\ de\ pompage}$ = 2,5 10⁻⁴ m²/s
$S_{essai\ de\ pompage}$ = 1,2 10⁻³

$R_w$ = 284 ohm.m ($\chi_w$ = 35 μS/cm)

Kombissiri KB203

$T_{essai\ de\ pompage}$ = 4 10⁻⁴ m²/s
$S_{essai\ de\ pompage}$ = 1,6 10⁻⁴

$R_w$ = 297 ohm.m ($\chi_w$ = 34 μS/cm)

Profondeur (m)

Teneur en eau    Temps de décroissance $T_1$   Transmissivité captée (m²/s)
(%)                          (ms)

Résistivité
(ohm.m)

Coefficient de perméabilité $K$
Transmissivité $T$

diagraphie N64"
Sondage Schlumberger

argile
sable argileux
granite altéré
granite fissuré
granite

argile
granite altéré
granite fissuré
granite
filon de pegmatite
granite sain

tube plein
crépine

| Site: kombissiri 202 & 205 | filtering window = 198.8 ms |
|---|---|
| Loop: 2 - 150.0    Date: 08.01.2003    Time: 07:06 | time constant = 15.00 ms |
| loop: square, side = 150.0 m | average S/N = 2.27; EN/IN = 1.05 |
| geomagnetic field: | fitting error: FID1 = 11.80%; FID2 = 27.32 % |
| Inclination = 1 degr, magnitude= 33063.38 nT | param. of regular.: modeling |

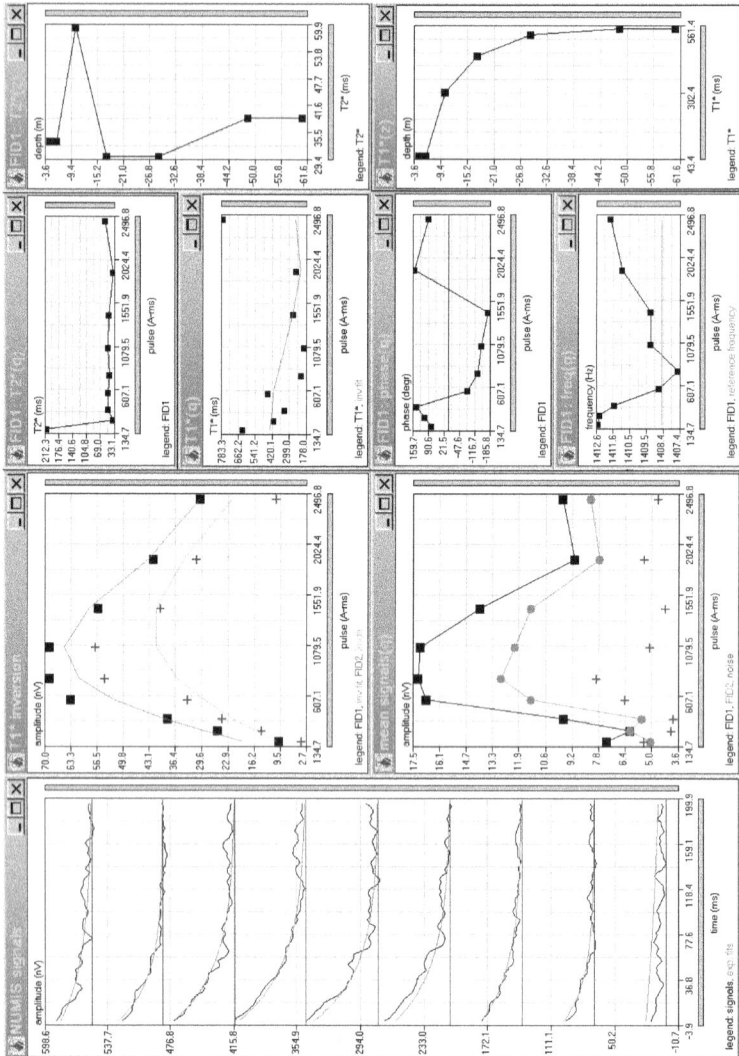

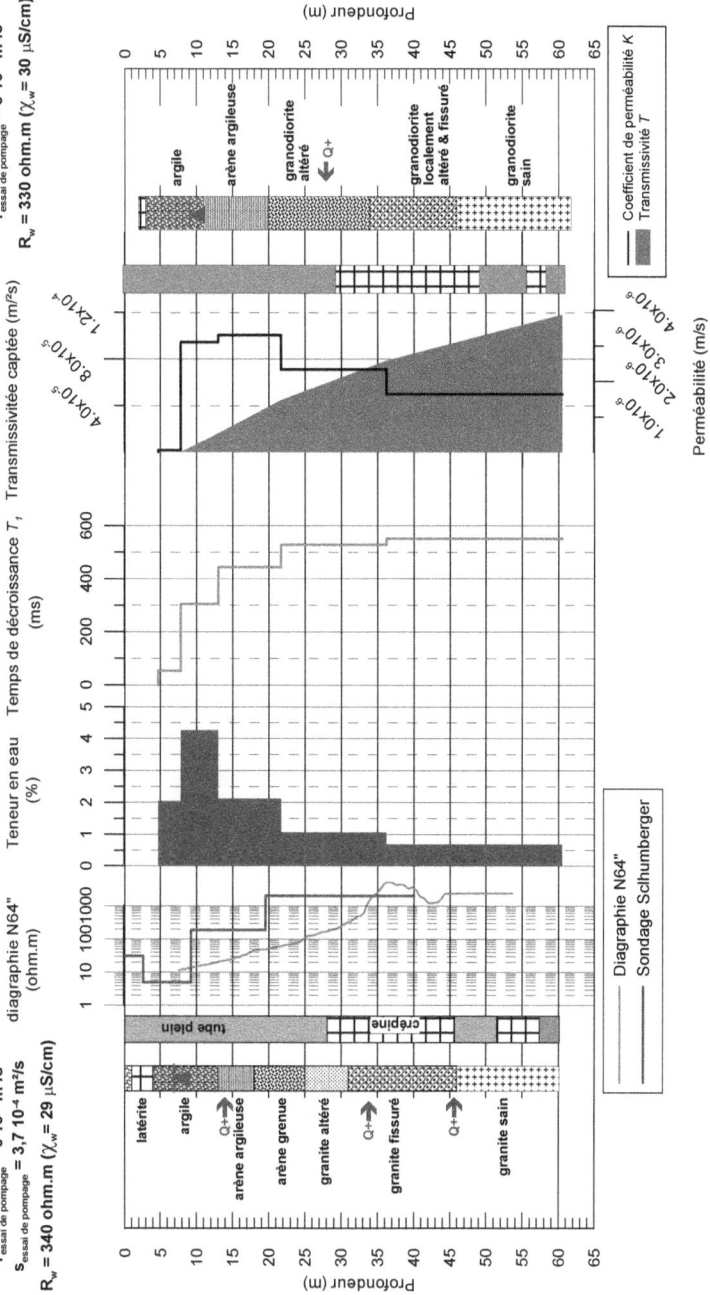

Kombissiri KB205

$T_{essai\ de\ pompage} = 8\ 10^{-4}\ m^2/s$

$R_w = 330\ ohm.m\ (\chi_w = 30\ \mu S/cm)$

Kombissiri KB202

$T_{essai\ de\ pompage} = 6\ 10^{-4}\ m^2/s$

$s_{essai\ de\ pompage} = 3,7\ 10^{-4}\ m^2/s$

$R_w = 340\ ohm.m\ (\chi_w = 29\ \mu S/cm)$

| | |
|---|---|
| Site: Kerbernez A3, site 9 | filtering window = 199.2 ms |
| Date: 16.07.2001; Time: 17:20 | time constant = 15.00 ms |
| loop: eight square, side = 56.0 m | average S/N = 1.40; EN/IN = 4.89 |
| geomagnetic field: | fitting error: FID1 = 35.76%; FID2 = 36.90 % |
| Inclination = 61 degr, magnitude= 47145.54 nT | param. of regular.: modeling |

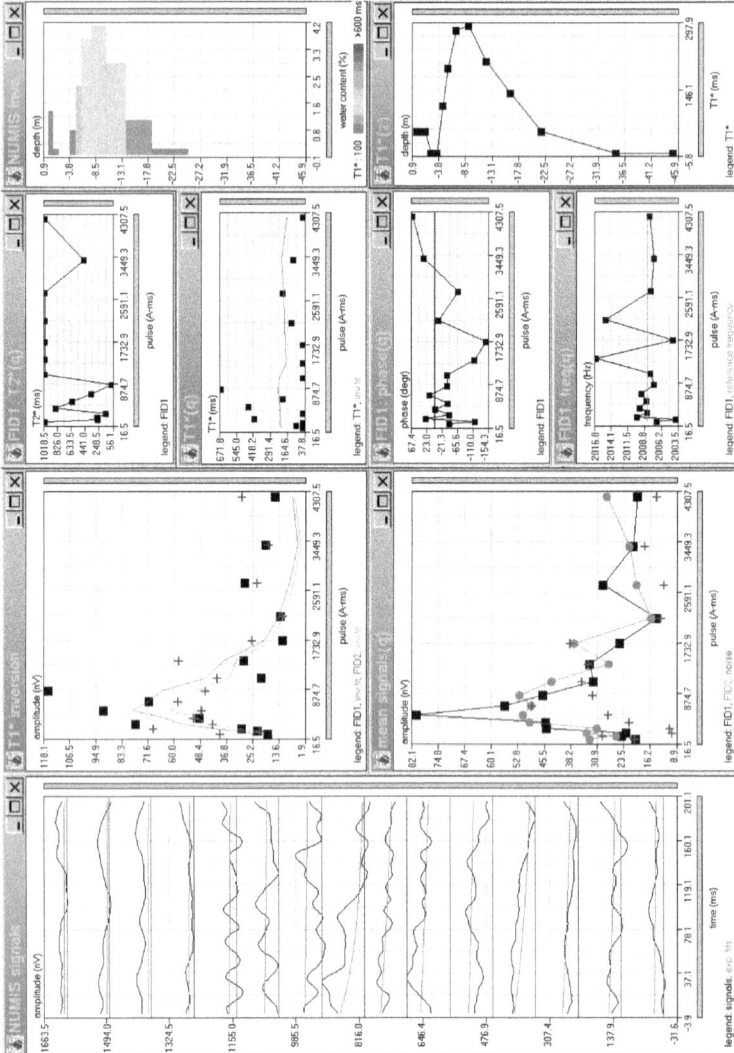

| Site: Kerbernez, F5, site 1 (one pulse) | filtering window = 198.8 ms |
|---|---|
| Date: 10.07.2001;  Time: 19:06 | time constant = 15.00 ms |
| loop: eight square, side = 56.0 m | average S/N = 2.76;  EN/IN = 1.06 |
| geomagnetic field: | fitting error: FID1 = 16.23% |
| Inclination = 61 degr, magnitude= 47223.00 nT | param. of regular.: E,T2* = 500.0 |

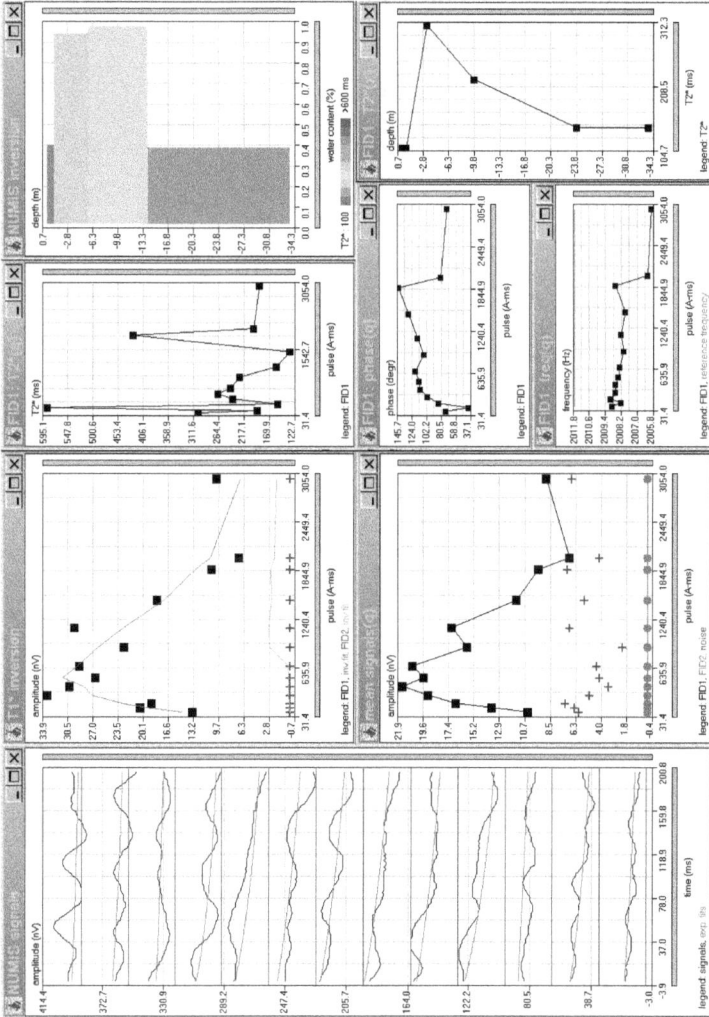

# Grès de Sena (Mozambique)

| Site: 8/FCH/98 Chivulivuli (cvbo1) | filtering window = 199.6 ms |
|---|---|
| Date: 30.10.2000;   Time: 09:31 | bandpass = 10.00 Hz |
| loop: square, side = 77.3 m | average S/N = 3.08;  EN/IN = 1.21 |
| geomagnetic field: | fitting error: FID1 = 6.29% |
| inclination = 56 degr, magnitude= 31049.30 nT | param. of regular.: E,T2* = 99.2 |

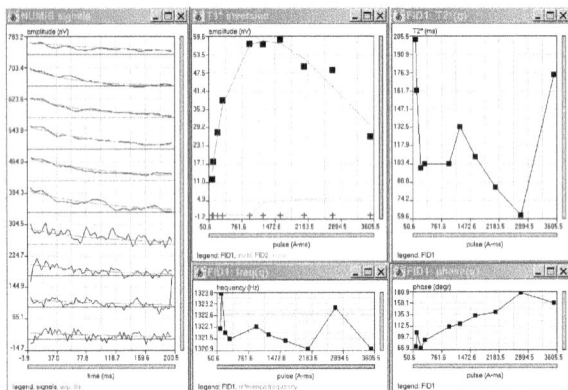

| Site: 9/FCH/98 Chivulivuli (cvbn8) | filtering window = 199.7 ms |
|---|---|
| Date: 29.10.2000;   Time: 08:59 | time constant = 15.00 ms |
| loop: square, side = 77.3 m | average S/N = 0.00;  EN/IN = +INF |
| geomagnetic field: | fitting error: FID1 = 18.08% |
| Inclination = 56 degr, magnitude= 31032.86 nT | param. of regular.: E,T2* = 732.4 |

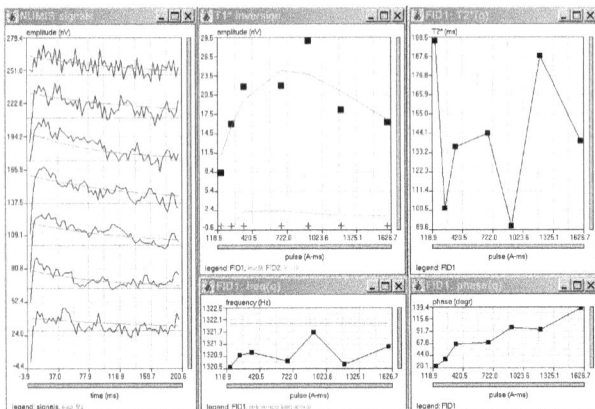

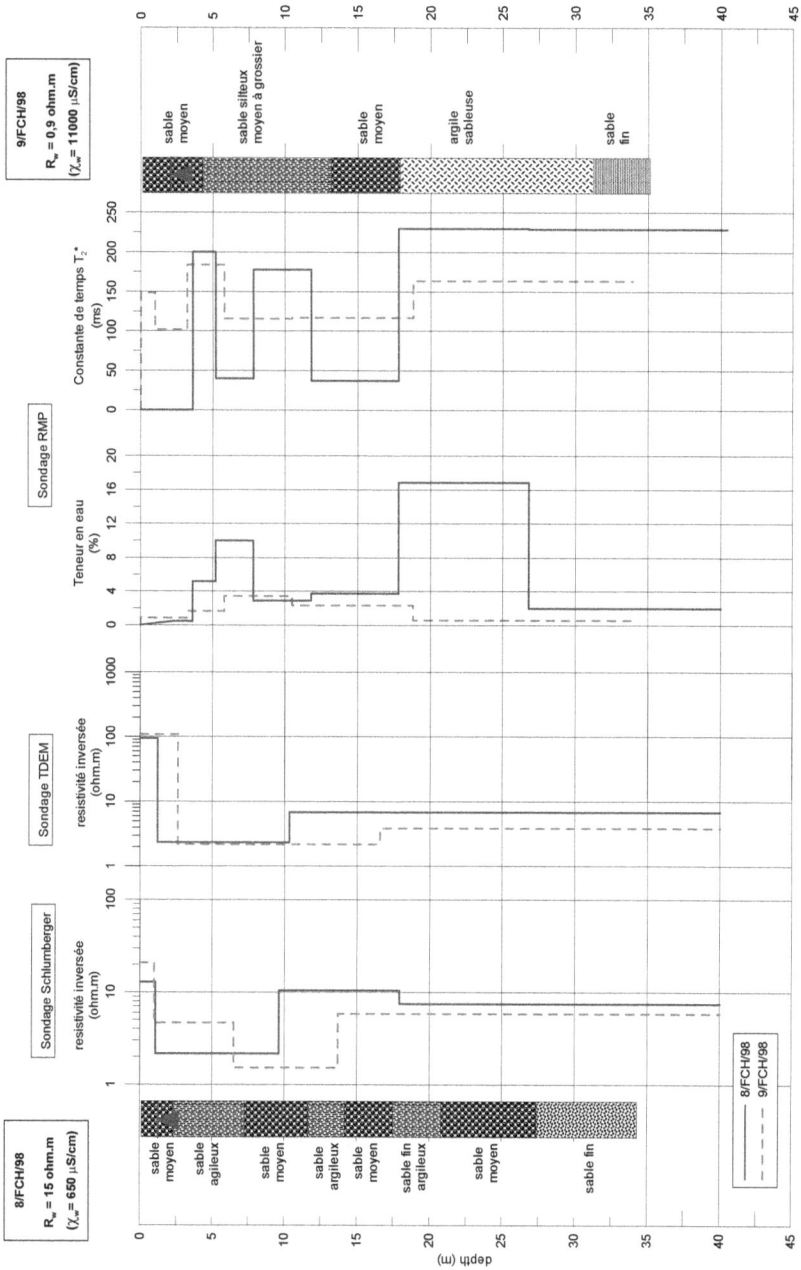

**9/FCH/98**
$R_w = 0,9$ ohm.m
($\chi_w = 11000$ µS/cm)

sable moyen
sable silteux moyen à grossier
sable moyen
argile sableuse
sable fin

Sondage RMP

Constante de temps $T_2^*$ (ms)

Teneur en eau (%)

Sondage TDEM

resistivité inversée (ohm.m)

Sondage Schlumberger

resistivité inversée (ohm.m)

**8/FCH/98**
$R_w = 15$ ohm.m
($\chi_w = 650$ µS/cm)

sable moyen
sable argileux
sable moyen
sable argileux
sable moyen
sable fin argileux
sable moyen
sable fin

8/FCH/98
9/FCH/98

depth (m)

# Sable du Perche

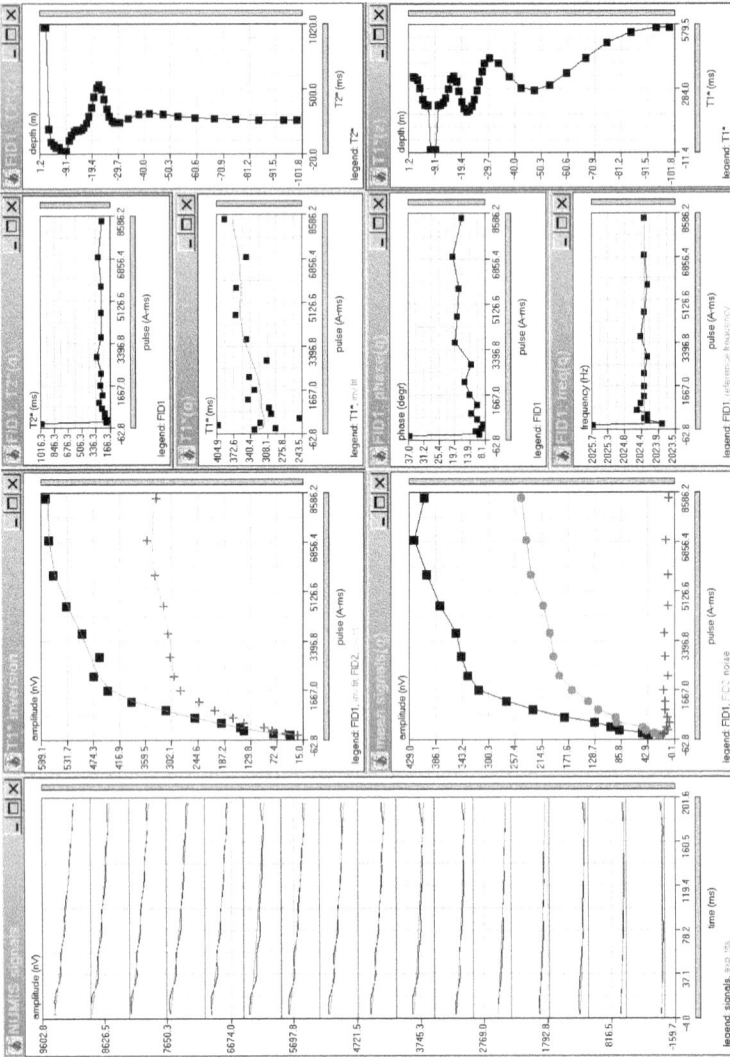

| Site: chatenay | filtering window = 199.6 ms |
| Loop: 2 - 75.0    Date: 23.08.2001    Time: 08:23 | time constant = 15.00 ms |
| loop: square, side = 75.0 m | average S/N = 19.64;  EN/IN =  2.57 |
| geomagnetic field: | fitting error: FID1 =   2.40%;  FID2 =   2.06 % |
| Inclination = 55 degr, magnitude= 47518.78 nT | param. of regular.: E,T2* =  347.1;  T1* = 15.259 |

256

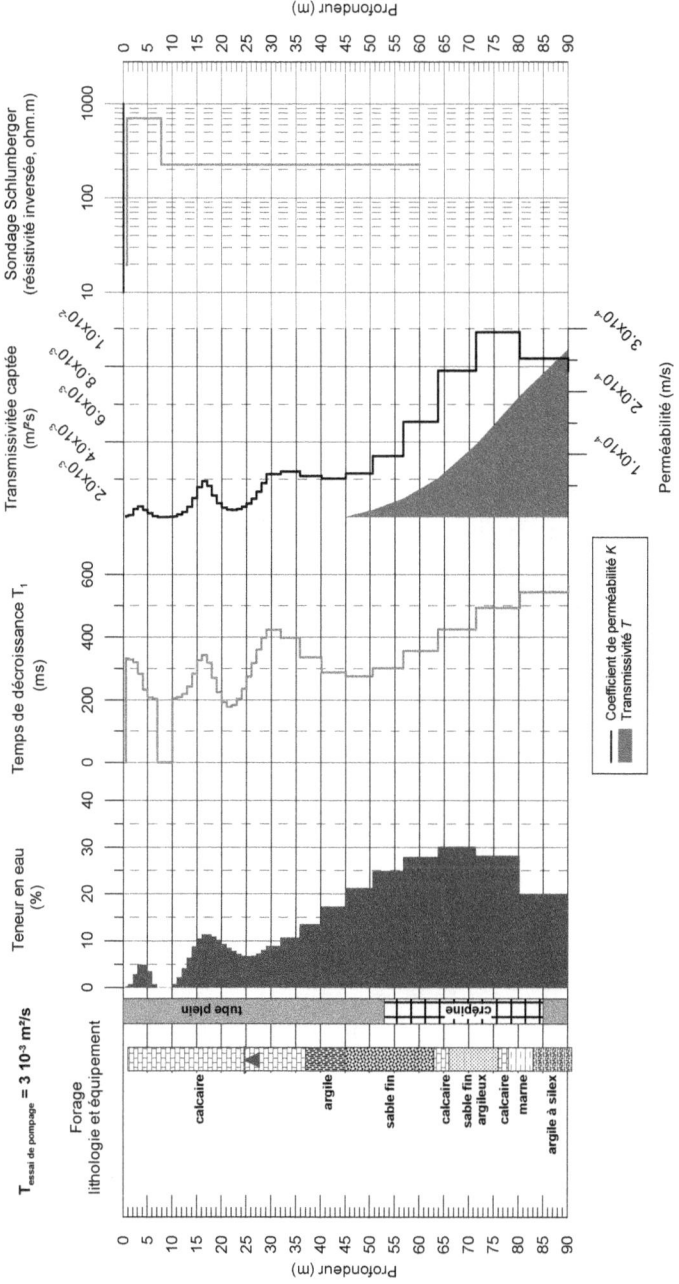

Chatenay

$T_{essai\ de\ pompage} = 3\ 10^{-3}\ m^2/s$

| Site: morainville | filtering window = 199.6 ms |
|---|---|
| Loop: 2 - 75.0    Date: 22.08.2001    Time: 17:17 | time constant = 15.00 ms |
| loop: square, side = 75.0 m | average S/N = 18.28;  EN/IN =  2.48 |
| geomagnetic field: | fitting error: FID1 =  2.72%;  FID2 =  6.33 % |
| Inclination = 55 degr, magnitude= 47518.78 nT | param. of regular.: E,T2* =  133.5;  T1* = 2.623 |

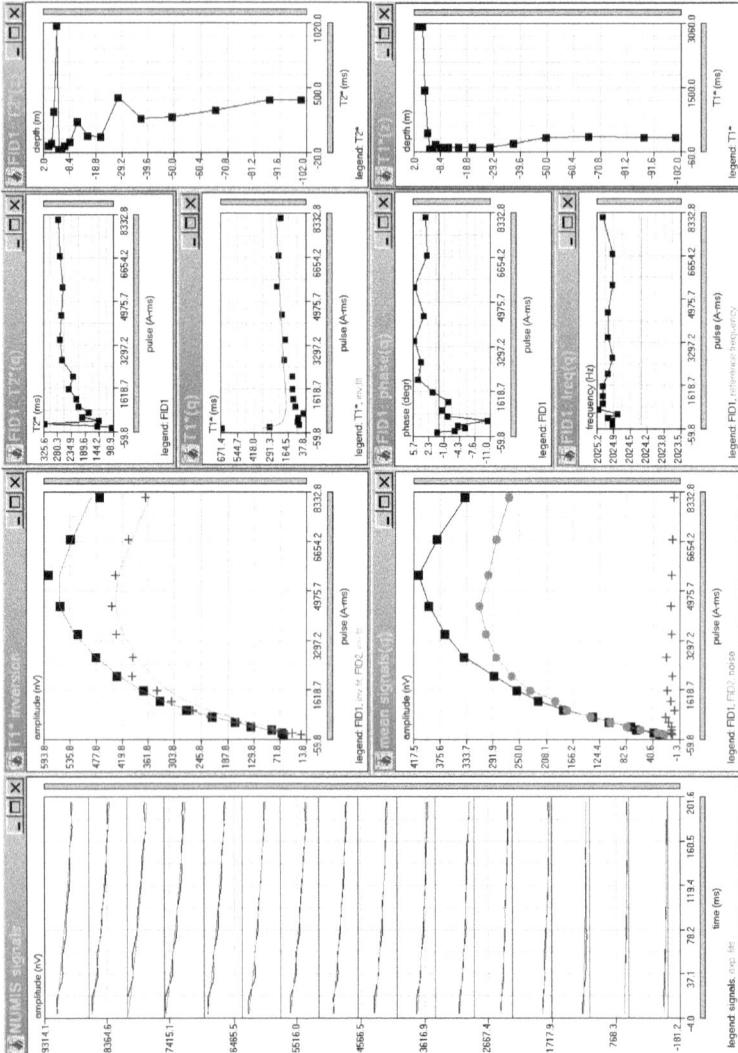

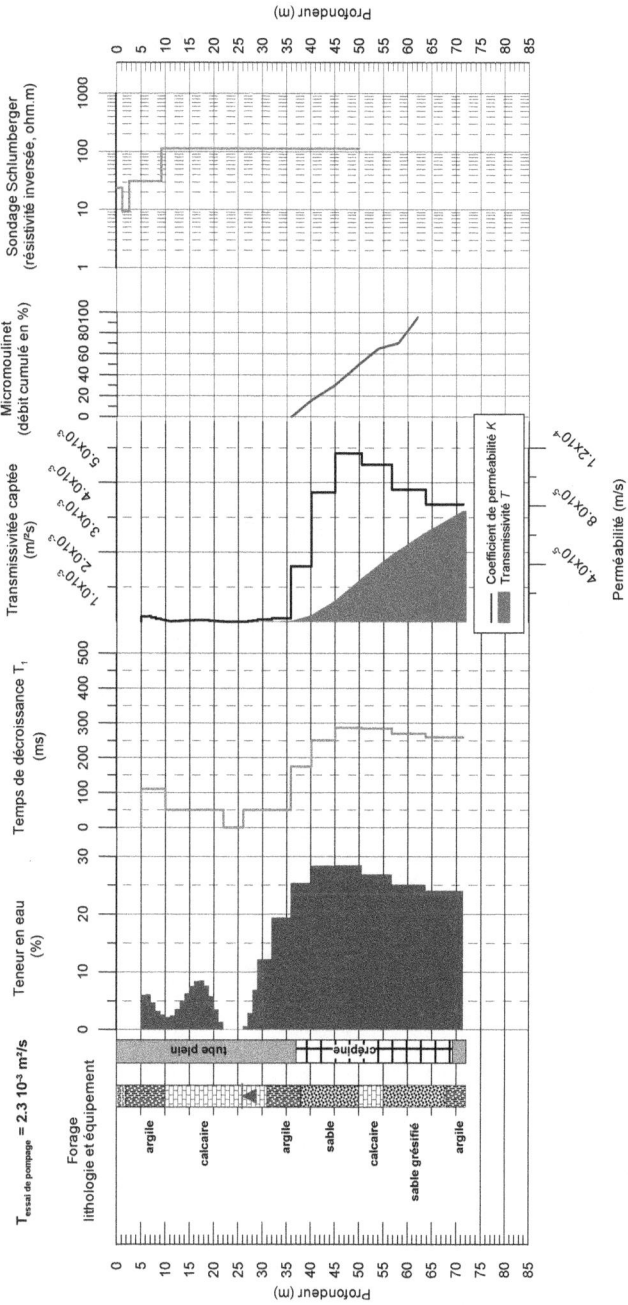

Morainville

$T_{essai\ de\ pompage} = 2.3\ 10^{-3}\ m^2/s$

Annexe                                                                                                    259

| | |
|---|---|
| Site: chuines Fe1 | filtering window = 199.9 ms |
| Loop: 4 - 56.0    Date: 21.08.2001    Time: 08:19 | time constant = 15.00 ms |
| loop: eight square, side = 56.0 m | average S/N = 10.79;  EN/IN =  4.14 |
| geomagnetic field: | fitting error: FID1 =  5.74%;  FID2 = 12.39 % |
| Inclination = 55 degr, magnitude= 47450.70 nT | param. of regular.: modeling |

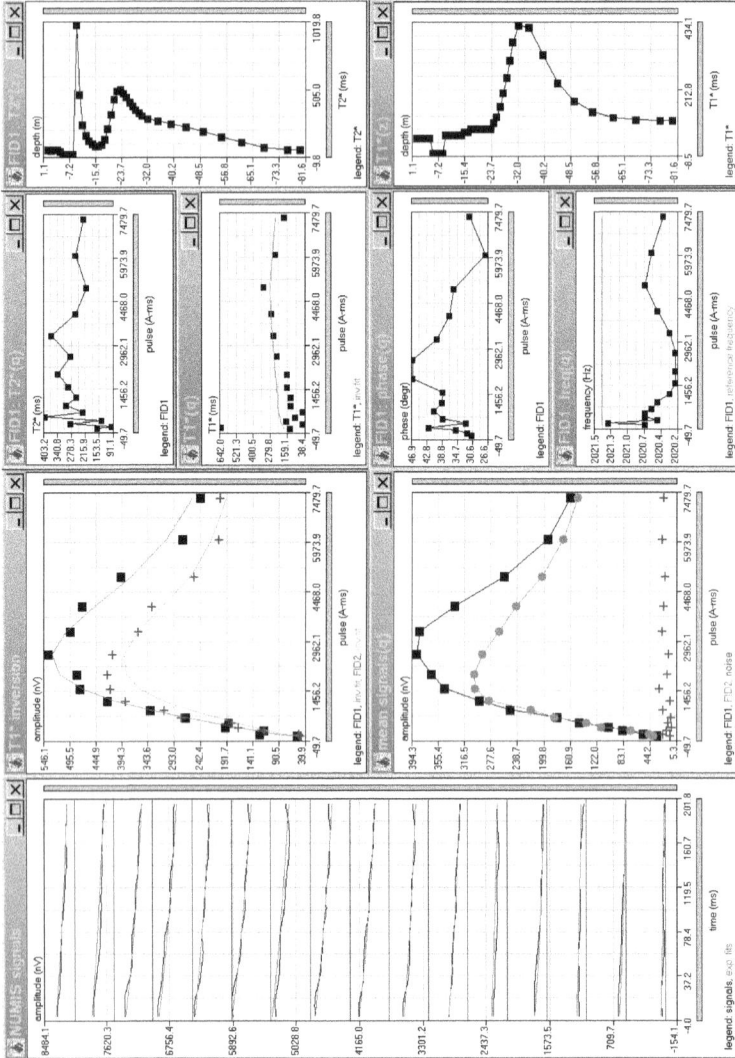

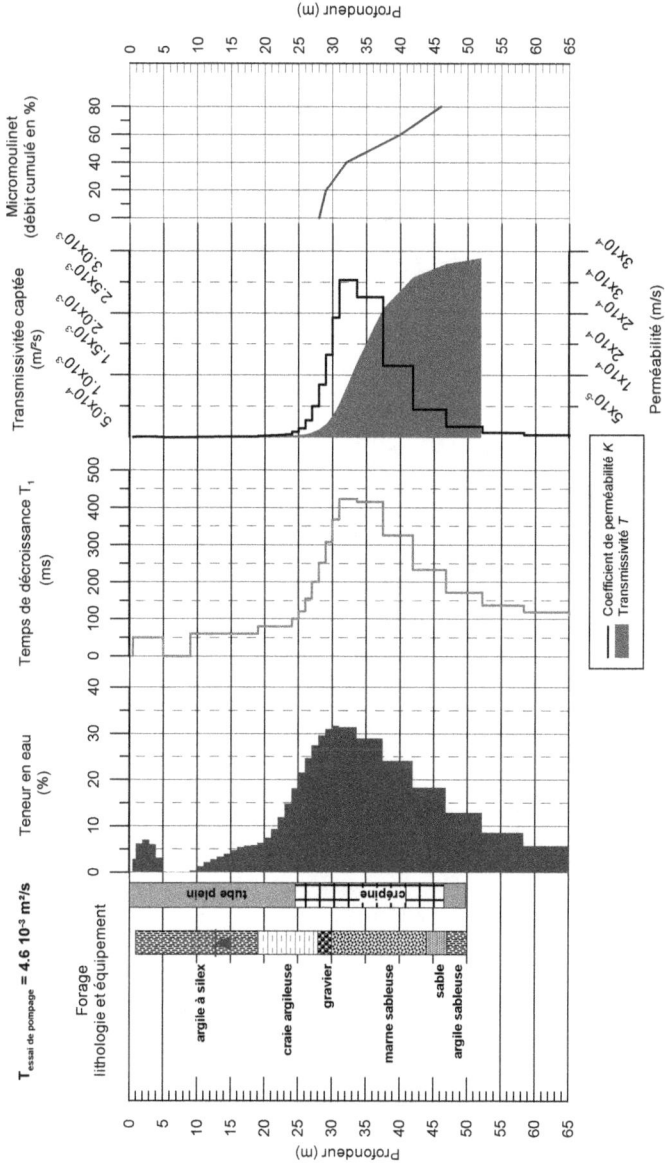

**Chuines Fe1**

$T_{essai\ de\ pompage} = 4.6 \cdot 10^{-3}\ m^2/s$

Forage lithologie et équipement

argile à silex
craie argileuse
gravier
marne sableuse
sable
argile sableuse

tube plein
crépine

Teneur en eau (%)

Temps de décroissance $T_1$ (ms)

Transmissivité captée ($m^2/s$)

Micromoulinet (débit cumulé en %)

Profondeur (m)

Perméabilité (m/s)

Coefficient de perméabilité K
Transmissivité T

| Site: chuines Fe3 | filtering window = 168.2 ms |
|---|---|
| Loop: 4 - 56.0    Date: 21.08.2001    Time: 13:58 | bandpass = 10.00 Hz |
| loop: eight square, side = 56.0 m | average S/N = 1.42;  EN/IN = 22.29 |
| geomagnetic field: | fitting error: FID1 = 16.16%;  FID2 = 29.78 % |
| Inclination = 55 degr, magnitude= 47450.70 nT | param. of regular.: modeling |

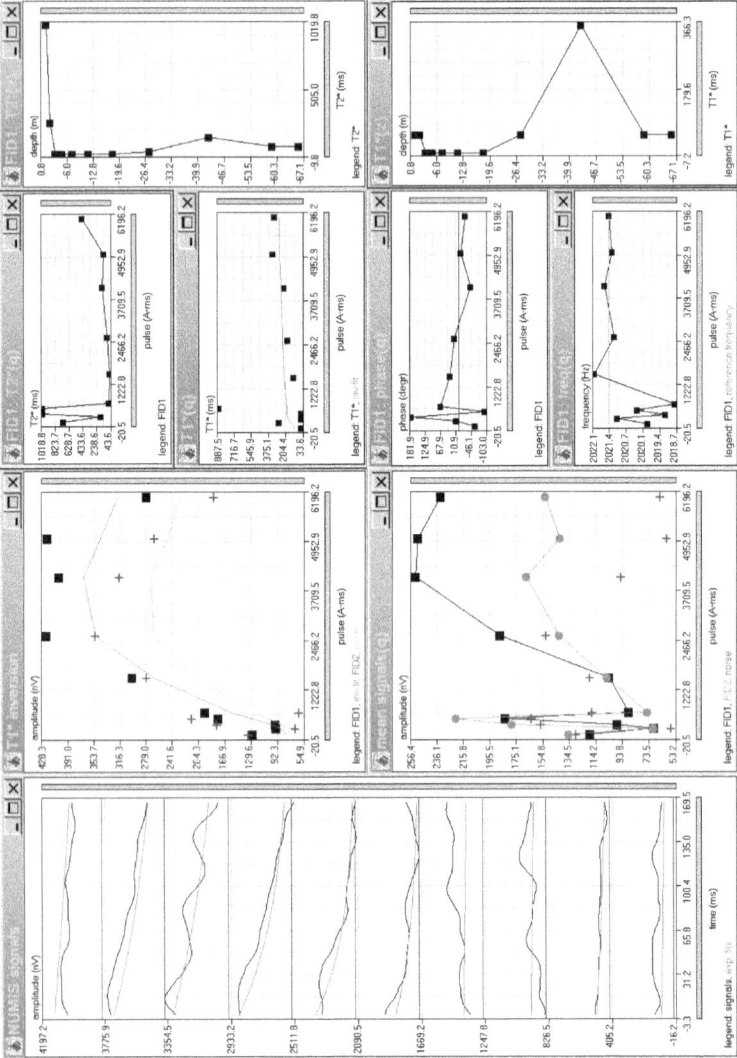

262

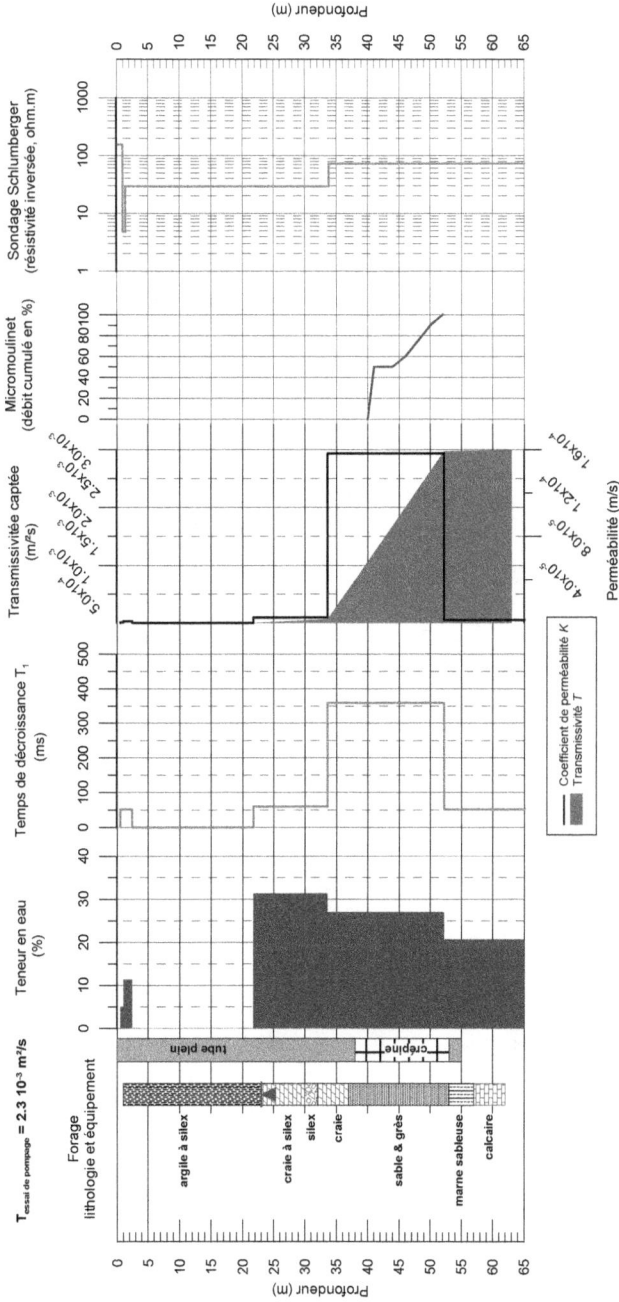

Chuines Fe3

$T_{essai\ de\ pompage} = 2.3\ 10^{-3}\ m^2/s$

| Site: LA BAZOCHE (RC11-Fe1) | filtering window = 198.7 ms |
|---|---|
| Date: 28.08.2000; Time: 12:06 | bandpass = 5.00 Hz |
| loop: eight square, side = 37.5 m | average S/N = 3.35; EN/IN = 2.25 |
| geomagnetic field: | fitting error: FID1 = 7.40%; FID2 = 17.86 % |
| Inclination = 55 degr, magnitude= 47260.56 nT | param. of regular.: E,T2* = 76.3; T1* = 0.715 |

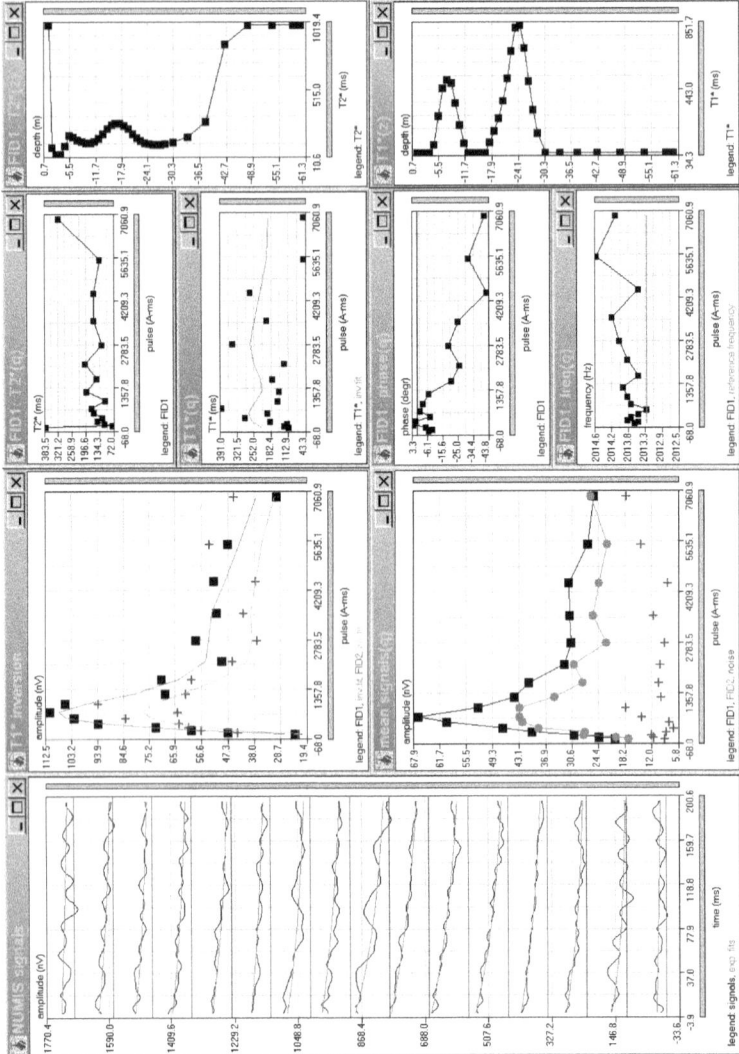

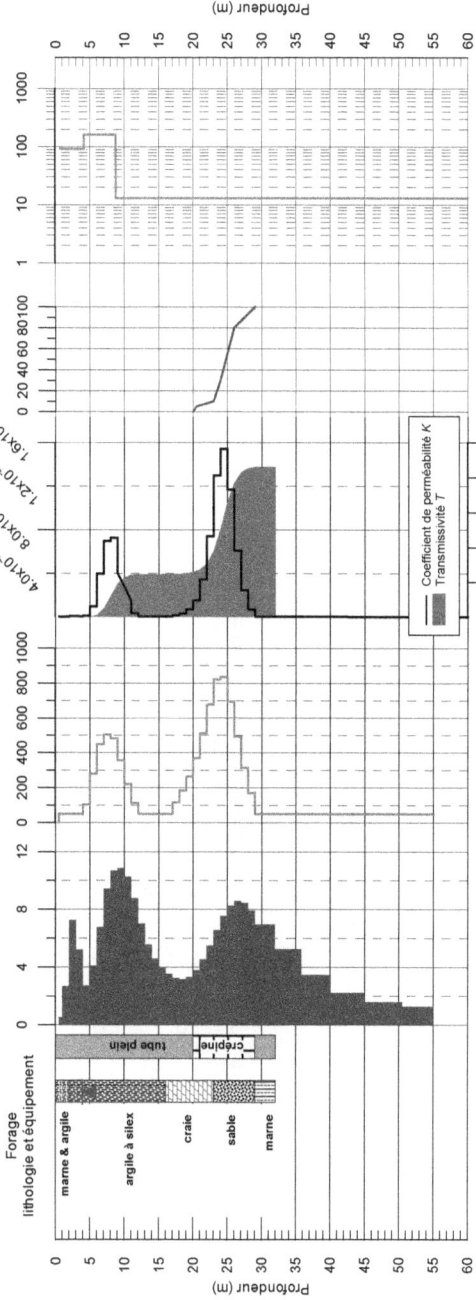

LaBazoche Fe1

$T_{\text{essai de pompage}} = 1.5\ 10^{-3}\ \text{m}^2/\text{s}$
$R_w = 19\ \text{ohm.m}\ (\chi_w = 522\ \mu\text{S/cm})$

Forage
lithologie et équipement

marne & argile
argile à silex
craie
sable
marne

Teneur en eau (%)

Temps de décroissance $T_1$ (ms)

Transmissivité captée ($\text{m}^2$/s)

Coefficient de perméabilité $K$
Transmissivité $T$

Perméabilité (m/s)

Micromoulinet (débit cumulé en %)

Sondage Schlumberger (résistivité inversée, ohm.m)

Profondeur (m)

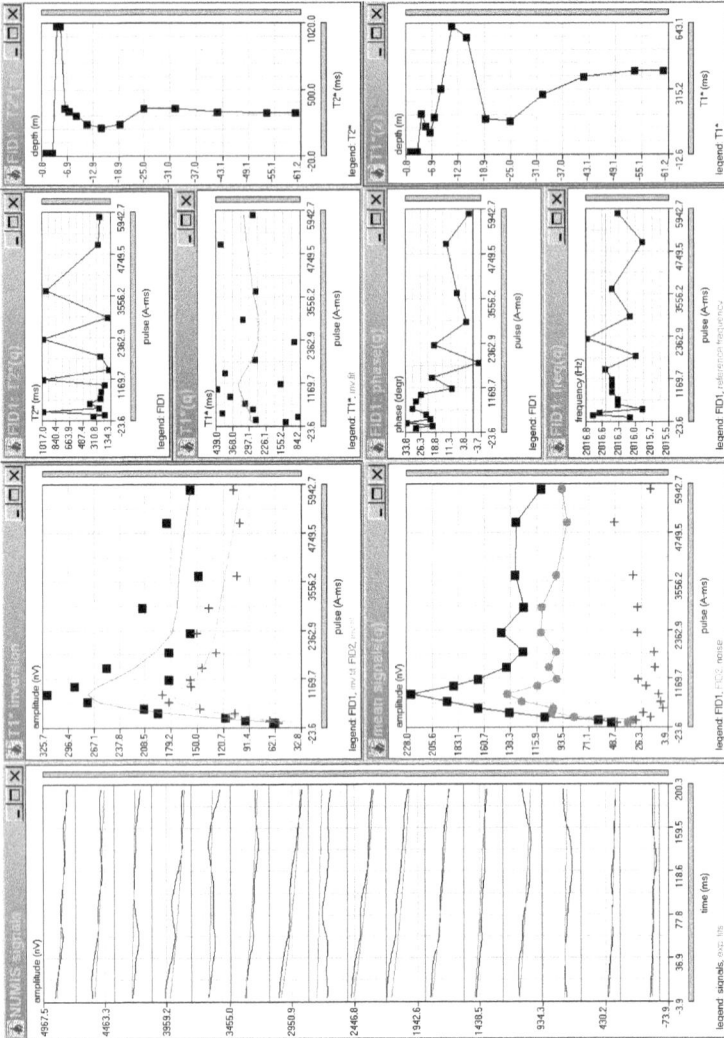

| Site: margon (la pilardiere) | filtering window = 198.4 ms |
|---|---|
| Loop: 4 - 37.5    Date: 29.08.2001    Time: 18:51 | time constant = 20.00 ms |
| loop: eight square, side = 37.5 m | average S/N = 5.67; EN/IN = 4.90 |
| geomagnetic field: | fitting error: FID1 = 13.81%; FID2 = 9.33 % |
| Inclination = 55 degr, magnitude= 47335.68 nT | param. of regular.: modeling |

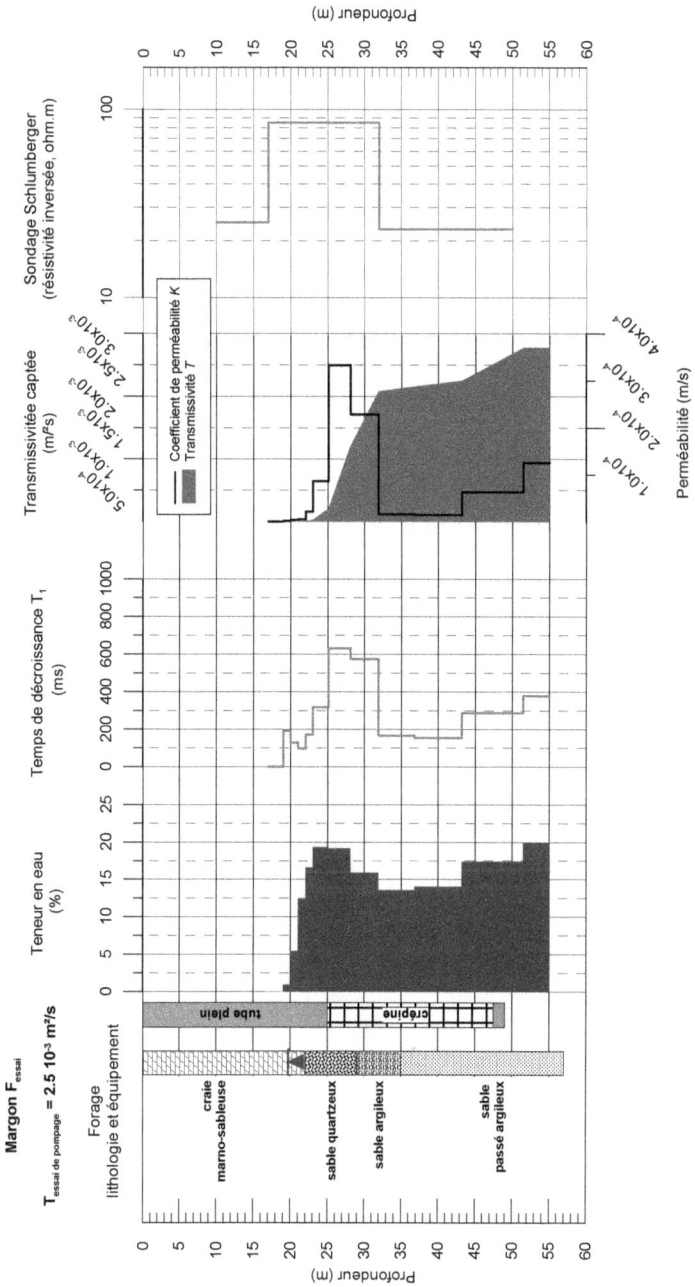

Margon F$_{essai}$

T$_{essai de pompage}$ = 2.5 10$^{-3}$ m²/s

Coefficient de perméabilité K
Transmissivité T

| | |
|---|---|
| Site: la houssaye | filtering window = 198.9 ms |
| Loop: 2 - 75.0    Date: 23.04.2002    Time: 16:26 | bandpass = 10.00 Hz |
| loop: square, side = 75.0 m | average S/N = 2.77 |
| geomagnetic field: | fitting error: FID1 = 16.05%; FID2 = 27.69 % |
| Inclination = 33 degr, magnitude= 47673.71 nT | param. of regular.: E,T2* = 442.5; T1* = 1.669 |

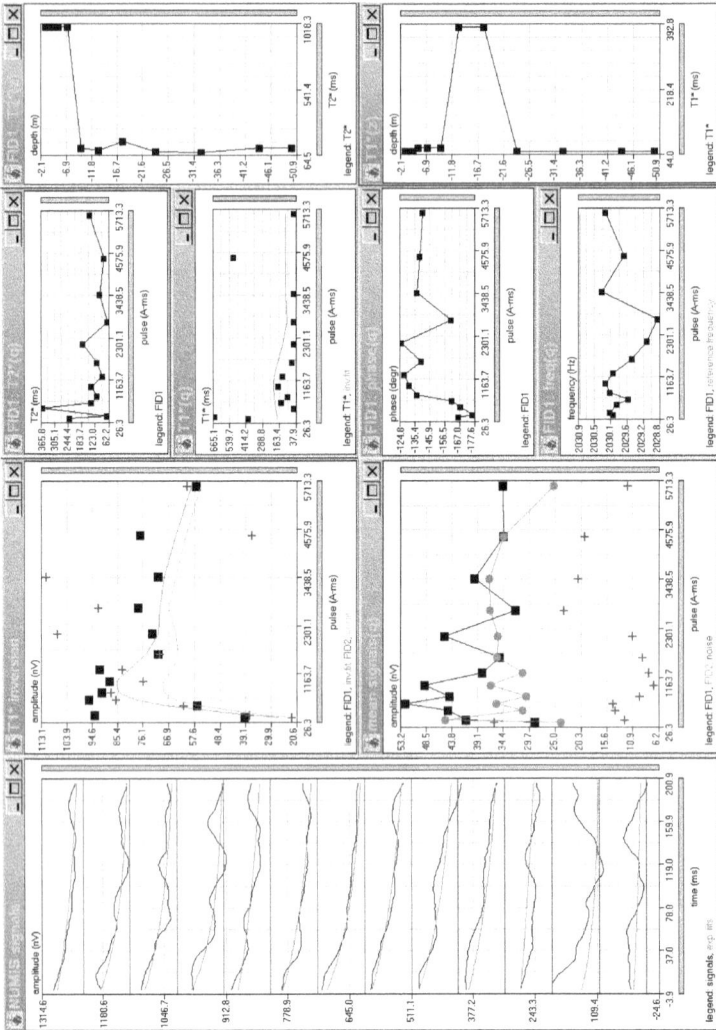

268

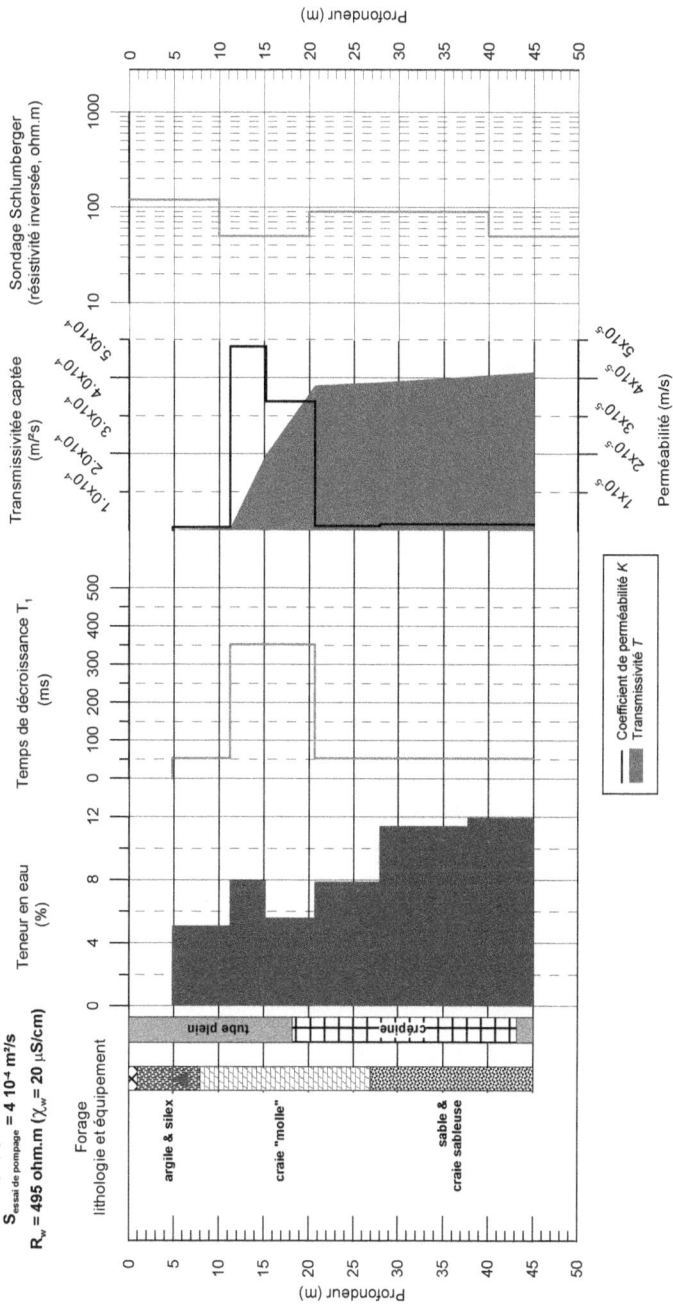

La Houssaye

$T_{essai\ de\ pompage} = 2,9\ 10^{-4}\ m^2/s$
$S_{essai\ de\ pompage} = 4\ 10^{-4}\ m^3/s$
$R_w = 495\ ohm.m\ (\chi_w = 20\ \mu S/cm)$

Forage
lithologie et équipement

argile & silex

craie "molle"

sable &
craie sableuse

tube plein

crépine

Teneur en eau
(%)

0  4  8  12

Temps de décroissance T₁
(ms)

0  100  200  300  400  500

Transmissivitée captée
(m²/s)

$1,0\times10^{-4}$  $2,0\times10^{-4}$  $3,0\times10^{-4}$  $4,0\times10^{-4}$  $5,0\times10^{-4}$

Perméabilité (m/s)

$1\times10^{-5}$  $2\times10^{-5}$  $3\times10^{-5}$  $4\times10^{-5}$  $5\times10^{-5}$

Sondage Schlumberger
(résistivité inversée, ohm.m)

10  100  1000

Profondeur (m)

0  5  10  15  20  25  30  35  40  45  50

Coefficient de perméabilité K
Transmissivité T

# Sable de Cuise

| Site: MONTREUIL Pz2 (ME32) | filtering window = 199.1 ms |
|---|---|
| Loop: 2 - 75.0    Date: 02.10.2001    Time: 09:45 | time constant = 15.00 ms |
| loop: square, side = 75.0 m | average S/N = 16.27;  EN/IN =  1.98 |
| geomagnetic field: | fitting error: FID1 =  2.81%;  FID2 = 10.60 % |
| Inclination = 33 degr, magnitude= 47633.80 nT | param. of regular.: E,T2* =  82.0;  T1* = 3.576 |

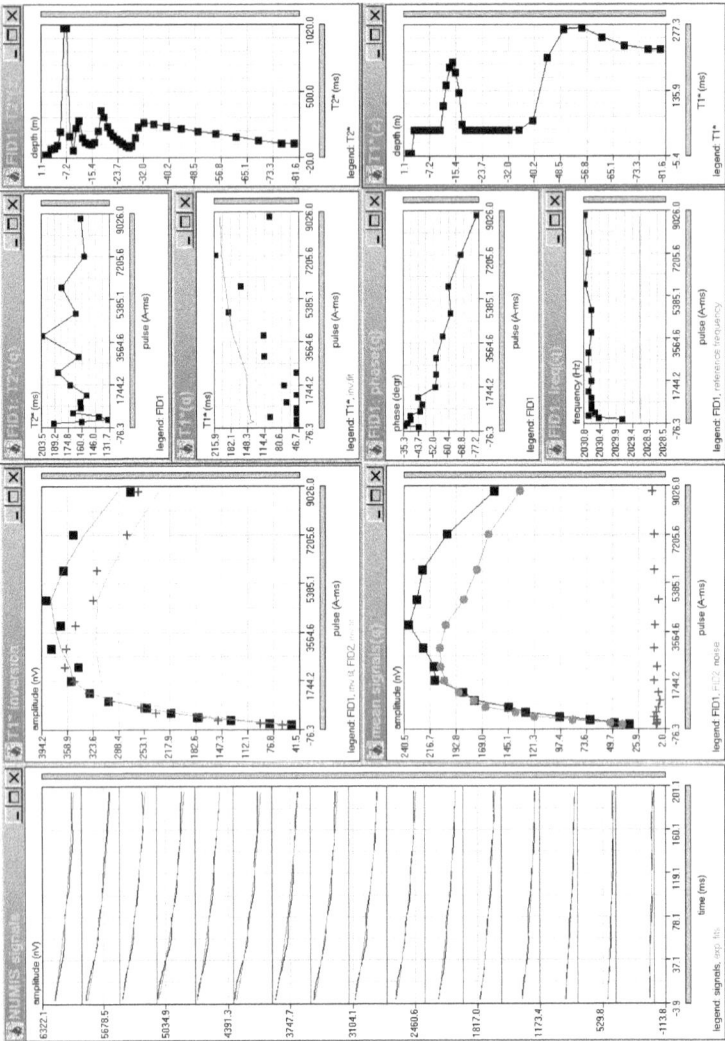

272

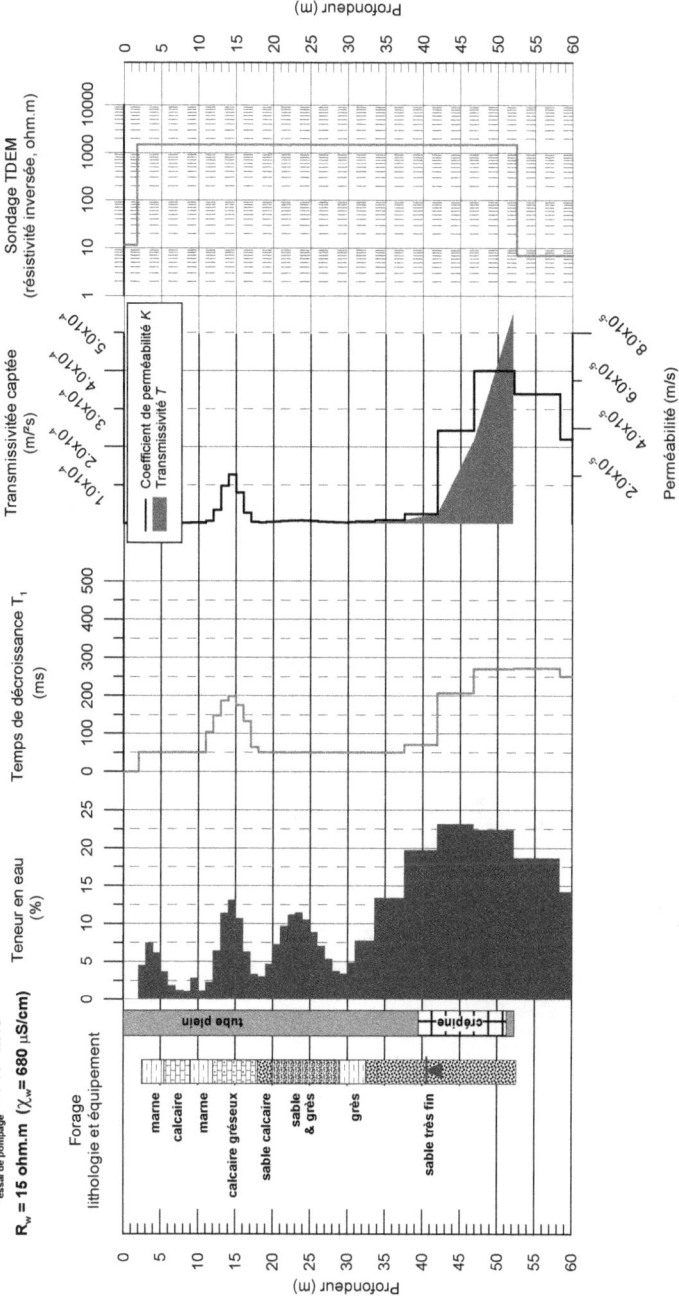

Montreuil Pz2

$T_{essai\ de\ pompage} = 4\ 10^{-4}\ m^2/s$

$R_w = 15\ ohm.m\ (\chi_w = 680\ \mu S/cm)$

| | |
|---|---|
| Site: MONTREUIL Pz5 (ME20) | filtering window = 198.9 ms |
| Loop: 2 - 75.0    Date: 05.10.2001    Time: 11:20 | time constant = 15.00 ms |
| loop: square, side = 75.0 m | average S/N = 32.11; EN/IN = 1.34 |
| geomagnetic field: | fitting error: FID1 = 2.79%; FID2 = 6.78 % |
| Inclination = 33 degr, magnitude= 47673.71 nT | param. of regular.: modeling |

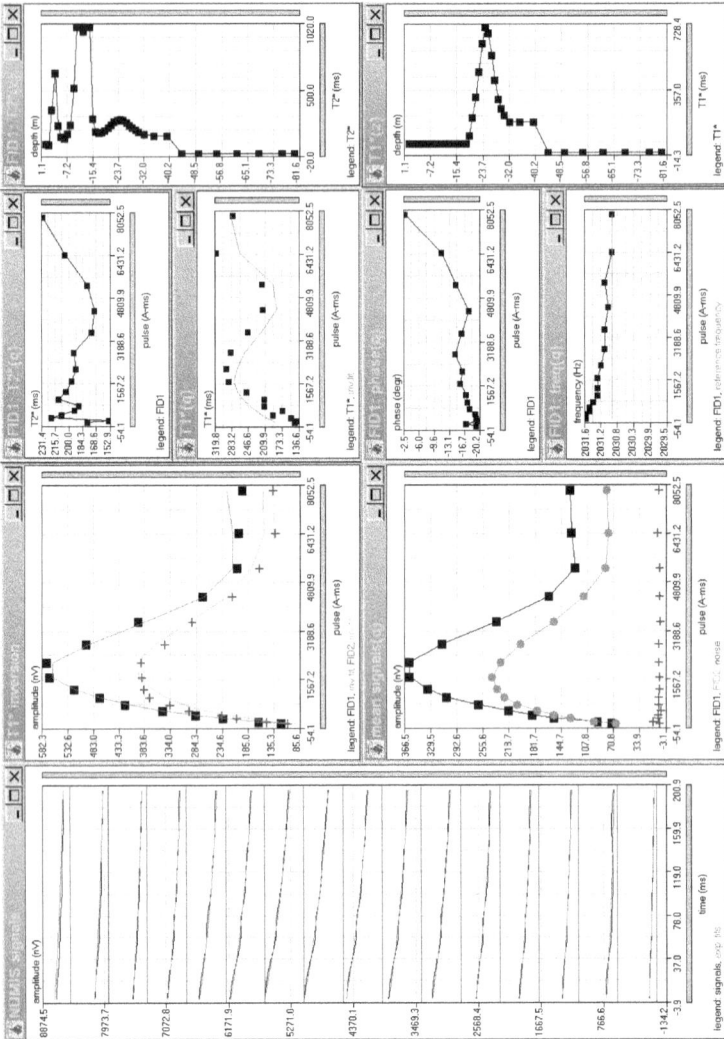

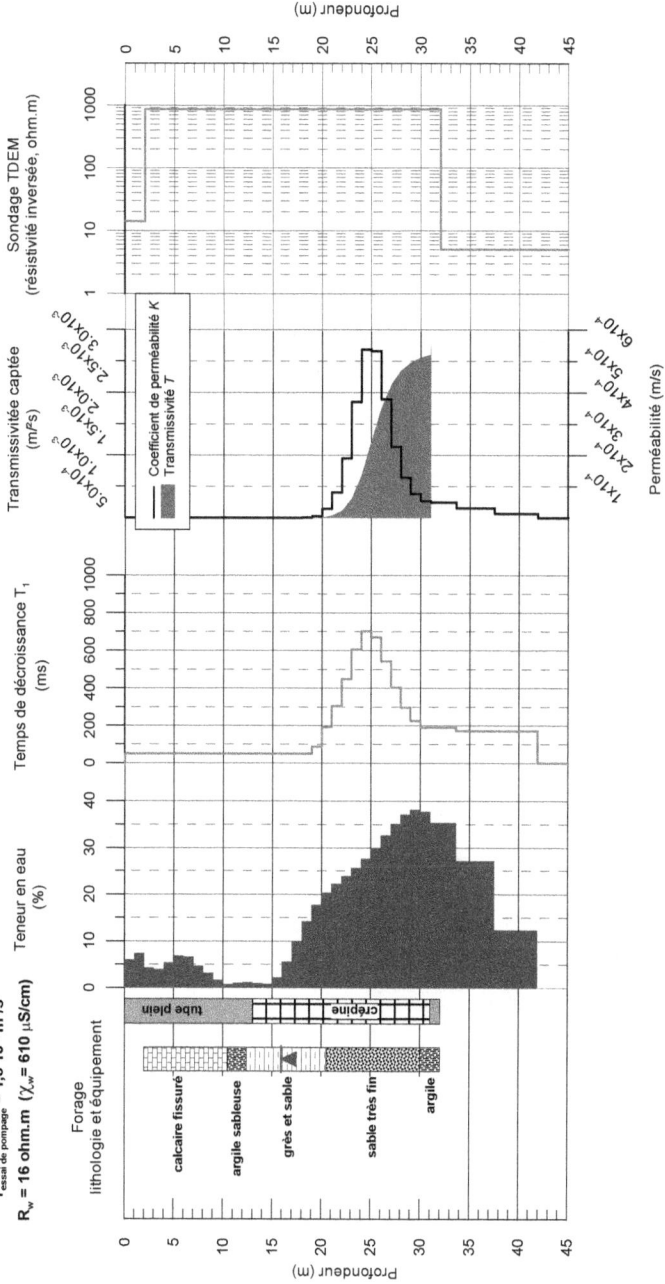

**Montreuil Pz5**

$T_{essai\ de\ pompage} = 1,8\ 10^{-3}\ m^2/s$

$R_w = 16\ ohm.m\ (\chi_w = 610\ \mu S/cm)$

| | |
|---|---|
| Site: MONTREUIL Pz6 (ME34) | filtering window = 199.0 ms |
| Loop: 2 - 75.0    Date: 02.10.2001    Time: 14:10 | time constant = 15.00 ms |
| loop: square, side = 75.0 m | average S/N = 39.51;  EN/IN =  1.02 |
| geomagnetic field: | fitting error: FID1 =  1.45%;  FID2 =  4.64 % |
| Inclination = 33 degr, magnitude= 47645.54 nT | param. of regular.: E,T2* =  89.6;  T1* = 0.715 |

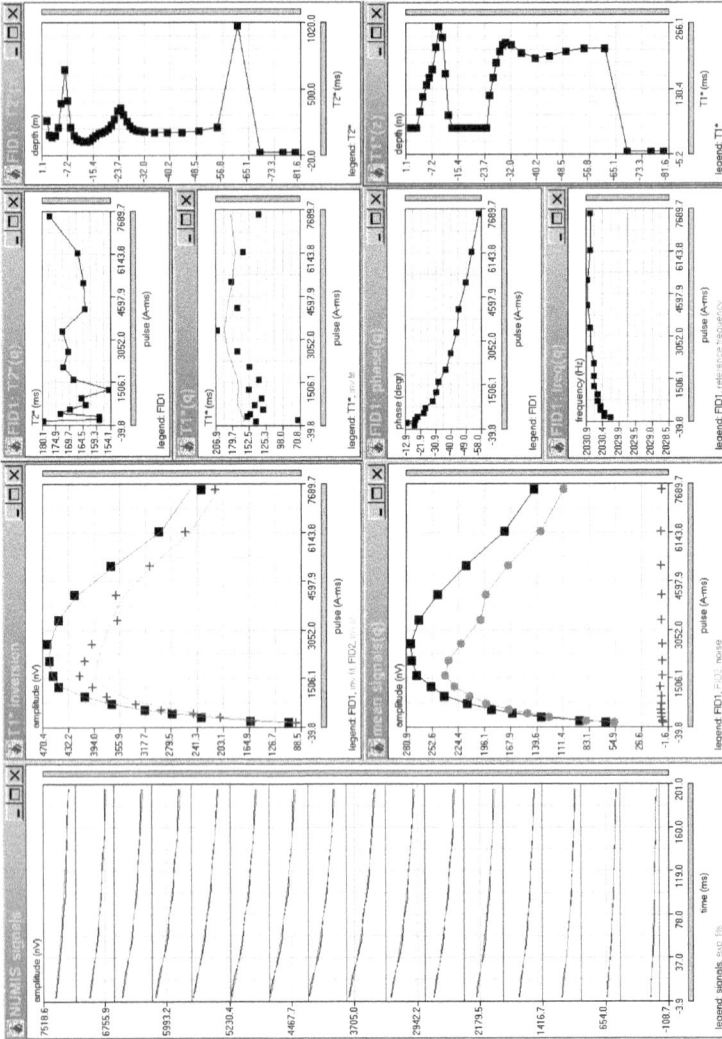

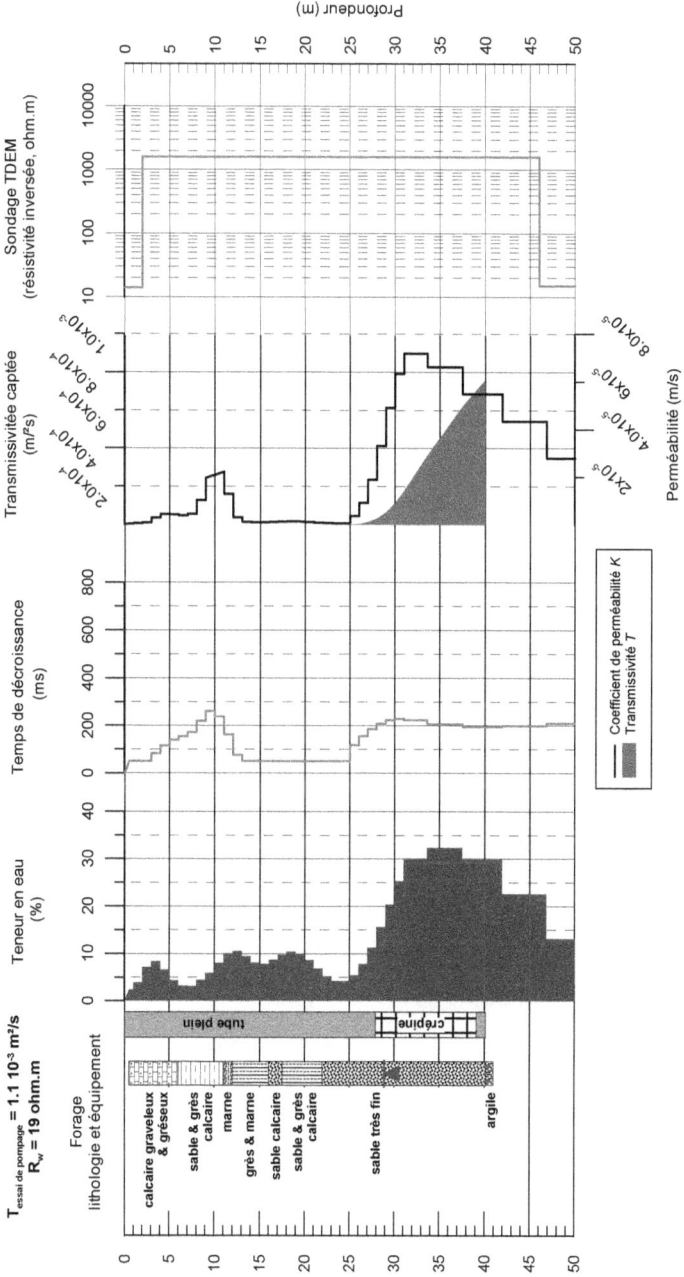

Montreuil Pz6

$T_{essal de pompage}$ = 1.1 10$^{-3}$ m²/s
$R_w$ = 19 ohm.m

Forage
lithologie et équipement

calcaire graveleux & gréseux
sable & grès calcaire
marne
grès & marne
sable calcaire
sable & grès calcaire
sable très fin
argile

tube plein
crépine

Teneur en eau (%)

Temps de décroissance (ms)

Transmissivitée captée (m²/s)

Perméabilité (m/s)

Sondage TDEM (résistivité inversée, ohm.m)

Profondeur (m)

Coefficient de perméabilité K
Transmissivité T

# Sédiments de Siem Reap (Cambodge)

| Site : ACPI (Cambodge) | filtering window = 199.5 ms |
|---|---|
| | time constant = 15.00 ms |
| loop: eight square, side = 37.5 m | average S/N = 6.31; EN/IN = 2.12 |
| geomagnetic field: | fitting error: FID1 = 4.23% |
| Inclination = 10 degr, magnitude= 41887.32 nT | param. of regular.: E,T2* = 80.1 |

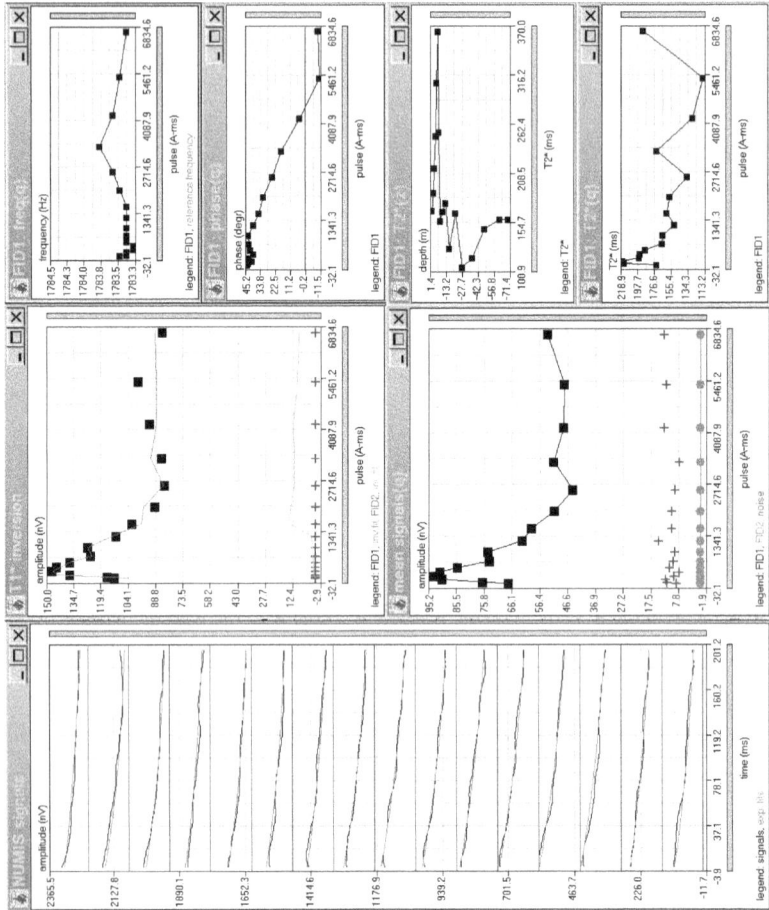

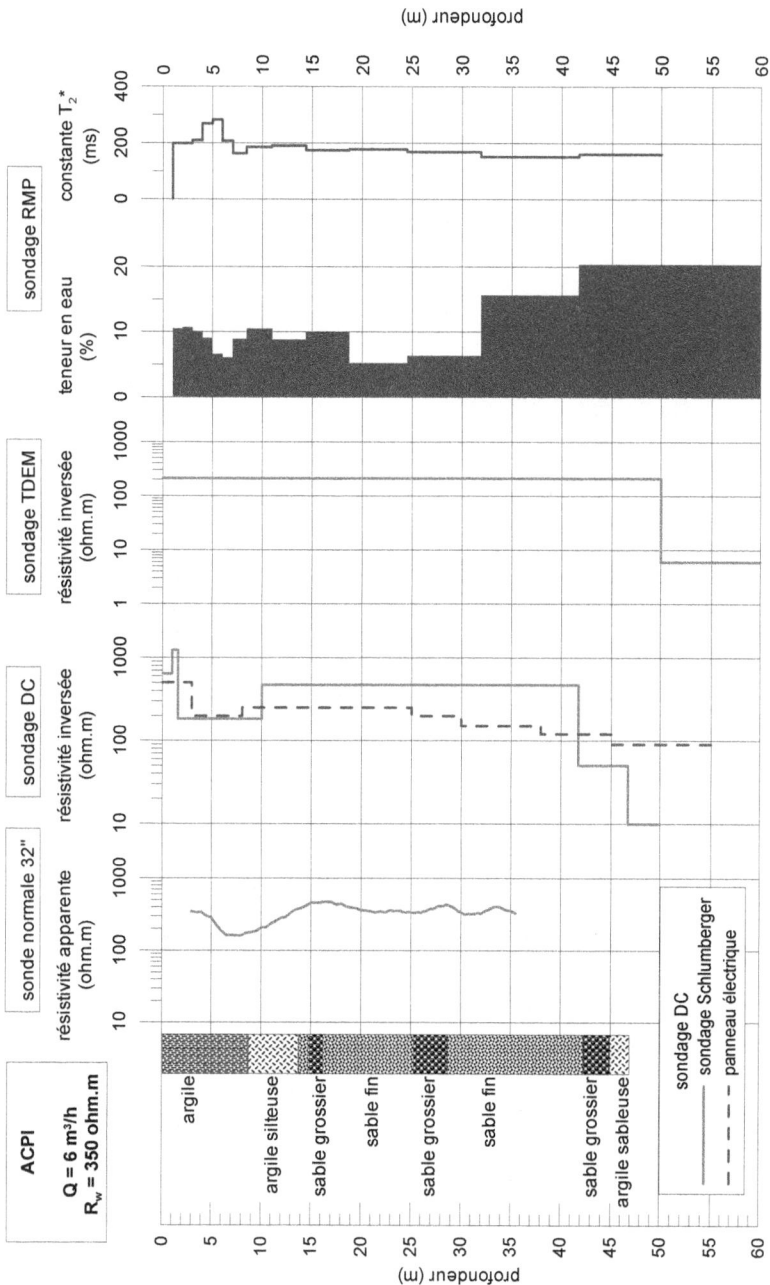

| | |
|---|---|
| Site : Prey Longieng (Cambodge) | filtering window = 198.5 ms |
| | bandpass = 10.00 Hz |
| loop: square, side = 75.0 m | average S/N = 1.93; EN/IN = 2.60 |
| geomagnetic field: | fitting error: FID1 = 7.42% |
| inclination= 10 degr, magnitude= 42098.59 nT | param. of regular.: E,T2* = 118.3 |

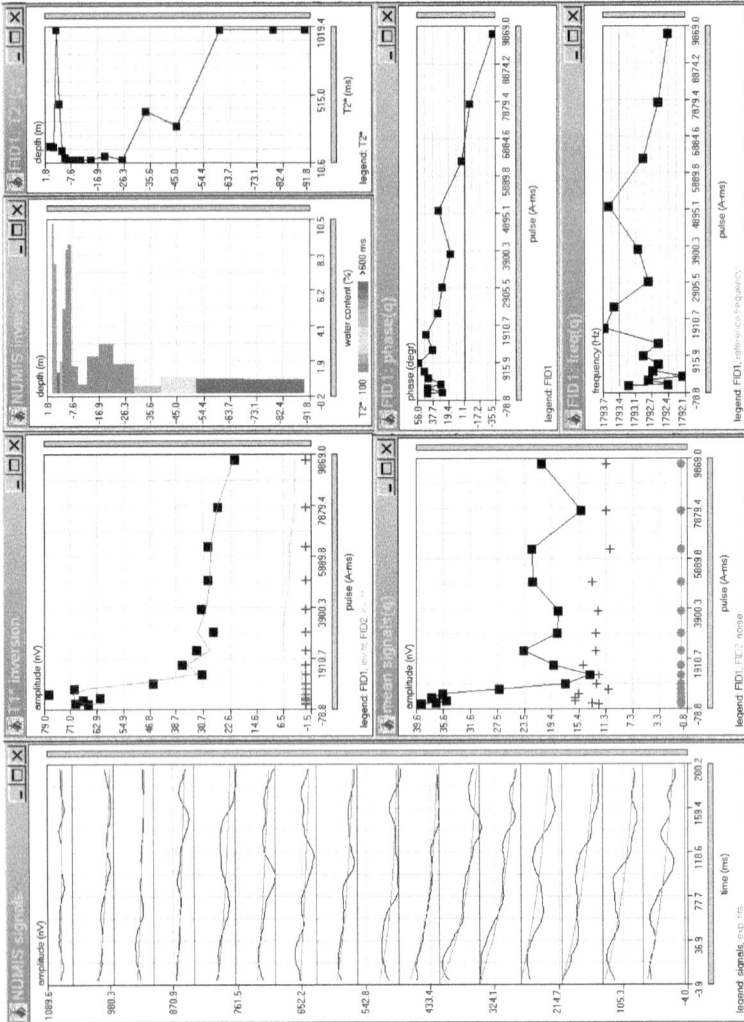

| Site : Mukpen West (Cambodge) | filtering window = 198.8 ms |
| | bandpass = 10.00 Hz |
| loop: square, side = 75.0 m | average S/N = 4.48 |
| geomagnetic field: | fitting error = 2.334 % |
| Inclination = 10 degr, magnitude= 42042.25 nT | parameter of regularization = 99.2 |

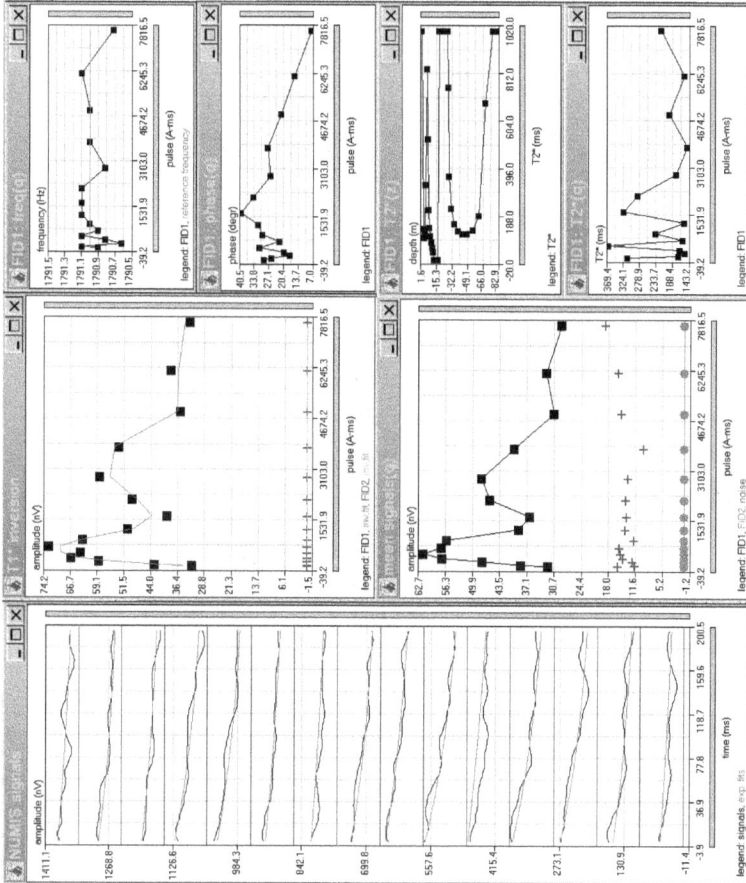

| Site : Mukpen North (Cambodge) | filtering window = 198.8 ms |
| | bandpass = 10.00 Hz |
| loop: square, side = 75.0 m | average S/N = 1.38; EN/IN = 3.77 |
| geomagnetic field: | fitting error: FID1 = 9.11% |
| Inclination = 10 degr, magnitude= 42042.25 nT | param. of regular.: E,T2* = 213.6 |

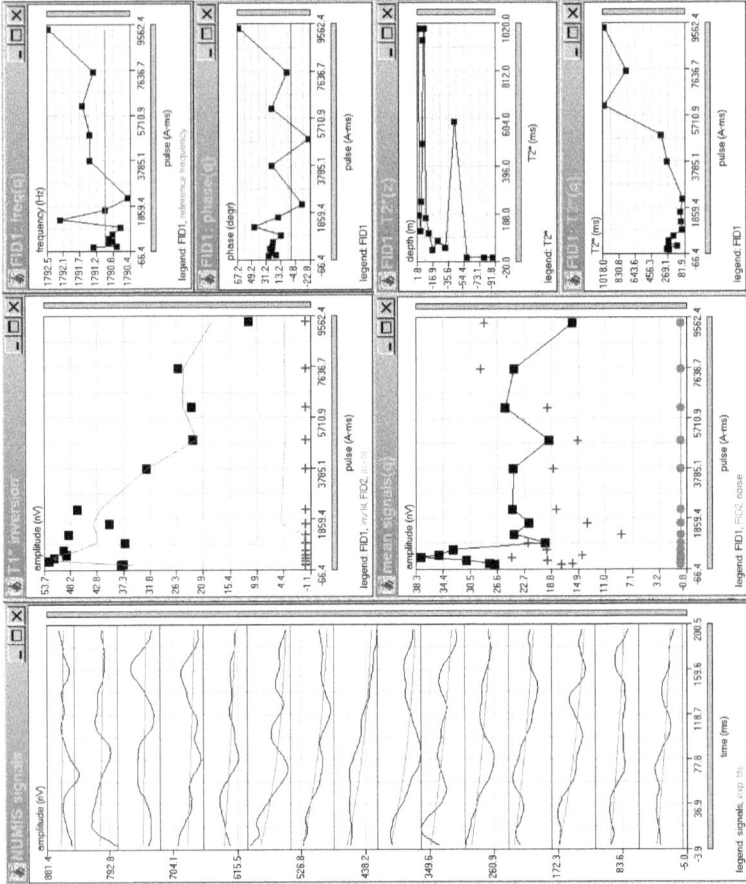

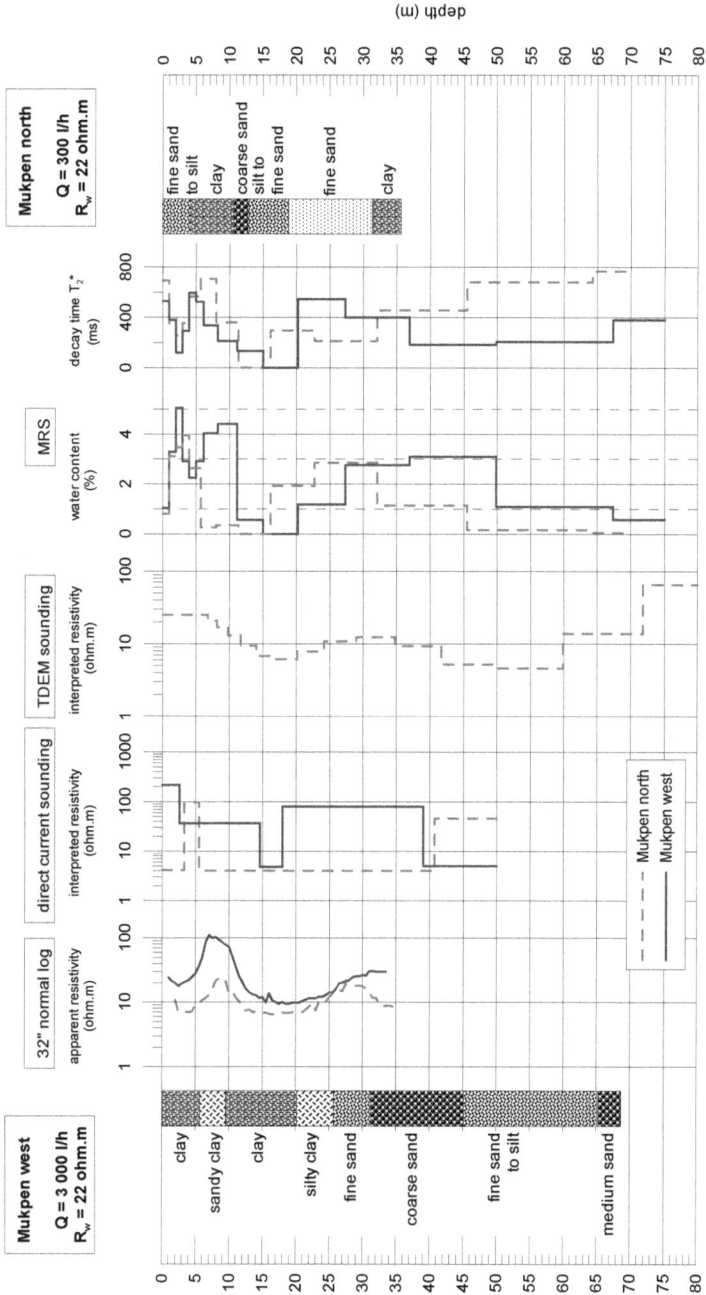

| Site : Chanlong (Cambodge) | filtering window = 199.2 ms |
|---|---|
| | time constant = 15.00 ms |
| loop: square, side = 75.0 m | average S/N = 5.74; EN/IN = 2.76 |
| geomagnetic field: | fitting error: FID1 = 4.75% |
| Inclination = 10 degr, magnitude= 41948.36 nT | param. of regular.: E,T2* = 86.8 |

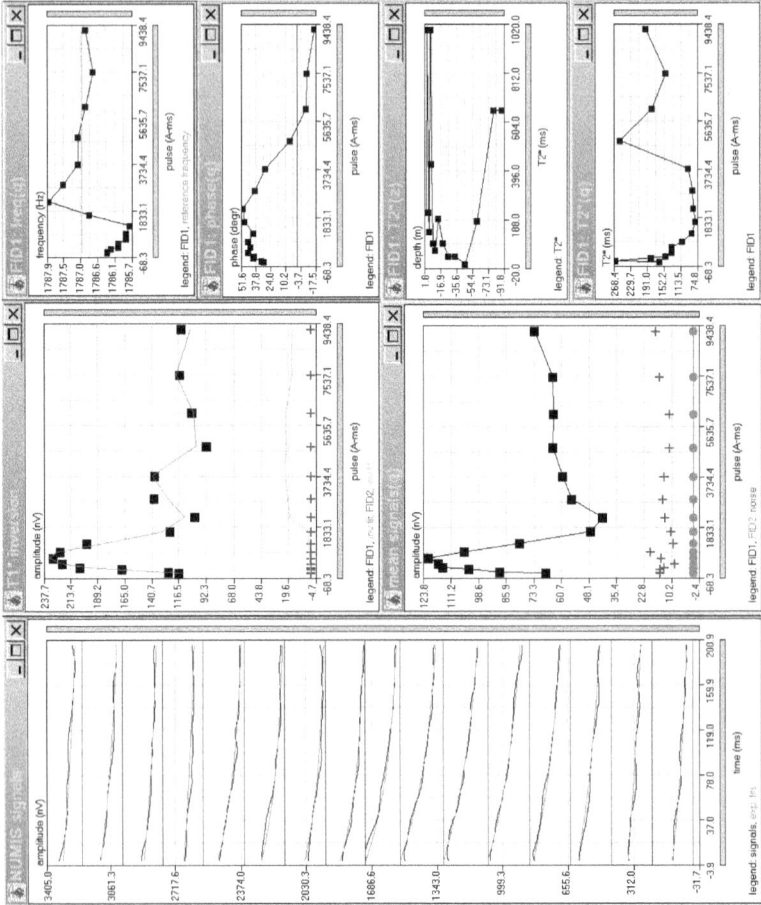

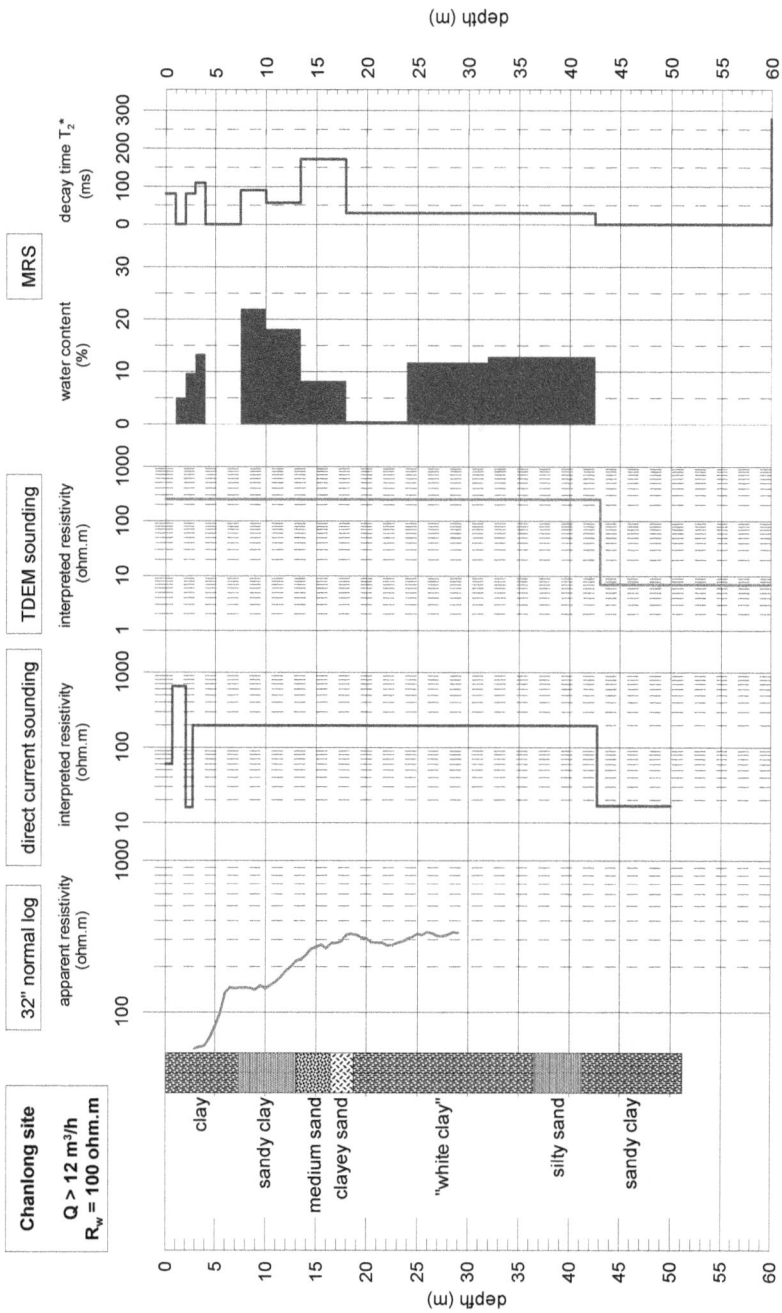

| Site : TramKang (Cambodge) | filtering window = 198.9 ms |
|---|---|
| | bandpass = 10.00 Hz |
| loop: square, side = 75.0 m | average S/N = 5.26 |
| geomagnetic field: | fitting error = 2.568 % |
| Inclination = 10 degr, magnitude= 42014.08 nT | parameter of regularization = 129.7 |

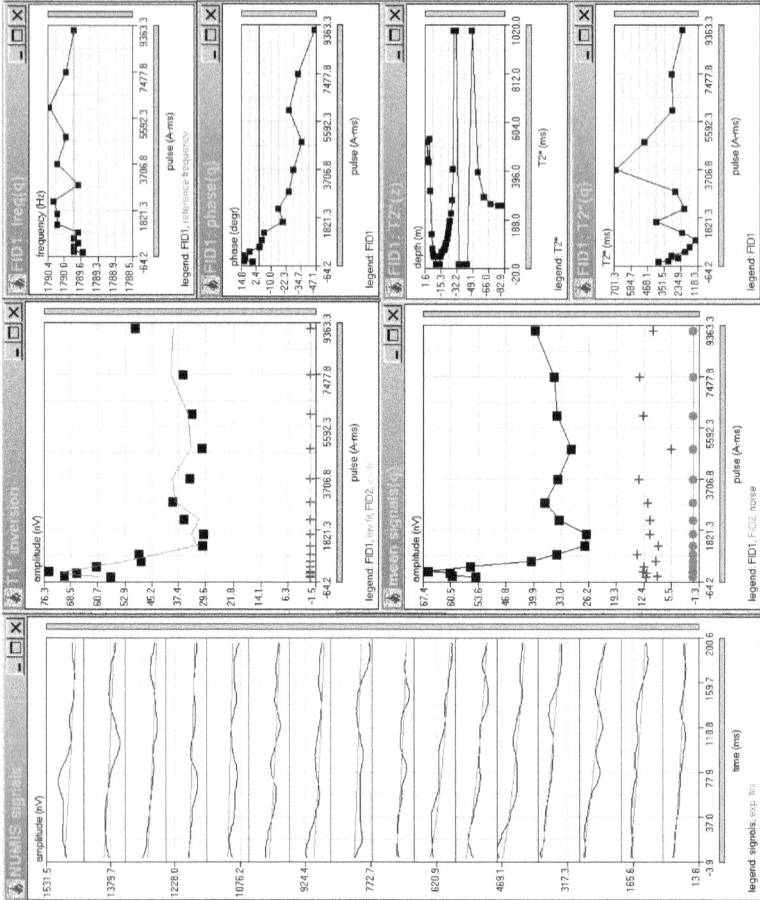

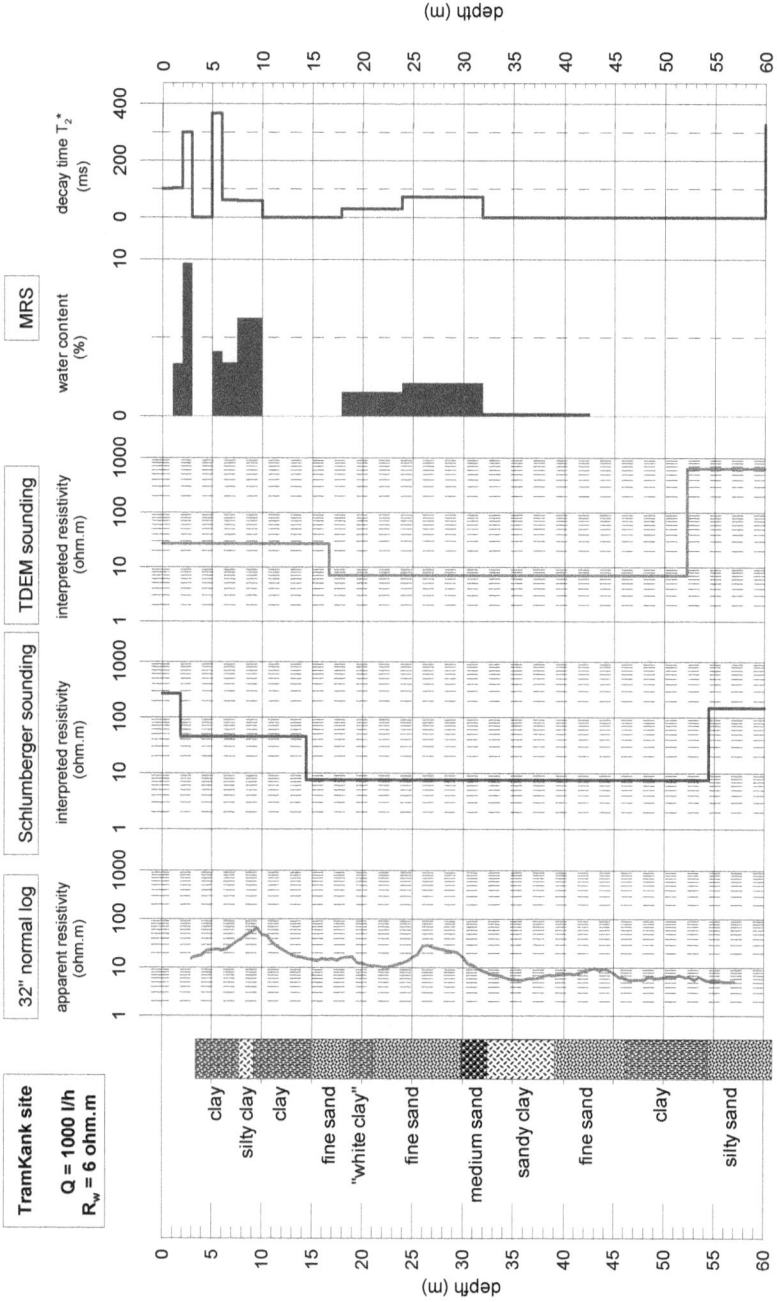

| Site : Rovieng (Cambodge) | filtering window = 198.3 ms |
|---|---|
| | bandpass = 10.00 Hz |
| loop: square, side = 75.0 m | average S/N = 5.70 |
| geomagnetic field: | fitting error = 2.978 % |
| inclination= 10 degr, magnitude= 42133.80 nT | parameter of regularization = 267.0 |

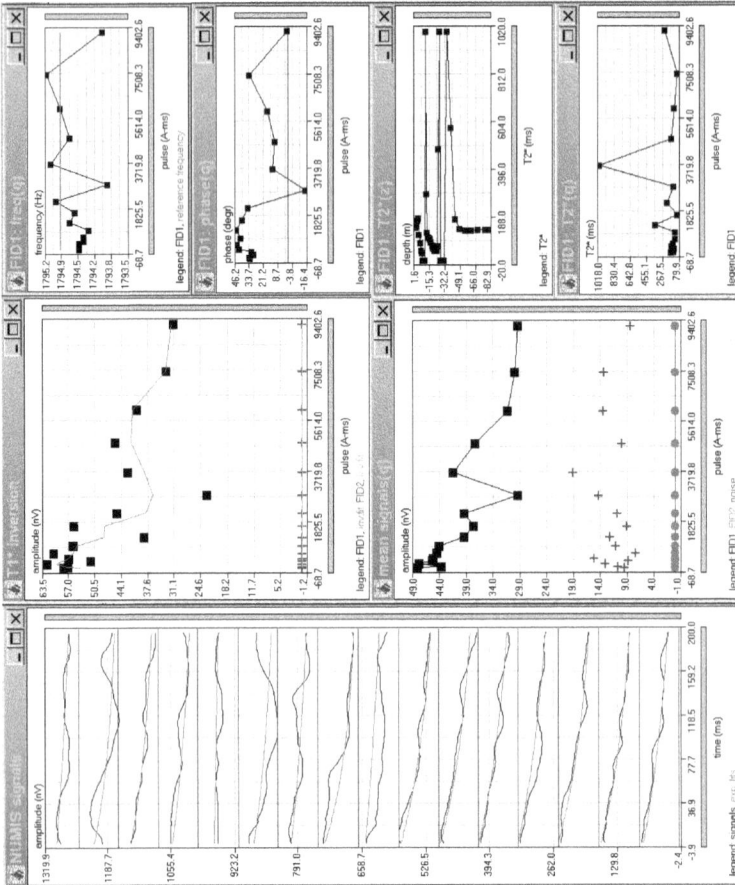

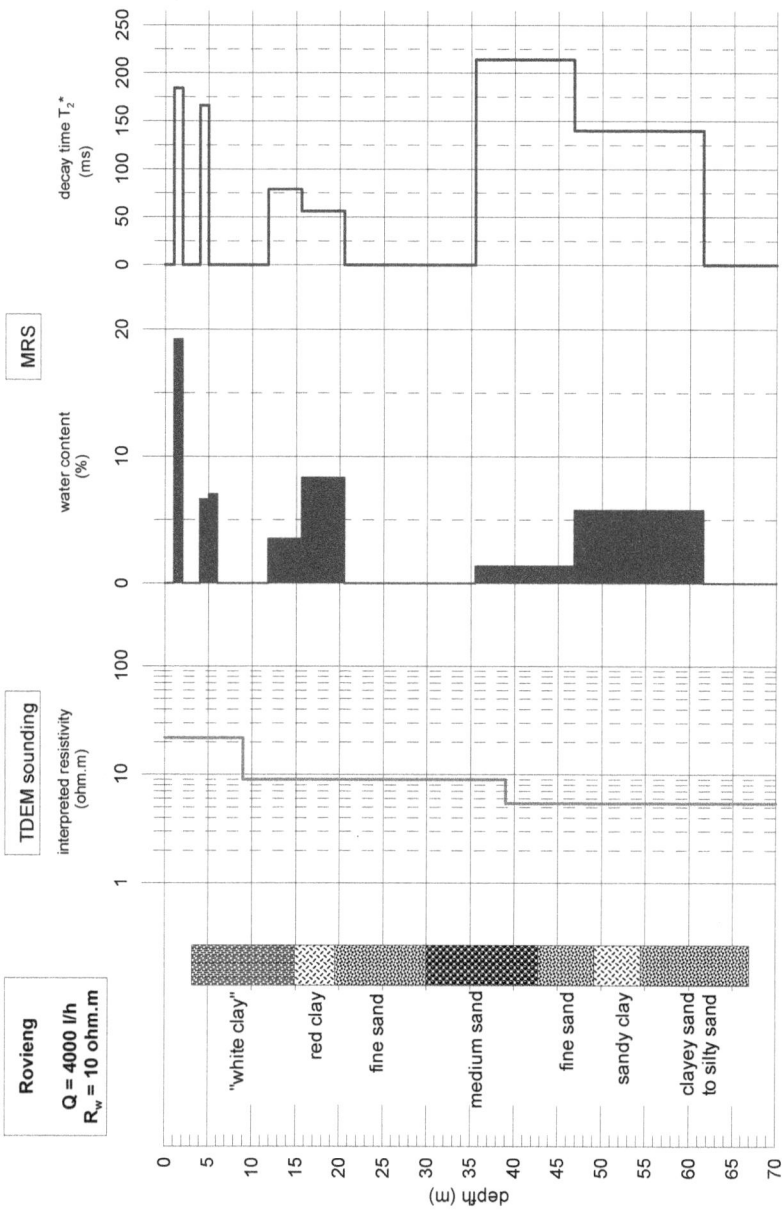

# Alluvions de la Durance

| Site: cavaillon 7 | filtering window = 199.6 ms |
|---|---|
| Loop: 4 - 20.0    Date: 16.05.2001    Time: 13:00 | bandpass = 10.00 Hz |
| loop: eight square, side = 20.0 m | average S/N =  4.79;  EN/IN =  0.72 |
| geomagnetic field: | fitting error: FID1 =  9.40%;  FID2 = 29.33 % |
| Inclination = 55 degr, magnitude= 46100.94 nT | param. of regular.: E,T2* =  91.6;  T1* = 1.000 |

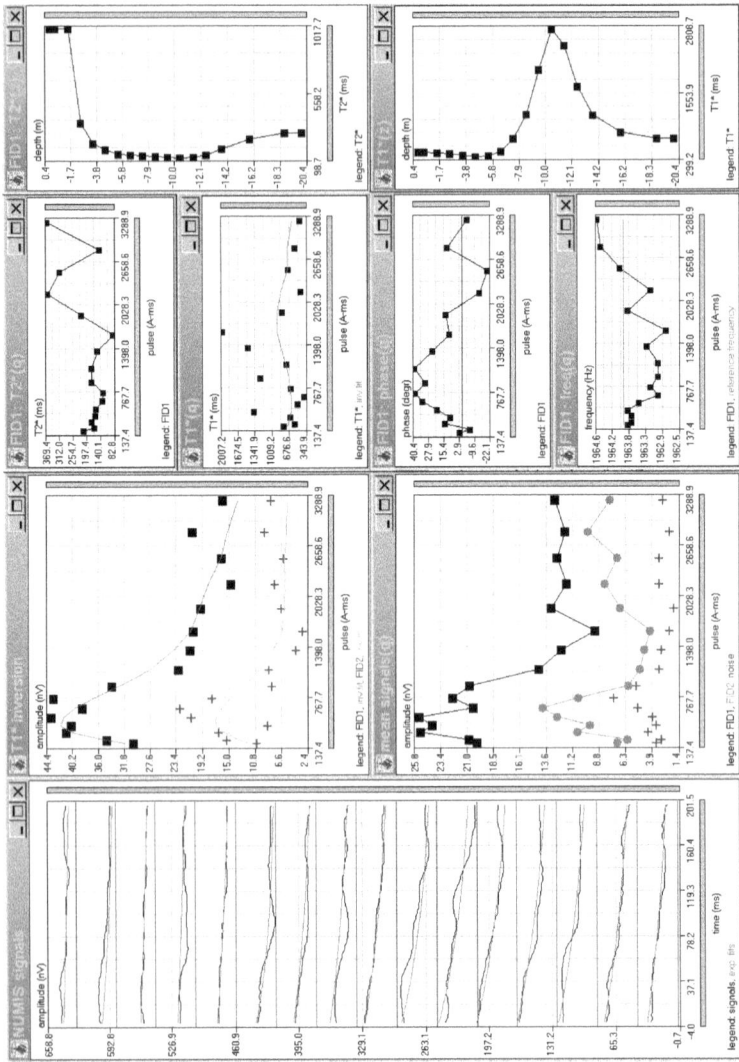

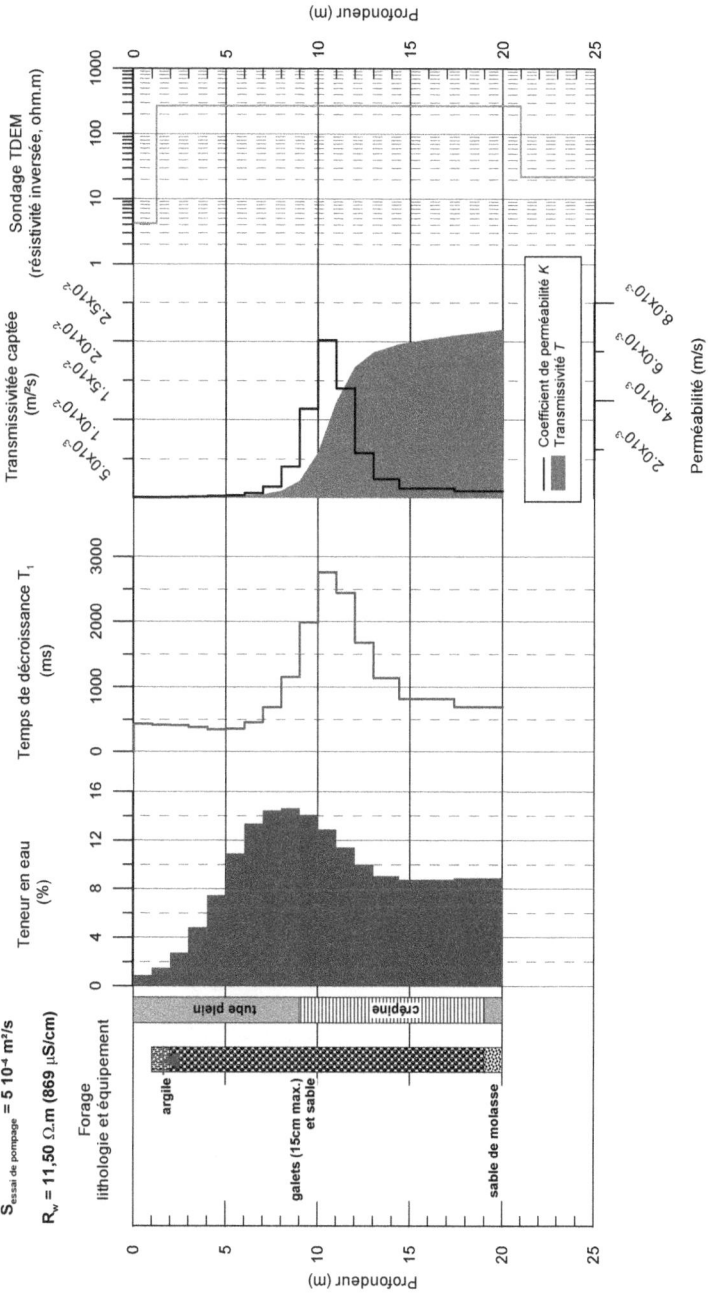

Cavaillon

$T_{\text{essai de pompage}} = 2.4 \cdot 10^{-2}$ m²/s
$S_{\text{essai de pompage}} = 5 \cdot 10^{-4}$ m²/s

$R_w = 11{,}50\ \Omega.m\ (869\ \mu S/cm)$

Forage
lithologie et équipement

# Calcaire de Lamalou (France)

| | |
|---|---|
| Site: LAMALOU (LAMA5) | filtering window = 198.0 ms |
| Loop: 4 - 37.5    Date: 02.04.2001    Time: 19:30 | time constant = 15.00 ms |
| loop: eight square, side = 37.5 m | average S/N =  1.02 |
| geomagnetic field: | fitting error: FID1 =  16.72%;  FID2 = 41.77 % |
| Inclination = 57 degr, magnitude= 46000.00 nT | param. of regular.: E,T2* =  244.1;  T1* =  0.954 |

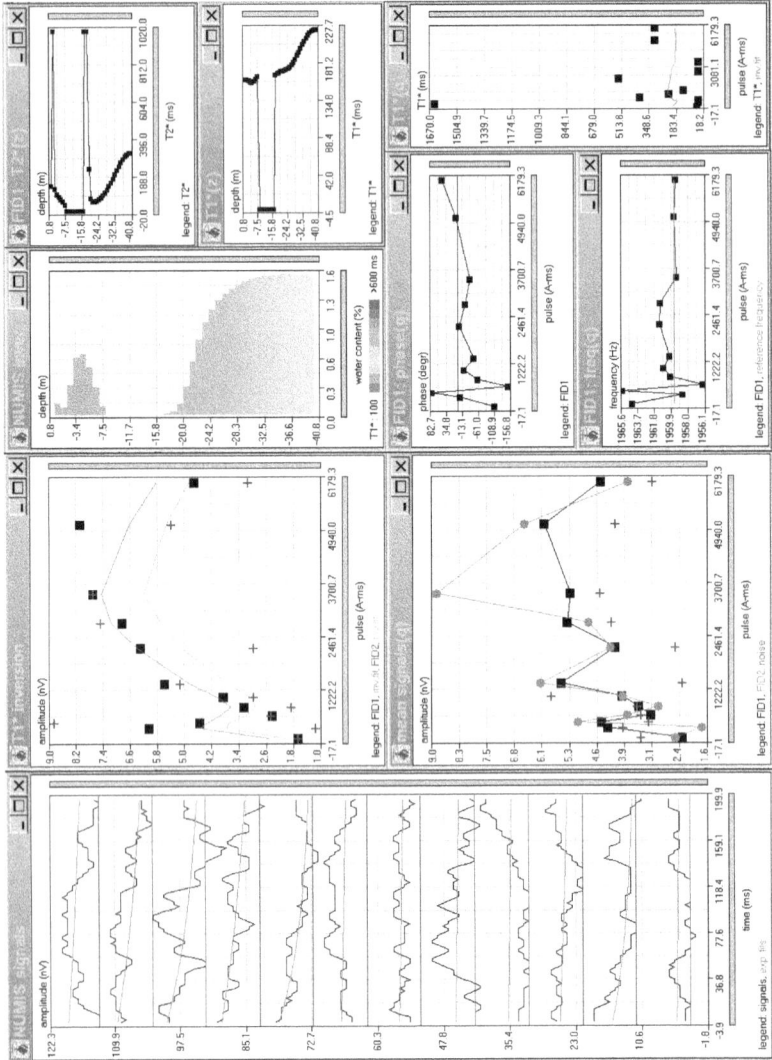

| Site: LAMALOU (LAMA6) | filtering window = 199.9 ms |
|---|---|
| Loop: 4 - 37.5    Date: 03.04.2001    Time: 19:12 | time constant = 15.00 ms |
| loop: eight square, side = 37.5 m | average S/N = 1.34 |
| geomagnetic field: | fitting error: FID1 = 31.63%;  FID2 = 50.04 % |
| Inclination = 57 degr, magnitude= 46028.17 nT | param. of regular.: E,T2* = 122.1;  T1* = 4.768 |

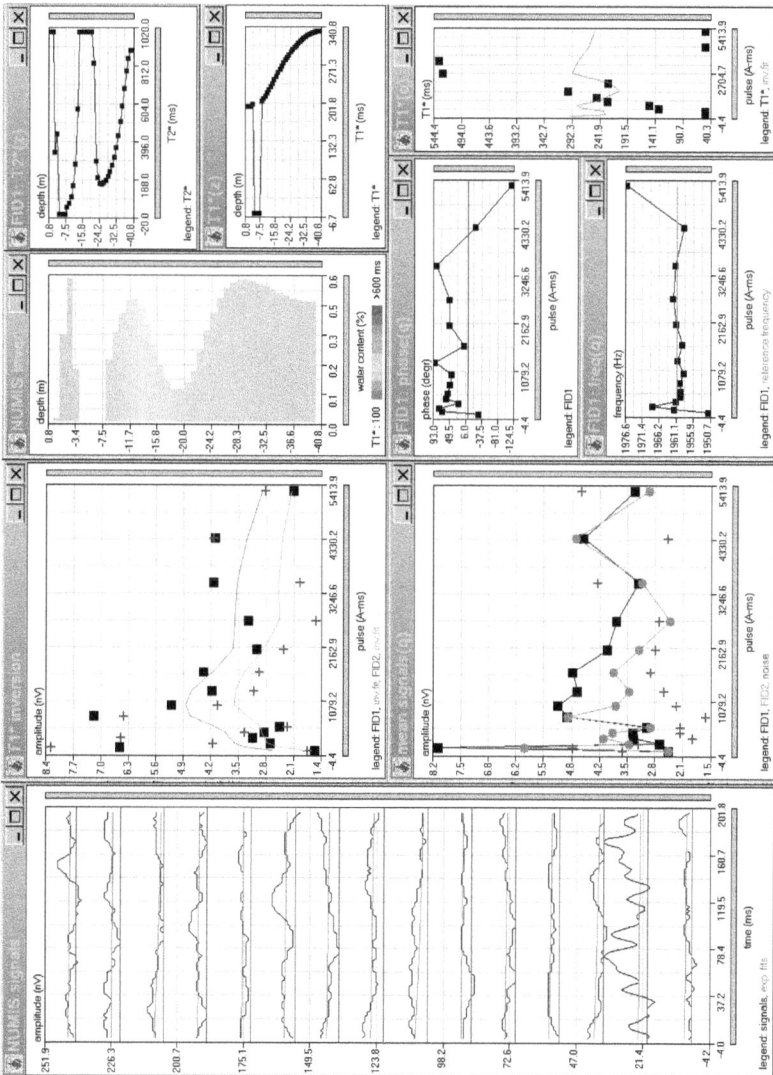

| | |
|---|---|
| Site: LAMALOU (LAMA7) | filtering window = 198.2 ms |
| Loop: 4 - 37.5    Date: 05.04.2001    Time: 14:07 | time constant = 15.00 ms |
| loop: eight square, side = 37.5 m | average S/N = 1.92 |
| geomagnetic field: | fitting error: FID1 = 22.71%;  FID2 = 47.42 % |
| Inclination = 57 degr, magnitude= 45955.40 nT | param. of regular.: E,T2* = 3906.2;  T1* = 5.722 |

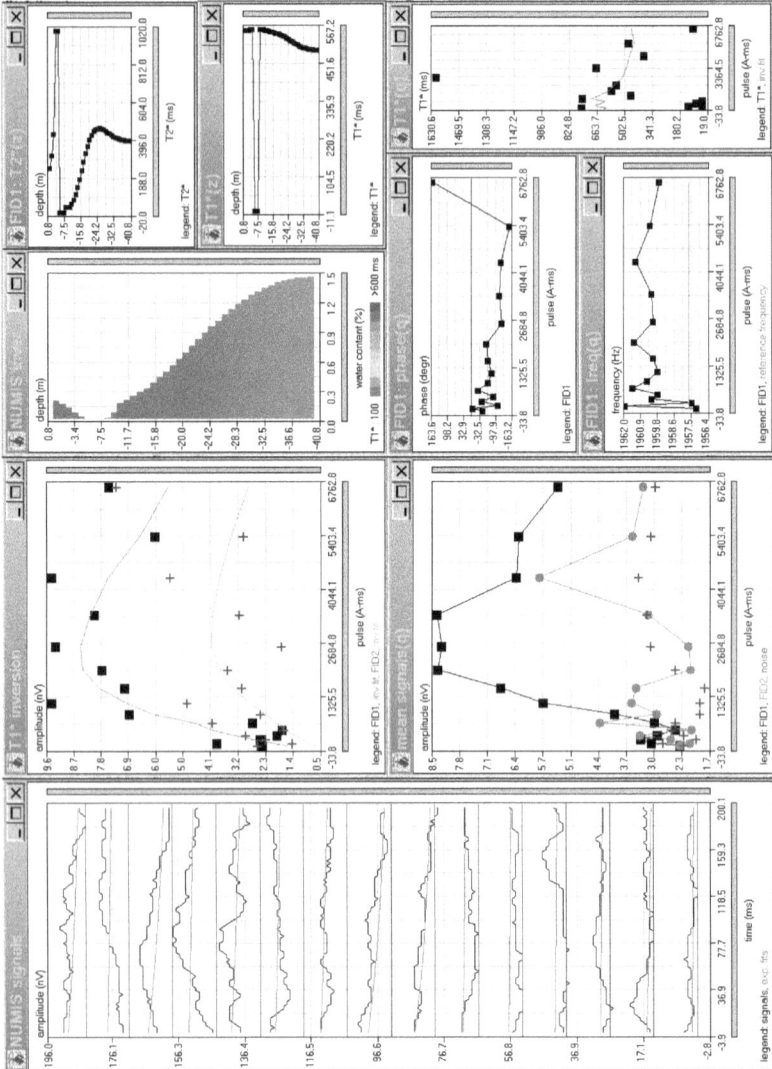

300

| | |
|---|---|
| Site: LAMALOU (LAMA9) | filtering window = 198.0 ms |
| Loop: 4 - 37.5    Date: 20.09.2001    Time: 12:46 | time constant = 15.00 ms |
| loop: eight square, side = 37.5 m | average S/N = 0.89 |
| geomagnetic field: | fitting error: FID1 = 23.88%;  FID2 = 65.82 % |
| Inclination = 57 degr, magnitude= 46000.00 nT | param. of regular.: E,T2* = 1953.1;  T1* = 1.192 |

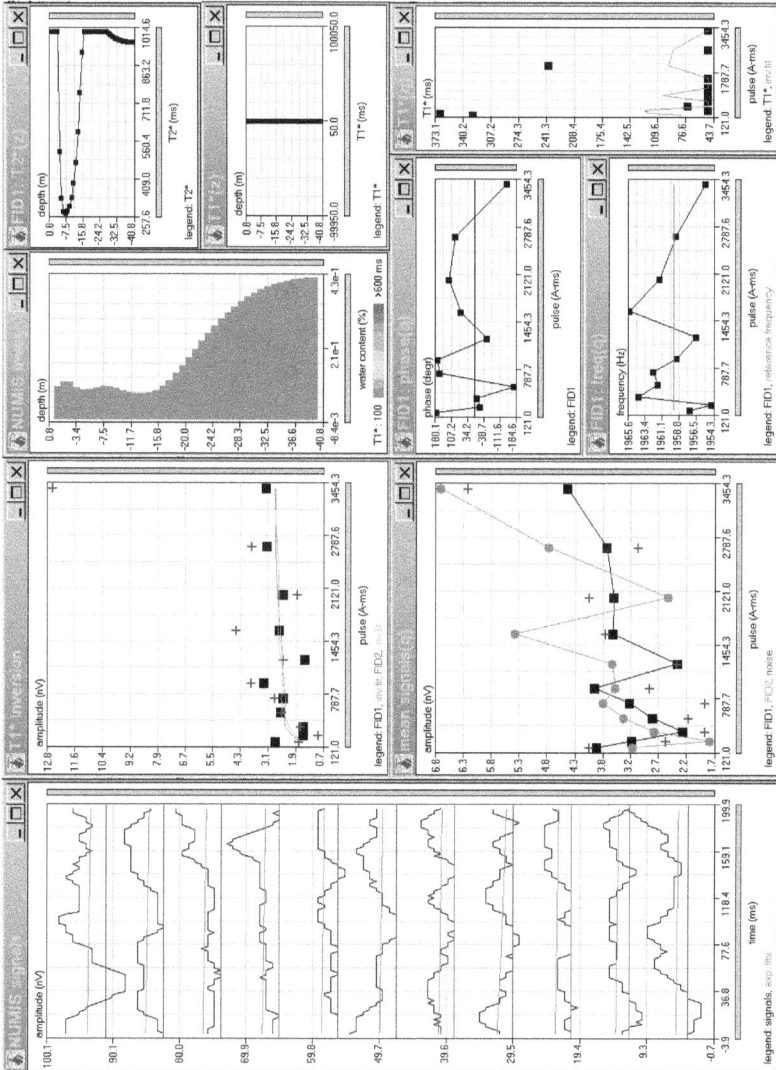

# Craie du bassin parisien

| Site: autheuil Fe1 | filtering window = 198.7 ms |
| --- | --- |
| Loop: 4 - 56.0    Date: 27.08.2001    Time: 09:24 | time constant = 15.00 ms |
| loop: eight square, side = 56.0 m | average S/N = 10.88;  EN/IN = 2.72 |
| geomagnetic field: | fitting error: FID1 = 2.34%; FID2 = 8.89 % |
| Inclination = 55 degr, magnitude= 47260.56 nT | param. of regular.: E,T2* = 267.0; T1* = 0.238 |

304

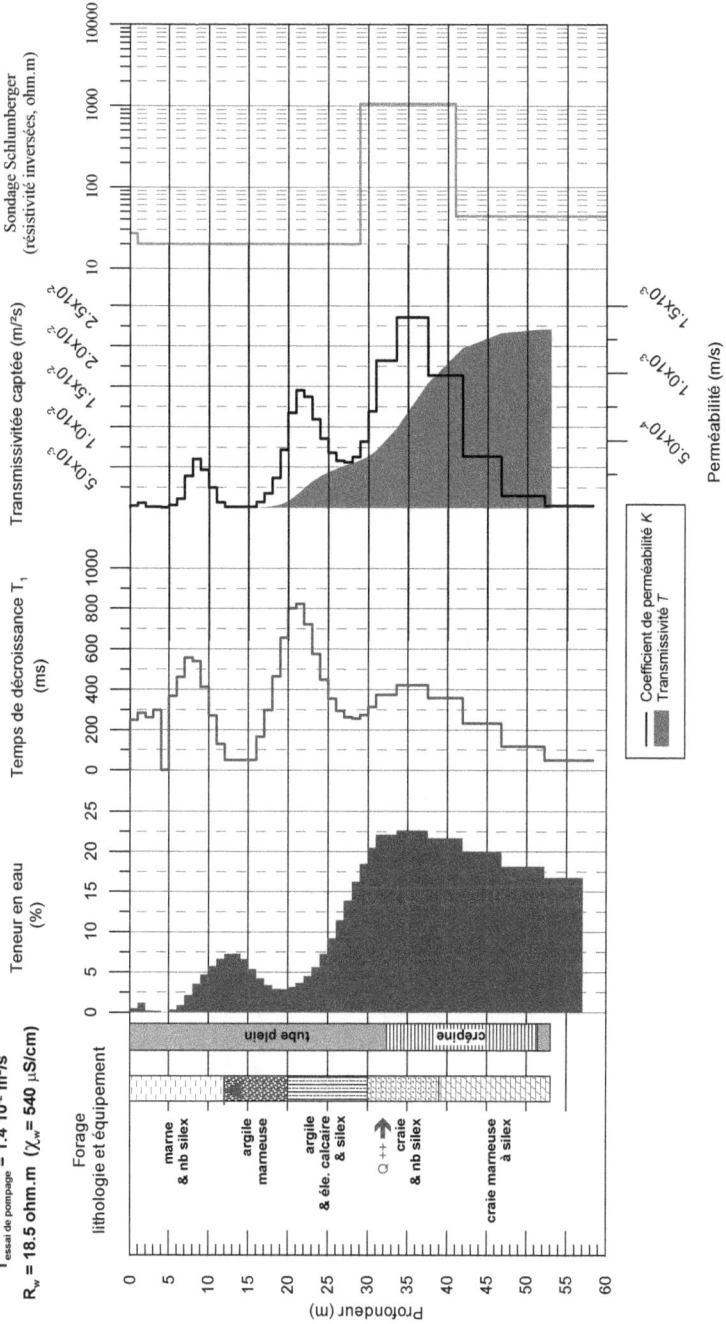

**Autheuil Fe1**

$T_{essai\ de\ pompage} = 1.4\ 10^{-2}\ m^2/s$

$R_w = 18.5\ ohm.m\ (\chi_w = 540\ \mu S/cm)$

Forage
lithologie et équipement

Teneur en eau (%)

Temps de décroissance $T_1$ (ms)

Transmissivitée captée (m²/s)

Perméabilité (m/s)

Sondage Schlumberger
(résistivité inversées, ohm.m)

Profondeur (m)

Coefficient de perméabilité $K$
Transmissivité $T$

tube plein    crépine

marne
& nb silex

argile
marneuse

argile
& éle. calcaire
& silex

$Q_{++}$
craie
& nb silex

craie marneuse
à silex

| Site: autheuil Fe2 | filtering window = 178.8 ms |
|---|---|
| Loop: 4 - 56.0    Date: 23.08.2001    Time: 15:57 | time constant = 15.00 ms |
| loop: eight square, side = 56.0 m | average S/N = 8.39; EN/IN = 3.26 |
| geomagnetic field: | fitting error: FID1 = 4.76%; FID2 = 7.10 % |
| Inclination = 55 degr, magnitude= 47251.17 nT | param. of regular.: E,T2* = 343.3; T1* = 0.238 |

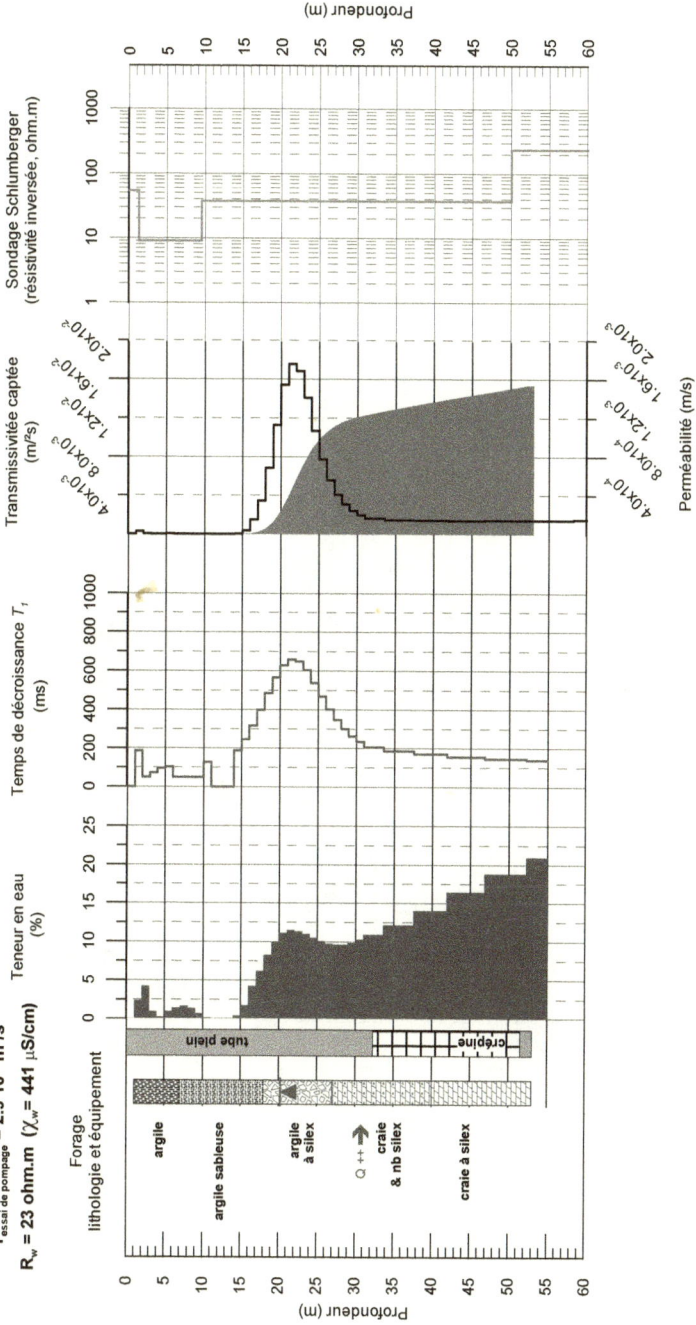

**Autheuil Fe2**

$T_{essai\ de\ pompage}$ = 2.9 10$^{-2}$ m²/s

$R_w$ = 23 ohm.m ($\chi_{-w}$= 441 µS/cm)

Forage
lithologie et équipement

Teneur en eau
(%)

Temps de décroissance $T_1$
(ms)

Transmissivitée captée
(m²/s)

Perméabilité (m/s)

Sondage Schlumberger
(résistivité inversée, ohm.m)

Profondeur (m)

argile

argile sableuse

argile
à silex

Q ++

craie
& nb silex

craie à silex

tube plein

crépine

| Site: vove (F1) | filtering window = 148.6 ms |
|---|---|
| Loop: 2 - 75.0    Date: 22.08.2001    Time: 14:13 | time constant = 15.00 ms |
| loop: square, side = 75.0 m | average S/N = 8.20;  EN/IN = 2.88 |
| geomagnetic field: | fitting error: FID1 = 3.13%;  FID2 = 8.16 % |
| Inclination = 55 degr, magnitude= 47403.76 nT | param. of regular.: E,T2* = 518.8;  T1* = 0.715 |

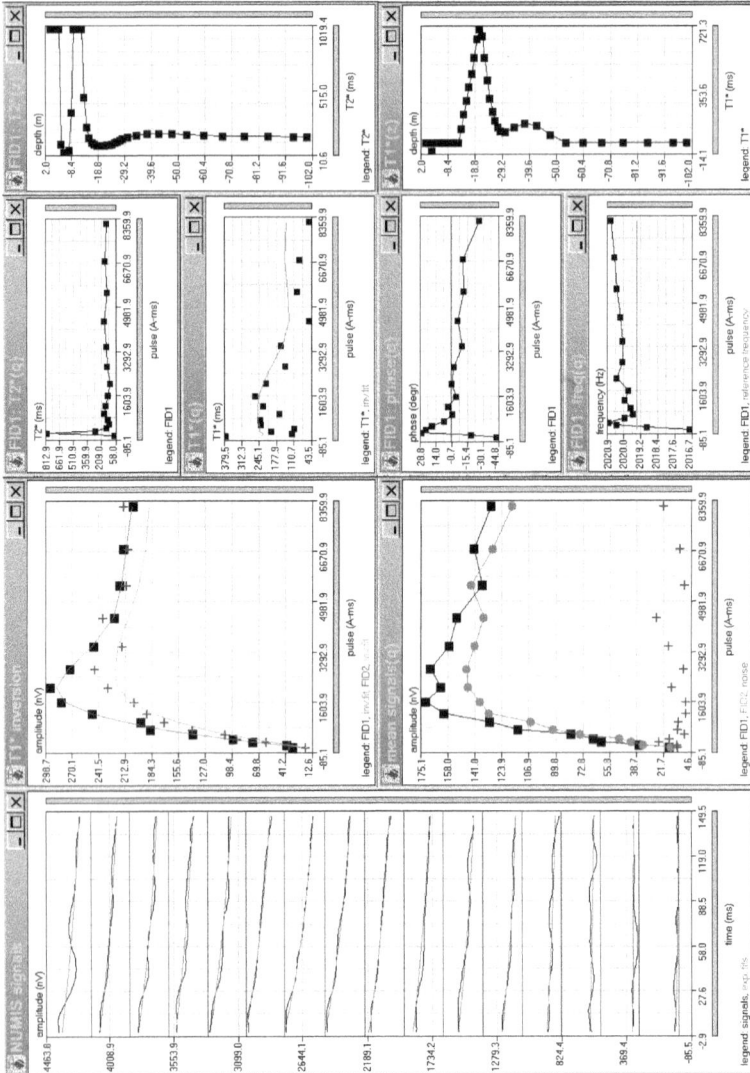

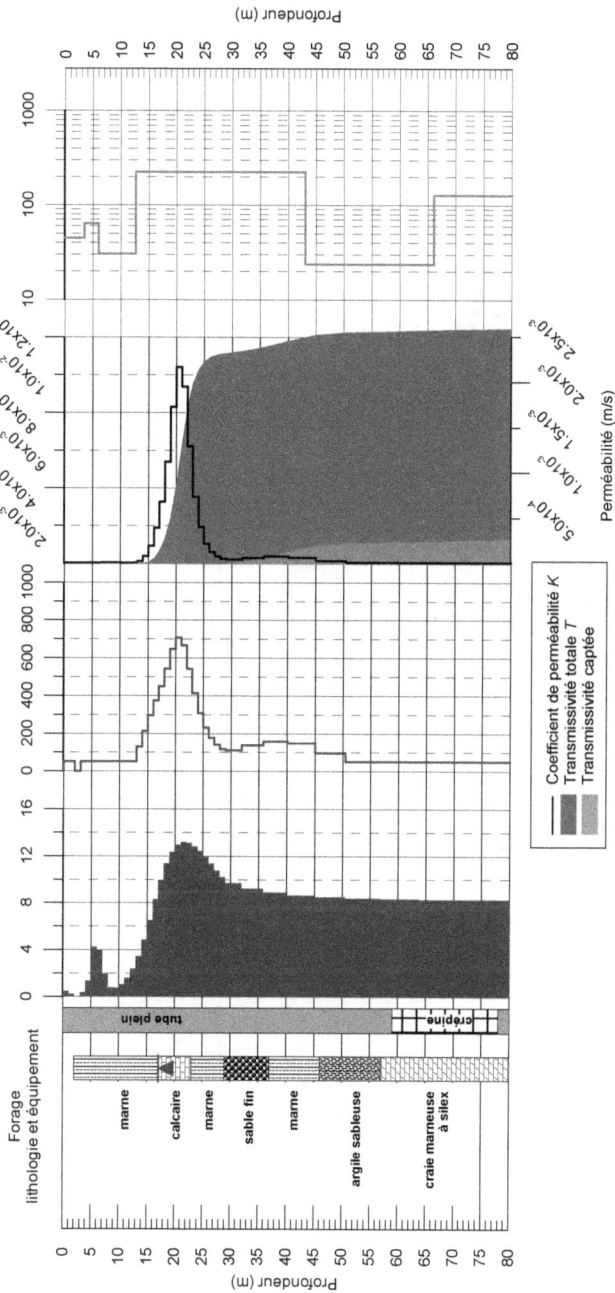

**Voves**

$T_{essai\ de\ pompage} = 1.2\ 10^{-3}\ m^2/s$

$R_w = 27\ ohm.m\ (\chi_{w} = 364\ \mu S/cm)$

Forage
lithologie et équipement

Teneur en eau (%)

Temps de décroissance $T_1$ (ms)

Transmissivitée captée ($m^2$s)

Sondage Schlumberger (résistivité inversée, ohm.m)

Profondeur (m)

Perméabilité (m/s)

— Coefficient de perméabilité $K$
Transmissivité totale $T$
Transmissivité captée

marne
calcaire
marne
sable fin
marne
argile sableuse
craie marneuse à silex

tube plein
crépine

| Site: Sainte Marguerite | filtering window = 199.3 ms |
|---|---|
| Loop: 2 - 75.0    Date: 27.04.2002    Time: 11:53 | time constant = 15.00 ms |
| loop: square, side = 75.0 m | average S/N = 16.69; EN/IN = 1.15 |
| geomagnetic field: | fitting error: FID1 = 1.47%; FID2 = 5.19 % |
| Inclination = 33 degr, magnitude= 47596.24 nT | param. of regular.: E,T2* = 137.3; T1* = 1.192 |

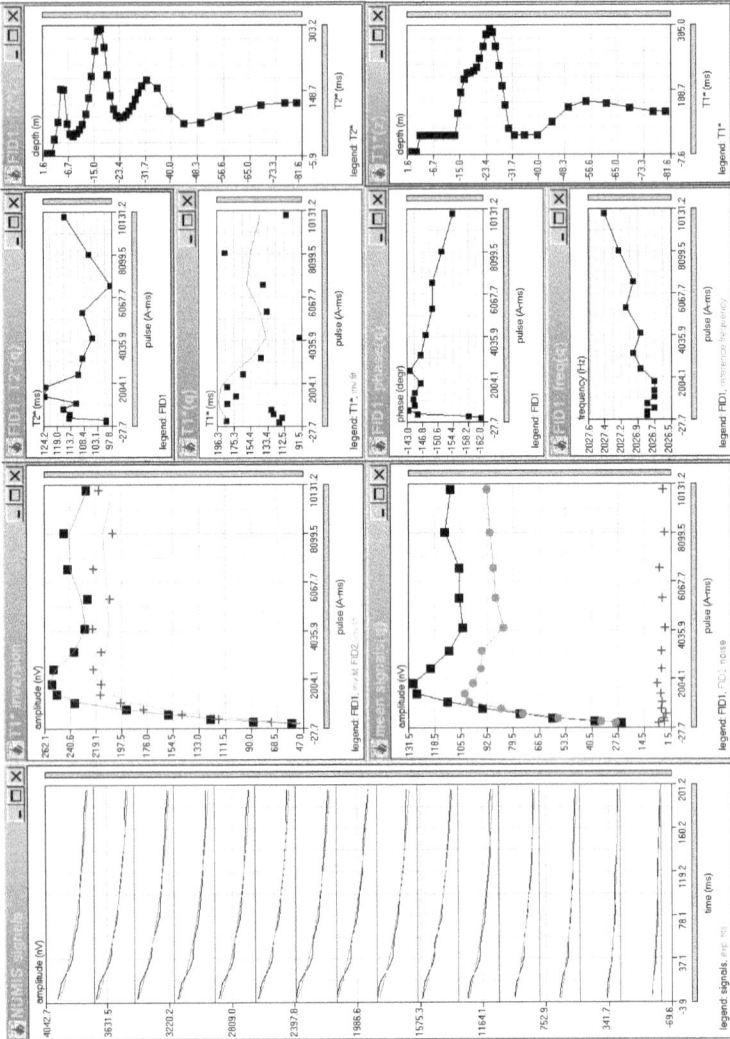

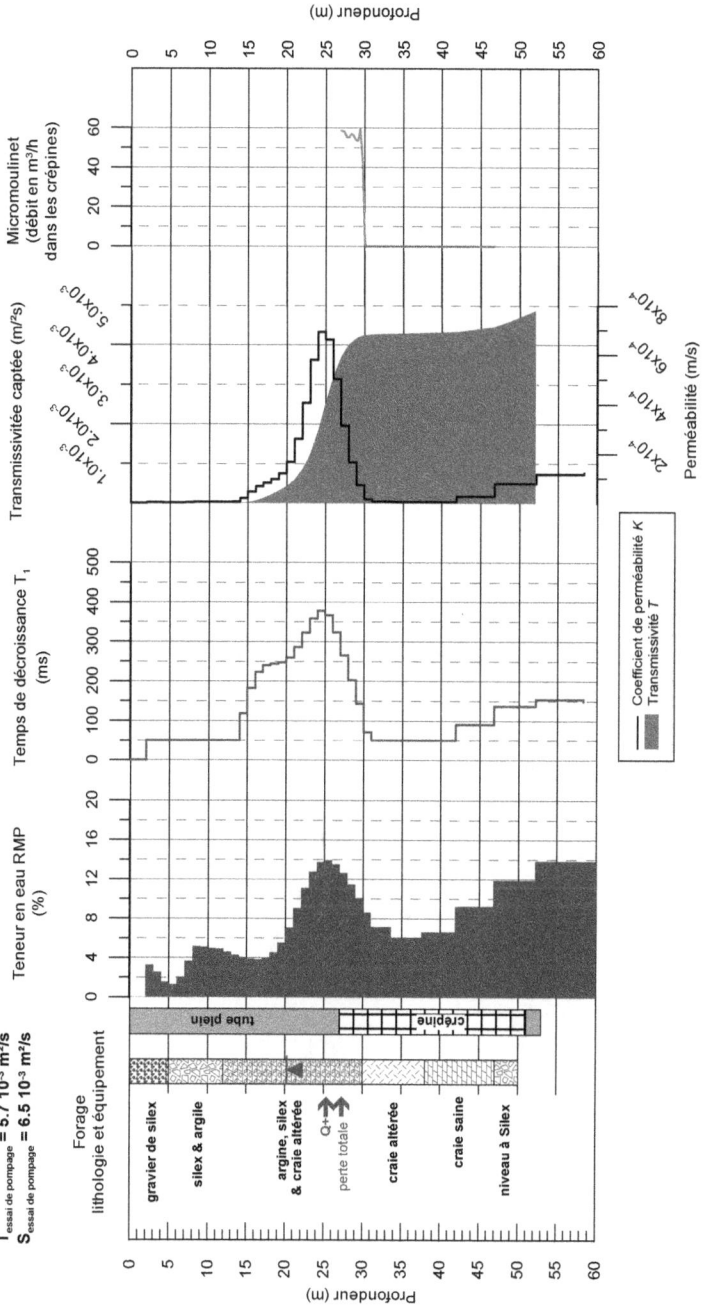

Sainte Marguerite

$T_{essai\ de\ pompage} = 5.7\ 10^{-3}\ m^2/s$
$S_{essai\ de\ pompage} = 6.5\ 10^{-3}\ m^2/s$

| | |
|---|---|
| Site: piseux | filtering window = 199.3 ms |
| Loop: 2 - 75.0    Date: 26.04.2002    Time: 20:52 | time constant = 15.00 ms |
| loop: square, side = 75.0 m | average S/N = 9.23;  EN/IN = 2.23 |
| geomagnetic field: | fitting error: FID1 = 3.66%; FID2 = 6.03 % |
| Inclination = 33 degr, magnitude= 47596.24 nT | param. of regular.: E,T2* = 183.1;  T1* = 2.146 |

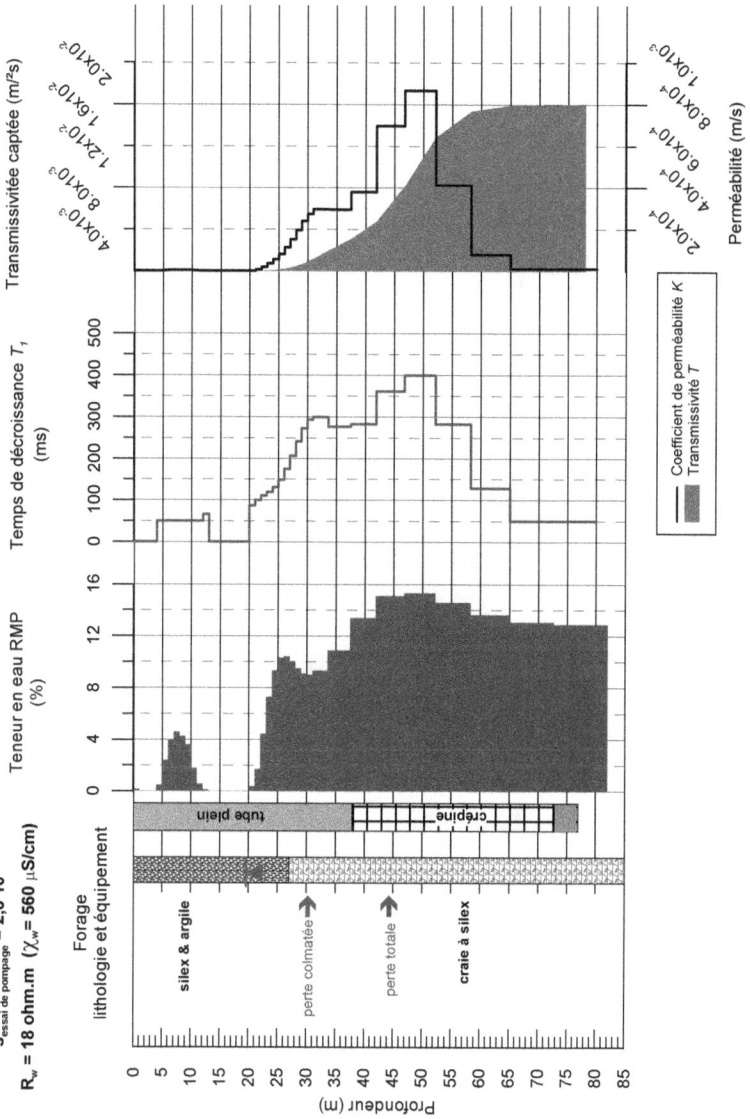

Piseux

$T_{\text{essai de pompage}} = 7,5 \cdot 10^{-3}\ \text{m}^2/\text{s}$

$S_{\text{essai de pompage}} = 2,6 \cdot 10^{-3}$

$R_w = 18\ \text{ohm.m}\ (\chi_w = 560\ \mu\text{S/cm})$

Forage
lithologie et équipement

silex & argile

perte colmatée

perte totale

craie à silex

tube plein

crépine

Teneur en eau RMP
(%)

Temps de décroissance $T_1$
(ms)

Transmissivitée captée (m²/s)

Perméabilité (m/s)

Coefficient de perméabilité $K$
Transmissivité $T$

Profondeur (m)

| Site: pullay | filtering window = 199.5 ms |
|---|---|
| Loop: 2 - 75.0    Date: 26.04.2002    Time: 11:11 | time constant = 15.00 ms |
| loop: square, side = 75.0 m | average S/N = 4.06; EN/IN = 3.12 |
| geomagnetic field: | fitting error: FID1 = 9.25%; FID2 = 8.25 % |
| inclination= 33 degr, magnitude= 47528.17 nT | param. of regular.: E,T2* = 358.6; T1* = 0.238 |

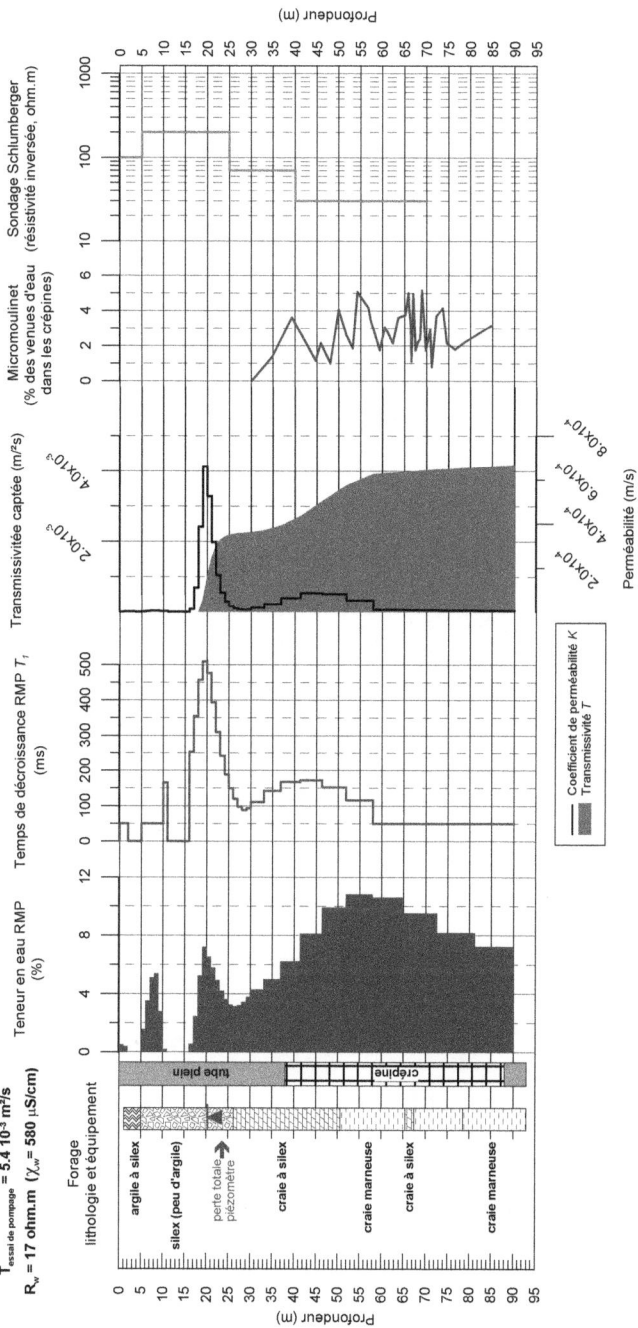

Pullay

$T_{essai\ de\ pompage}$ = **5.4 10⁻³ m²/s**

$R_w$ = **17 ohm.m** ($\chi_w$ = **580 µS/cm**)

Forage lithologie et équipement

Teneur en eau RMP (%)

Temps de décroissance RMP $T_i$ (ms)

Transmissivité captée (m²/s)

Micromoulinet (% des venues d'eau dans les crépines)

Sondage Schlumberger (résistivité inversée, ohm.m)

Profondeur (m)

Perméabilité (m/s)

Coefficient de perméabilité $K$
Transmissivité $T$

argile à silex

silex (peu d'argile)

perte totale piézomètre

craie à silex

craie marneuse

craie à silex

craie marneuse

tube plein

crépine

# Résumé

Disposer d'eau de qualité en quantité suffisante est un besoin vital qui n'est pas encore satisfait pour un grand nombre d'individus. Qu'il s'agisse de la recherche de nouveaux gisements ou de la gestion rationnelle d'aquifères en exploitation, différents outils sont utilisés pour améliorer la connaissance de systèmes parfois complexes. La géophysique est un de ces outils, et la méthode des sondages par Résonance Magnétique Protonique (RMP) est une méthode unique car elle mesure un signal émis par des noyaux de la molécule d'eau.

Cette thèse a pour objectif de préciser les informations hydrogéologiques qui peuvent être obtenues au travers des sondages RMP. Les résultats de sondages sont d'abord comparés aux données issues de forages et de pompages d'essai, puis la capacité des sondages RMP à caractériser les aquifères est mesurée au travers de l'utilisation conjointe de différentes méthodes géophysiques. Trois contextes hydrogéologiques sont retenus : les milieux poreux continus, les aquifères de socles et les roches carbonatées.

Ce travail montre que la méthode des sondages RMP est opérationnelle pour décrire en une dimension la géométrie des réservoirs, et estimer l'emmagasinement et la transmissivité des aquifères. Cette estimation est quantitative lorsque les sondages sont étalonnés sur des valeurs de références généralement définies par des pompages d'essai.
La caractérisation des aquifères est améliorée lorsque les sondages RMP sont mis en œuvre conjointement avec des méthodes traditionnelles. L'interprétation de paramètres complémentaires permet alors de décrire les structures géologiques, les paramètres hydrauliques et la conductivité électrique de l'eau.

Les taux de succès de forages implantés sur la base de cette étude ont été améliorés, et une modélisation hydrodynamique réalisée à l'échelle d'un bassin versant en s'appuyant sur la géométrie et les paramètres hydrauliques estimés par la géophysique a été validée par les observations.

# Mots clés

aquifère, géophysique, hydrogéologie, hydro-géophysique, sondage RMP, résonance magnétique nucléaire, modélisation hydrodynamique, implantation de forage.

www.ingramcontent.com/pod-product-compliance
Lightning Source LLC
Chambersburg PA
CBHW021028210326
41598CB00016B/944